高职高专系列教材

环境保护与清洁生产

牟晓红　主　编
王　静　副主编

中国石化出版社

内 容 提 要

　　本书主要内容包括环境与环境保护，资源、能源与生态系统，可持续发展，环境污染及防治，绿色化学与清洁生产，清洁生产审核，生命周期评价，清洁生产指标体系及评价方法，清洁生产案例等。本着实用和适度详尽的原则，力求体现科普性、系统性、专业性、可参考性和知识的相关联性，并结合一定的背景知识和实际案例分析，加深读者对环境保护和清洁生产的认识与理解。

　　本书可作为高等职业院校环境专业的基础教材和非环境专业环保素质教育课程的通选教材，也可作为环保技术人员、管理人员以及政府和企事业单位从事清洁生产和绿色化学的环境保护基层工作者的参考书和培训用教材。

图书在版编目(CIP)数据

　　环境保护与清洁生产/牟晓红,王静主编. —北京:中国石化出版社,2012.7(2018.8 重印)
　　ISBN 978-7-5114-1629-2

　　Ⅰ.①环… Ⅱ.①牟… ②王… Ⅲ.①污染防治—高等职业教育—教材②无污染工艺—高等职业教育—教材
　　Ⅳ.①X5②X383

　　中国版本图书馆 CIP 数据核字(2012)第 130837 号

中国石化出版社出版发行

地址:北京市朝阳区吉市口路 9 号
邮编:100020　电话:(010)59964500
发行部电话:(010)59964526
http://www.sinopec-press.com
E-mail:press@sinopec.com
北京艾普海德印刷有限公司印刷
全国各地新华书店经销

*

787×1092 毫米 16 开本 15.75 印张 390 千字
2018 年 8 月第 1 版第 3 次印刷
定价:40.00 元

前言

20世纪飞速发展的工业经济给人类带来了高度发达的物质文明，同时也带来了诸多的环境问题，如全球气候变暖、臭氧层破坏、生物多样性减少、酸雨蔓延、森林锐减、土地荒漠化、资源短缺、水环境污染严重、大气污染肆虐、固体废弃物成灾等。

随着环境污染的日益严重，环境问题已成为制约人类生存和发展的最大威胁之一。资源的开发与生态环境矛盾的日益尖锐，向人类提出了严峻的挑战。世界各国都在努力寻求一条环境与人口、经济和社会健康协调发展的道路。1992年，联合国在巴西里约热内卢举行了"环境与发展大会"，183个国家和70个国际组织的代表一致同意要改变发展战略，走可持续发展的道路。随后，走可持续发展道路被越来越多的国家和地区所接受。

"国际清洁生产宣言"提出：实现可持续发展是共同的责任，保护地球环境必须实施并不断改进可持续生产和消费的实践；清洁生产以及其他诸如"生态效率"、"绿色生产力"及"污染预防"等预防性战略是比末端治理为主的环境战略更佳的选择。

清洁生产是人类总结工业发展历史经验教训的产物，二十多年来全球的研究和实践，充分证明了清洁生产是有效利用资源、减少工业污染、保护环境的根本措施，它作为预防性的环境管理策略，已被世界各国公认为实现可持续发展的技术手段和工具，是可持续发展的一项基本途径，是可持续发展战略引导下的一场新的工业革命。

高等职业教育面向生产和服务第一线，培养高素质、高技能、实用型的专门人才。广泛地进行环境教育，提高环保素质，增强环保意识，具备必要的清洁生产知识是高职高专院校培养人才的一项重要工作。编者在总结多年的环境保护、清洁生产的教学以及相关的实践经验的基础上，本着实用和适度详尽的原则，力求体现科普性、系统性、专业性、可参考性和知识的相关联性，并结合一定的背景知识和实际案例分析编写了本部教材。

本书共分九章，其主要内容包括环境与环境保护，资源、能源与生态系统，可持续发展，环境污染及防治，绿色化学与清洁生产，清洁生产审核，生命周期评价，清洁生产指标体系及评价方法，清洁生产案例等。在每章之后给出了相应的思考题，以便学生更好地学习和掌握基础知识。另外，在附录中收录了《国际清洁生产宣言》、《中华人民共和国清洁生产促进法》、《清洁生产审核暂行办法》、《中华人民共和国环境保护法》作为教学内容的必要补充和参考。

本书第一章、第二章、第三章、第四章、第七章由牟晓红编写，第五章、第八章、第九章由王静编写，第六章和附录由夏德强编写。全书由牟晓红统稿并最后定稿。

在编写过程中参考了大量有关专家、学者的著作和研究成果，在此我们对专家、学者表示深切的谢意；编写中得到了中国石化出版社的大力支持和帮助，还得到了一些同仁的支持与帮助，在此一并表示衷心的感谢。

高职教育课程体系改革是一个长期探索的课题，本书编者虽做了很大努力，但鉴于编写水平和时间的限制，书中难免存在疏漏和不当之处，真诚希望有关专家和读者批评指正。

编者
2012 年 8 月

目 录

第一章 环境及环境保护

第一节 环境与环境问题

一、环境概述

1. 环境

环境(environment)是一个相对的概念，一般是指围绕某个中心事物的外部世界。中心事物不同，环境的含义也就随之不同。

人类环境是指围绕人类这个中心事物的外部世界，是人类赖以生存和发展的天然和人工改造过的各种自然因素的综合体。环境为人类的社会生产和生活提供了广泛的空间、丰富的资源和必要的条件，是人类社会生存和发展的物质基础。

《中华人民共和国环境保护法》则从法学的角度对环境概念进行阐述："本法所称环境是指影响人类生存和发展的各种天然的和经过人工改造的自然因素的总体，包括大气、水、海洋、土地、矿藏、森林、草原、野生生物、自然遗迹、人文遗迹、风景名胜区、自然保护区、城市和乡村等。"

2. 环境的分类

环境是由许多环境因素共同构成的复杂体系，目前尚未形成统一的分类方法。一般按照环境的形成、空间结构、环境要素、环境的性质等进行分类。

按环境的形成可分为自然环境和人工环境，这是环境保护工作者最常采用的分类方法。

自然环境是人类生活和生产所必需的自然条件和自然资源的总称，即阳光、温度、气候、地磁、空气、水、岩石、土壤、动植物、微生物以及地壳的稳定性等自然因素的总和。自然环境不等于自然界，只是自然界的一个特殊部分，随着生产力的发展和科学技术的进步，会有越来越多的自然条件对社会发生作用，自然环境的范围会逐渐扩大。然而，由于人类是生活在一个有限的空间中，人类社会赖以存在的自然环境是不可能膨胀到整个自然界的。

社会环境是人类在自然环境的基础上，为不断提高物质和精神生活水平，通过长期有计划、有目的的发展，逐步创造和建立起来的一种人工环境。社会环境是人类物质文明和精神文明发展的标志，它随经济和科学技术的发展而不断地变化。社会环境的发展受到自然规律、经济规律和社会发展规律的支配和制约。社会环境的质量对人类的生活和工作，对社会的进步都有极大的影响。以人为中心的环境既是人类生存与发展的终极物质来源，同时又承受着人类活动产生的各种废弃物的作用。

自然环境是社会环境的基础，而社会环境又是自然环境的发展。

3. 环境要素和环境质量

(1)环境要素

环境要素(enmvironmental element)又称环境基质，是构成人类整体环境的各个独立的、性质不同的而又服从整体演化规律的基本物质组分，人们一般把环境要素分为自然环境要素

1

和社会环境要素两大类。自然环境要素通常是指水、大气、生物、阳光、岩石、土壤等。有的学者认为不包括阳光，因此环境要素并不等于自然环境因素。各个环境要素之间可以相互利用，并因此而发生演变，其动力主要是依靠来自地球内部放射性元素蜕变所产生的内生能以及以太阳辐射能为主的外来能。

（2）环境质量

所谓环境质量（environmental quality），是指在一个具体的环境内，环境的总体或环境的某些要素，对人群的生存和繁衍以及社会经济发展的适宜程度，是反映人类的具体要求而形成的对环境评定的一种概念。

20世纪60年代，随着环境问题的出现，常用环境质量的好坏来表示环境遭受污染的程度。环境质量通常要通过选择一定的指标（环境指标）并对其量化来表达。自然灾害、资源利用、废物排放以及人群的规模和文化状态都会改变或影响一个区域的环境质量。

二、环境问题

1. 环境问题

环境问题是指由于人类活动作用于人们周围的环境所引起的环境质量变化，以及这种变化反过来对于人类的生产、生活和健康等产生的影响。

环境问题是目前全球面临的几个主要问题之一。环境问题是多方面的，若从引起环境问题的根源出发，环境问题可分为以下两类。

一类是由自然演变和自然灾害引起的原生环境问题，也叫第一环境问题。原生环境问题主要有：火山爆发、地震、海啸、洪涝、干旱、台风、崩塌、滑坡、泥石流以及区域自然环境质量恶劣所引起的地方病等。

这一类环境问题在人类社会出现以前就存在于自然界中，而且一般不能被预见和预防。例如，公元79年8月，古罗马帝国最繁荣的城市之一庞贝因维苏威火山爆发而被掩埋，死难人数达1.5万人。2004年12月26日，印度洋发生大海啸，印度尼西亚、斯里兰卡、泰国受灾严重，各国死难总人数达20万以上。1976年7月28日凌晨，河北唐山至丰南一带发生里氏7.6级地震，死难者24万。2008年5月12日14时28分，四川汶川发生里氏8.0级地震，涉及10个省、区、市，受灾群众4625万多人，69227人遇难。

另一类是由于人类活动引起的环境问题叫做次生环境问题，也叫第二环境问题。次生环境问题一般又分为环境污染和生态破坏两大类。目前人们所说的环境问题一般是指次生环境问题。

环境污染若按环境要素分包括：大气污染、水体污染、土壤污染。若按污染物性质分包括：生物污染、化学污染、物理污染。按污染物形态分包括：废气污染、废水污染、固体废物、噪声污染、辐射污染等。

生态破坏包括：森林覆盖率下降、草原退化、水土流失、土地贫瘠化、沙漠化、水源枯竭、气候异常、物种灭绝等。

应当注意的是：原生环境问题和次生环境问题往往难以截然分开，它们之间常常存在着某种程度的因果关系和相互作用。

2. 环境问题的产生和发展

环境问题伴随着人类社会的产生而产生并随着人类社会和经济的发展而加剧。环境问题的历史发展大致可以分为以下三个阶段。

（1）生态环境的早期破坏

此阶段是从远古时期人类出现开始到工业革命以前。这是一个漫长的时期，在该阶段人类经历了从以采集狩猎为生的游牧生活向以耕种和养殖为生的定居生活的转变。随着种植、养殖和渔业的发展，人类社会开始第一次劳动大分工，人类从完全依赖大自然的恩赐转变到自觉利用土地、生物、陆地水体和海洋等自然资源。人类的生活资料有了比以前更稳定的来源。人类的种群开始迅速扩大，随着人口的增加，生产力的发展，人类社会需要更多的资源来扩大物质生产规模，便开始出现烧荒、垦荒、砍伐森林、发展畜牧业、冶炼金属、兴修水利工程等改造活动，从而引起了一系列的水土流失、水旱灾害、土壤盐渍化或沼泽化等问题，一些地区因而发生了严重的环境问题，其中最主要的是生态退化。例如，古代经济发达的美索不达米亚，曾经森林茂密，田野辽阔，但由于不合理的开垦和灌溉，后来变成了不毛之地；中国的黄河流域，那里早期森林广布，土地肥沃，是文明的发源地，而西汉和东汉时期的两次大规模开垦，虽然促进了当时的农业发展，可是由于大规模地毁林垦荒，森林骤减，水源得不到涵养，而又不注意培育林木，造成水旱灾害频繁，水土流失严重，以致良田美地逐渐沦为贫瘠土壤，给后代造成了不可弥补的损失。

但总地说来，这一阶段由于人类对自然环境的认知能力和科学技术水平有限，人类活动对环境的影响还是局部的，没有达到影响整个生物圈的程度。

（2）近代城市环境问题

此阶段从工业革命开始到20世纪80年代发现南极上空的"臭氧层空洞"为止。从农业占优势的经济向工业占优势的经济迅速过渡的工业革命是世界史的一个新时期的起点，此后的环境问题也开始出现新的特点并日益复杂化和全球化。18世纪后期欧洲的一系列发明和技术革新大大提高了人类社会的生产力，人类开始插上技术的翅膀，以空前的规模和速度开采和消耗能源和其他自然资源。新技术使欧洲、美国等在不到一个世纪的时间里先后进入工业化社会，并迅速向全世界蔓延，在世界范围内形成发达国家和发展中国家的差别。工业化社会的特点是高度城市化，这一阶段的环境问题与工业和城市同步发展，先是由于人口和工业密集，燃煤量和燃油量剧增，发达国家的城市饱受空气污染之苦，例如，19世纪下半叶，世界最大工业中心之一的伦敦，曾多次发生因排放煤烟引起的严重烟雾事件。随后，这些国家的城市周围又出现日益严重的水污染和垃圾污染，工业三废、汽车尾气更是加剧了这些污染危害的程度。正如恩格斯所指出的："人类对自然界的每一次胜利，在第一步都确实取得了我们预期的结果，但是在第二步和第三步却有了完全不同的、出乎预料的影响，常常把第一个结果又取消了"。在后来的20世纪60~70年代，发达国家普遍花大力气对这些城市环境问题进行治理，并把污染严重的工业搬到发展中国家，但是，随着发达国家环境状况的改善，发展中国家却开始步发达国家的后尘，重走工业化和城市化的老路，城市环境问题有过之而无不及，同时伴随着严重的生态破坏。

所以，在这一时期由于社会生产力和科学技术突飞猛进，人口数量激增，人类征服自然界的能力大大增强，环境的反作用便日益强烈地显露出来，环境污染由局部逐步扩大到区域，由单一的大气污染扩大到水体、土壤和食品等各个方面，出现了环境问题的第一次高峰，震惊世界的环境污染事件频繁发生，形成了大面积乃至全球性公害。其中，人们称之为"世界八大公害"的包括：比利时马斯河谷烟雾事件、美国多诺拉烟雾事件、英国伦敦毒雾事件、日本水俣事件、日本富山事件、日本四日事件、美国洛杉矶光化学烟雾事件，日本米糠油事件。

在这种情况下，1972 年在斯德哥尔摩召开了人类环境会议，通过了《人类环境宣言》，把环境问题摆上了各个国家议事日程。

(3) 当代环境问题阶段

20 世纪 80 年代以后，人类环境问题发展到当代环境问题阶段，出现了环境问题的第二次高峰。这一阶段环境问题的主要特征表现在以下三个方面：一是酸雨、臭氧层破坏和全球变暖三大全球性大气环境问题；二是发展中国家的城市环境问题和全球大面积生态破坏，一些国家的贫困化愈演愈烈；三是突发性的严重环境污染事件频繁发生。从 1972 年至 1992 年间，世界范围内的重大污染事件频繁发生。其中，有人归纳出"六大污染事故"包括：意大利塞维索化学污染事件、美国三里岛核电站泄漏事件、墨西哥液化气爆炸事件、印度博帕尔公害事件、前苏联切尔诺贝利核电站泄漏事件、瑞士巴塞尔桑多兹化学公司莱茵河污染事故。

此六大污染事故和全球大气污染、非洲大灾荒共同被当今一些学者列为"新世界八大公害"。

当前世界环境问题的特点是：危害的不可预见性，过程的不可逆性以及规模的全球性。

全球范围内环境资源（包括能源）相继出现将要耗竭的信号，自然环境和自然资源难以承受高速工业化、人口剧增和城市化的巨大压力，自然灾害显著增加，环境污染出现了范围扩大、难以防范、危害严重的特点。这一切表明，生物圈这一生命支持系统对人类社会的支撑已接近它的极限。环境问题严重威胁着全球人类的生存和发展，它的解决已经成为各国共同关注的重大课题。同时，我们也必须清醒地意识到环境问题的解决具有显著的复杂性和长久性。

3. 当今世界主要环境问题

(1) 全球气候变暖

由于人口的增加和人类生产活动规模的扩大，向大气排放的 CO_2、CO、CH_4、N_2O、CFC（氯氟烃化合物）、CCl_4 等温室气体不断增加，导致大气的组成发生变化，大气质量受到影响，产生温室效应 (greenhouse effect)。温室效应带来的直接影响是使地面温度升高，气候逐渐变暖，而较高的温度可使极地冰川融化。在过去的一个世纪里，全球表面平均温度已经上升了 0.3~0.6℃，全球海平面上升了 10~25cm。目前地球大气中的二氧化碳浓度已由工业革命（1750 年）之前的 280μL/L 增加到了近 360μL/L。1996 年政府间气候变化小组发表的评估报告表明：如果世界能源消费的格局不发生根本性变化，到 21 世纪中叶，大气中的二氧化碳浓度将达到 560μL/L，全球平均温度可能上升 1.5~4℃，海平面每 10 年将升高 6cm，因而将使一些沿海地区被淹没。

全球变暖也可能影响到降雨和大气环流的变化，使气候反常，易造成旱灾、尘暴、飓风频繁发生，温室效应还会引起森林火灾、野生动物灭绝，并可能给人类的生存和发展带来更大的灾难性后果，导致生态系统发生变化和破坏。

(2) 臭氧层的耗损与破坏

臭氧层 (ozonosphere) 位于大气平流层中，其厚度约为 10~15km。它能吸收太阳的紫外线，以保护地球上的生命免遭过量紫外线的伤害，并将能量储存在上层大气，起到调节气候的作用。但臭氧层是一个很脆弱的大气层，如果排放一些含有稳定的氟氯烃的气体（如氟里昂），就会和臭氧发生化学作用，臭氧层就会遭到破坏。臭氧层的破坏，将使地面受到紫外线辐射的强度增加，给地球上的生命带来很大的危害。研究表明，紫外线辐射能破坏生物蛋白质和基因物质脱氧核糖核酸，造成细胞死亡；使人类皮肤癌发病率增高；伤害眼睛，导致白内障而使眼睛失明；抑制植物如大豆、瓜类、蔬菜等的生长，并穿透10m深的水层，杀死浮游生物和微生物，从而危及水中生物的食物链和自由氧的来源，影响生态平衡和水体的自净能力。

（3）生物多样性减少

生物多样性（biodiversity）是指一定范围内多种多样活的有机体（动物、植物、微生物）有规律地结合所构成稳定的生态综合体。这种多样包括动物、植物、微生物的物种多样性；物种的遗传与变异的多样性；生态系统的多样性。其中，物种的多样性是生物多样性的关键，它既体现了生物之间及环境之间的复杂关系，又体现了生物资源的丰富性。科学家估计地球上约有1400万种物种，但当前地球上的生物多样性损失的速度比历史上任何时候都快，近百年来，由于人口的急剧增加和人类对资源的不合理开发，加之环境污染等原因，地球上的各种生物及其生态系统受到了极大的冲击，生物多样性也受到了很大的损害。有关学者估计，世界上每年至少有5万种生物物种灭绝，平均每天灭绝的物种达140个，而在21世纪初，全世界野生生物的损失可达其总数的15%～30%。因此，保护和拯救生物多样性以及这些生物赖以生存的生活条件，同样是摆在我们面前的重要任务。

（4）酸雨蔓延

酸雨（acid rain）是指大气降水中酸碱度pH值低于5.6的雨、雪，或其他形式的降水。酸雨是工业高度发展而出现的副产物，由于人类大量使用煤、石油、天然气等化石燃料，燃烧后产生的硫氧化物或氮氧化物，在大气中经过复杂的化学反应，形成硫酸或硝酸气溶胶，被云、雨、雪、雾捕捉吸收，降到地面成为酸雨。如果形成酸性物质时没有云雨，则酸性物质会以重力沉降等形式逐渐降落在地面上，这叫做干性沉降，干性沉降物在地面遇水时复合成酸。酸云和酸雾中的酸性由于没有得到直径大得多的雨滴的稀释，因此它们的酸性要比酸雨强得多。酸雨对人类环境的影响越来越严重而且其影响是多方面的。

20世纪50～60年代，北欧地区受到欧洲中部工业区酸性排气的影响，出现了酸雨。60年代末到80年代初，酸雨范围由北欧扩大至中欧，同时北美也出现了大面积的酸雨区。80年代以来，在世界各地相继出现了酸雨，如亚洲的中国、日本、韩国、东南亚各国，南美的巴西、委内瑞拉，非洲的尼日利亚、象牙海岸等都受到了酸雨的危害。世界目前已有三大酸雨区，一是以英国、法国、德国等国家为中心，基本上可以说是遍及大半个欧洲的酸雨区；二是在20世纪50代后期形成的，主要包括以美国和加拿大在内的北美酸雨区；据推算，这两个酸雨区的总面积已经超过了$1000\times10^4km^2$，它们降水的pH值小于5.0，有的地区的降雨的pH值甚至于比4.0还要小。第三个酸雨区就是20世纪70年代在中国形成的，主要涵盖江苏省、湖北省、四川省、贵州省、广西、湖南省、广东省、江西省、浙江省和青岛等十个省市的部分地区，根据统计，这些地区的酸雨面积已经达到了$2.0\times10^8m^2$，虽然我国的酸雨区的面积现在看起来并不十分的庞大，但是根据科学家的推测，其发展迅速及面积扩张速度惊人，降水的酸化程度愈来愈高，在全球范围而言，可以说是并不多见的。

酸雨在国外被称为"空中死神"，其潜在的危害主要表现在对水生系统的危害；对陆地生态系统的危害；对人体的影响；对建筑物、机械和市政设施的腐蚀四个方面。

（5）森林锐减

森林锐减（collapsing forest）是指人类的过度采伐森林或自然灾害所造成的森林大量减少的现象。在今天的地球上，我们的绿色屏障——森林正以平均每年$4000km^2$的速度消失。

人类文明初期地球陆地的 2/3 被森林所覆盖，约为 $76×10^8 hm^2$；19 世纪中期减少到 $56×10^8 hm^2$；20 世纪末期锐减到 $34.4×10^8 hm^2$，森林覆盖率下降到 27%。森林是陆地生态系统的主体，对维持陆地生态平衡起着决定性的作用。森林的锐减使其涵养水源的功能受到破坏，造成了物种的减少和水土流失，对 CO_2 的吸收减少进而又加剧了温室效应，直接导致绿洲沦为荒漠。扎格罗斯山和波斯高原的森林草原被大规模破坏，造成严重沙化，巴比伦文明遭到毁灭性的灾难。据测定，在自然力的作用下，形成 1cm 厚的土壤需要 100~400 年的时间；在降雨 340mm 的情况下，每公顷林地的土壤冲刷量仅为 60kg，而裸地则达 6750kg，流失量比有林地高出 110 倍。只要地表有 1cm 厚的枯枝落叶层，就可以把地表径流减少到裸地的 1/4 以下，泥沙量减少到裸地的 7% 以下；林地土壤的渗透力更强，一般为每小时 250mm，超过了一般降水的强度。森林的锐减同时带来洪涝灾害频发以及全球干旱缺水严重。

科学家们断言，假如森林从地球上消失，陆地 90% 的生物将灭绝；全球 90% 的淡水将白白流入大海；生物固氮将减少 90%；生物放氧将减少 60%；许多地区的风速将增加 60%~80%；同时将伴生许多生态问题和生产问题，人类将无法生存。

（6）土地荒漠化

20 世纪 60 年代末和 70 年代初，非洲西部撒哈拉地区连年严重干旱，造成空前灾难，使国际社会密切关注全球干旱地区的土地退化。"荒漠化"名词于是开始流传开来。

荒漠化（sandy desertification）即沙漠化，是指干旱和半干旱地区，由于自然因素和人类活动的影响而引起生态系统的破坏，是原来非沙漠地区出现了类似沙漠环境的变化过程。正因为如此，凡是具有发生沙漠化过程的土地都称之为沙漠化土地。沙漠化土地还包括了沙漠边缘风力作用下沙丘前移入侵的地方和原来的固定、半固定沙丘由于植被破坏发生流沙活动的沙丘活化地区。

全球陆地面积占 60%，其中沙漠和沙漠化面积 29%。每年有 $600×10^4 hm^2$ 的土地变成沙漠。到 1996 年为止，全球荒漠化的土地已达到 $3600×10^4 km^2$，占到整个地球陆地面积的 1/4，相当于俄罗斯、加拿大、中国和美国国土面积的总和。全世界受荒漠化影响的国家有 100 多个，尽管各国人民都在进行着同荒漠化的抗争，但荒漠化却以每年 $(5~7)×10^4 km^2$ 的速度扩大。到 20 世纪末，全球将损失约 1/3 的耕地。在人类当今诸多的环境问题中，荒漠化是最为严重的灾难之一。

（7）大气污染

大气污染（atmospheric pollution）是指大气中的污染物浓度达到有害程度，破坏生态系统和人类生存条件的现象。大气是人类和一切生物赖以生存的必需条件，大气质量的优劣，对人体健康和整个生态系统都有着直接的影响。人类又通过各种生产和生活活动影响和改变着大气环境，使其质量恶化，甚至造成严重的大气污染事件。凡是能使空气质量变差的物质都是大气污染物，大气污染物目前已知的约有 100 多种。其主要因子为悬浮颗粒物、一氧化碳、臭氧、二氧化碳、氮氧化物、铅等。

世界卫生组织和联合国环境组织发表的报告说："空气污染已成为全世界城市居民生活中一个无法逃避的现实。"工业文明和城市发展，在为人类创造巨大财富的同时，也把数十亿吨计的废气和废物排入大气之中，人类赖以生存的大气圈却成了空中垃圾库和毒气库。因此，大气中的有害气体和污染物达到一定浓度时，就会对人类和环境带来巨大灾难。

6

（8）水资源危机

水资源危机（water resources crisis）是指因水资源缺乏而供水不足发生的严重供需矛盾，以致危及正常生活和生产的情况。引起水资源危机的主要原因是由于可用水的匮乏和水体污染。

世界上许多地区面临着严重的水资源危机。全世界水资源总量大约为 $14 \times 10^8 m^3$，其中仅 2.5% 为淡水。据专家估计，从下个世纪初开始，世界上将有四分之一的地方长期缺水。在发展中国家，由于人口增长和经济发展所导致的人均用水量的增加，在过去的三个世纪里，人类提取的淡水资源量增加了 35 倍，20 世纪后半叶，淡水提取量每年增加 4%~8%，其中农业灌溉和工业用水占了增长的主要部分，特别是 20 世纪 70 年代"绿色革命"期间，灌溉用水翻了一番。与淡水资源短缺相对应的是水资源的大量浪费，农业消耗了全球用水量的 70% 左右，但农业灌溉用水效率普遍比较低，许多灌溉系统 60% 以上的水在浇灌庄稼前就渗漏和蒸发掉了，并带来土壤盐渍化。化肥和农药需求的日益增长和不合理使用，使农业的地表径流污染也发展成为一个比较严重的问题，成为湖泊等地表水体富营养化的一个重要来源。到 2025 年，预计在发展中国家水的浪费率将上升 50%，而在发达国家也要上升 18%。

同时，世界大部分地区的水质正在下降。据统计，全世界每年约有 $4500 \times 10^8 t$ 污水排入江河湖泊，40% 的河流遭污染，占全球淡水总量 14% 以上的可用水已被污染，造成丰水地区水质严重下降，缺水地区更加缺水。全世界每年至少有 2500 万人死于水污染引起的疾病（其中主要是在发展中国家）。世界上传播最广的疾病中有一半都是直接或间接通过水传播的。全球由水污染而产生的疾病每年使 1500 万人丧生，其中大部分是儿童，仅腹泻每年就造成四五万婴儿和差不多相同数量的成年人死亡。

水资源是人类生产和生活不可缺少的自然资源，也是生物赖以生存的环境资源，随着水资源危机的加剧和水环境质量不断恶化，水资源短缺已演变成世界倍受关注的资源环境问题之一。

（9）海洋污染

海洋污染（marine pollution）是指人类直接或间接将物质或能量引入海洋环境（包括港湾），以致对生物资源产生有害影响，危害人类健康，妨碍海上活动（包括捕鱼活动），损害海水使用质量和减少舒适性等的环境污染。

海洋面积辽阔，储水量巨大，因而长期以来是地球上最稳定的生态系统。由陆地流入海洋的各种物质被海洋接纳，而海洋本身却没有发生显著的变化。然而近几十年，随着世界工业的发展，人类活动产生的大部分废物和污染物最终都进入了海洋，海洋的污染也日趋严重。

目前，每年都有数十亿吨的淤泥、污水、工业垃圾和化工废物等直接流入海洋，河流每年也将近百亿吨的淤泥和废物带入沿海水域，使局部海域环境发生了很大变化，并有继续扩展的趋势。

海洋的污染主要是发生在靠近大陆的海湾。由于密集的人口和工业，大量的废水和固体废物倾入海水，加上海岸曲折造成水流交换不畅，使得海水的温度、pH、含盐量、透明度、生物种类和数量等性状发生改变，对海洋的生态平衡构成危害。

目前，海洋污染突出表现为石油污染、赤潮、有毒物质累积、塑料污染和核污染等几个方面。全球每年排入海洋的石油污染物约 $1000 \times 10^4 t$，主要是由工业生产，包括海上油井管道泄漏、油轮事故、船舶排污等造成的，特别是一些突发性的事故，一次泄漏的石油量可达

10×10^4 t 以上，这种情况的出现，大片海水被油膜覆盖，将促使海洋生物大量死亡，严重影响海产品的价值，以及其他海上活动。图 1-1 所示为沾满石油的企鹅。

图 1-1　沾满石油的企鹅

在近海地区，由于人类活动使氮和磷增加 50%～200%，过量营养物导致沿海藻类大量生长，导致赤潮频繁发生，波罗的海、北海、黑海、东中国海等不断出现赤潮。海洋污染破坏了红树林、珊瑚礁、海草，使近海鱼虾锐减，渔业损失惨重。由于过渡捕捞，海洋的渔业资源正在以令人可怕的速度减少。

目前，污染最严重的海域有波罗的海、地中海、东京湾、纽约湾、墨西哥湾等。就国家来说，沿海污染严重的是日本、美国、西欧诸国和前苏联国家。我国的渤海湾、黄海、东海和南海的污染状况也相当严重，虽然汞、镉、铅的浓度总体上尚在标准允许范围之内，但已有局部的超标区，石油和 COD 在各海域中有超标现象。其中污染最严重的渤海，由于污染已造成渔场外迁、鱼群死亡、赤潮泛滥、有些滩涂养殖场荒废、一些珍贵的海生资源正在丧失。

（10）危险性废物越境转移

危险性废物（hazardous wastes）是指除放射性废物以外，具有化学活性或毒性、爆炸性、腐蚀性和其他对人类生存环境存在有害特性的废物。

随着工业经济和社会的发展，有毒有害危险废物也在日益增多。世界上每年产生数十亿吨的废物，其中至少有三亿吨的废物因为其有毒的、易爆的、腐蚀的、外泌毒的、易燃的及易传染的特性而对人与环境有着潜在的危险。

近年来危险废物由一国向另一国转移的事件频繁发生，大量危险性废物正不断地由工业化国家向发展中国家包括中东欧国家转移，这种污染转嫁已成为世界十大环境问题之一，严重侵犯了被转嫁国家的环境平等权，对人类和环境可能造成严重的损害。根据绿色和平组织的一份调查报告，发达国家正以每年 5000×10^4 t 的规模，向发展中国家运送危险废物，致使发展中国家环境污染的发生加剧。为了防止或减少其危害，于 1989 年 3 月签订了"控制危险废物越境转移及其处置巴塞尔公约"。《巴塞尔公约》是第一个禁止危险废物越境转移的全球性公约，也是全球惟一控制危险废物越境转移的多边环境公约，具有广泛的国际代表性。

公约的规定确保了对那些反对不受控制地倾倒危险废物的国家进行保护，体现了对发展中国家的关心，同时也促进了危险废物产生最小化和环境无害管理。

三、人类与环境

地球是迄今为止所确认的惟一有生命存在的天体。它是孕育生命的摇篮，是人类和其他生物生存的家园。而在人类出现以前，自然界已经历了漫长的发展过程。我们的地球是太阳系的一个成员，在来自地球内部的内能和主要来自太阳辐射的外能共同作用下，通过一系列的物质能量迁移转化的物理化学过程，经过很长的无生命阶段，形成了原始的地表环境，为生物的发生和发展创造了必要的条件。而生物的发生、发展则使地表环境的发展进入到一个质变的新阶段，产生了一个新的生物圈，为人类的发生和发展提供了条件。

人类的出现，开创了地球历史的新纪元。使地球表面环境的发展进入了一个更高级的人类与其环境辩证发展的新阶段。

人类是环境的产物，据科学测定，人体血液中的 60 多种化学元素的含量比例，同地壳各种化学元素的含量比例十分相似。人类的生存和发展一时一刻也离不开环境，同时人类通过劳动实现着对环境的作用，引起环境的变化，改变自然界的面貌。

人类与环境之间，存在着一种相互依存、相互影响而又相互制约的对立统一的辩证关系。人类的任何行为都会对环境产生影响，反之，环境的任何改变也直接影响到人类的生存与发展。

当人类刚从动物分化出来，这种对立统一关系处于初级的状态。早期的人类已懂得在各种环境中进行着猎食、取火、制衣、穴居。然而，因其活动能力有限，只能以生活活动和自己的生理代谢过程与环境进行物质和能量的交换。这时，人类同环境之间的矛盾尚不突出，人们只是适应环境、利用环境，而很少有意识地改变环境。

进入农业文明时期，人类活动能力有所增强，使用的工具也日益改善，人类开始懂得改变环境，学会了农耕、养殖、开垦草原等，由于不节制地毁林垦荒，引起严重的水土流失，草原的毁灭，荒漠的扩张，土壤盐化，使人类的发展与环境的矛盾越来越突出。但并未使人们认识到这是环境的报复。

到了产业革命时期，人类学会使用机器以后，生产力大大提高，对环境的影响也随之增加，到本世纪人类利用、改造环境的能力空前提高，规模逐渐扩大，创造了巨大的物质财富。人类对自然的利用和改造的深度和广度，在时间上是随着人类社会的发展而发展，在空间上是随着人类活动领域扩张而扩张，人类已在环境中逐渐处于主导地位。

但是，严重的环境污染和生态破坏也随之出现在人类面前。大气污染、水资源短缺、森林毁灭、耕地不断减少、物种灭绝，人类赖以生存的自然环境正处在危机之中。人类与环境对立关系达到了白热化的程度。

人类的活动不可能也不应该无止境地向环境索取，也不可能永远不加限制地在向环境排放废弃物。当人类的行为遭到环境的报复而影响到人类本身的生存和发展时，人类就不得不调整自己的行为，以适应环境所能允许的范围。这也说明了人类与环境的关系统一的一面。

在认识人类与环境的关系上，我们往往把人类放在自然系统中至高无上的位置，认为人类是大自然的主人，可以支配一切，自然界只不过是一个消极的客体；甚至认为人类在自然面前可以为所欲为，而自然在人类面前只有逆来顺受；导致人类向大自然任意索取，任意排放污染物。而日益恶化的生态环境，越来越受到各国的普遍关注，更多的人开始认识到，生态环境一旦遭到破坏，需要几倍的时间乃至几代人的努力才能恢复，甚至永远不能复原。保护环境也就是保护人类生存的基础和条件，人类应当不断更新自己的观念，随时调整自己的行为，以实现人与环境的协调共处。正如1972年联合国召开的人类环境会议发表的《人类环境宣言》中所说："为了在自然界里取得自由，人类必须利用知识在与自然合作的情况下，建设一个良好的环境。"

四、环境科学

环境科学（environmental sciences）是在20世纪50年代环境问题严重化的背景下诞生的，1954年美国学者最早提出了"环境科学"一词。面对人口、环境与发展这一人类社会重要问题，为了寻求人类与环境的协调发展，自20世纪70年代以来，兴起了一门新的学科——环境科学。20世纪70年代出现了以环境科学为内容的专门著作，其中为1972年"联合国人类环境会议"而出版的《只有一个地球》是环境科学中一部最著名著作。

1. 环境科学的研究对象及任务

环境科学是研究人类生存的环境质量及其保护与改善的科学。一门科学的诞生，取决于它是否有特定的研究对象以及社会的需要。环境科学是以人类——环境系统为其特定的研究对象，既不是逐个地研究环境的各个要素，也不只是综合地研究人类的环境。环境科学主要研究环境在人类活动强烈干预下所发生的变化和为了保持这个系统的稳定性所应采取的对策与措施。在宏观上，它研究人类与环境之间的相互作用、相互促进、相互制约的对立统一关系，揭示社会经济发展和环境保护协调发展的基本规律；在微观上，研究环境中的物质，尤其是人类排放的污染物在有机体内迁移、转化和积累的过程与运动规律，探索其对生命的影响及作用机理等。其目的在于探讨人类社会持续发展对环境的影响及其环境质量的变化规律，从而为改善环境和创造新环境提供科学依据。可见，环境科学是一门综合性很强的科学，不仅牵涉到自然科学与工程技术科学的许多部门，而且还涉及经济学、社会学和法学等社会科学方面，要充分运用地学、生物学、化学、物理学、医学、工程学、数学、计算科学，以及社会学、经济学和法学等多种学科的知识。

环境科学的基本任务：

① 探索全球范围内环境演化的规律，了解人类与环境的发展规律。这是研究环境科学的前提，只有了解了人类环境变化的过程，环境的基本特性，环境结构和演化机理等，才能使环境质量向着有利于人类的方向发展。

② 研究人类与环境的关系，这是环境科学研究的核心。通过揭示人类活动同自然环境间的联系，才能协调社会经济发展与环境保护的关系，使人类与环境协调发展。

③ 探索人类活动强烈影响下环境的全球性变化。这是环境科学研究的长远目标，环境是一个多要素组成的复杂系统，其中有许多正、负反馈机制。人类活动造成的一些暂时性的与局部性的影响，常常会通过这些已知的和未知的反馈机制积累、放大或抵消，其中必然有一部分转化为长期的和全球性的影响，因此，关于全球环境变化的研究已成为环境科学的热点之一。

④ 开发环境污染防治技术与制订环境管理法规。这是环境科学的应用问题，在这方面，西方发达国家已取得一些成功的经验：从20世纪50年代的污染源治理，到60年代转向区域性污染综合治理，70年代则更强调预防为主，加强了区域规划和合理布局。同时，又制订了一系列有关环境管理的法规，利用法律手段推行环境污染防治的措施。近年来，我国在这两方面虽然取得了一定的成就，但是，在控制污染、改善环境方面，还需作出更大的努力。

2. 环境科学的分支学科

由于环境问题的重要性和综合性，环境科学主要运用自然科学、技术科学和社会科学有关学科的理论、技术和方法来研究环境问题。在与有关学科相互渗透、交叉中形成了许多分支学科。按照其研究的性质和作用可分为三大部分：环境学、环境基础学、环境应用学。

环境学包括：综合环境学、理论环境学、部门环境学。

环境基础学包括：环境数学、环境地学、环境生物学、环境化学、环境物理学、环境医学、环境生态学等。

环境应用学包括：环境管理学、环境经济学、环境法学、环境工程学、环境监测、环境质量评价、环境行为学、环境规划等。

环境是一个有机的整体，环境污染又是一个极其复杂的、涉及面相当广泛的问题。因此，在环境科学发展过程中，环境科学的各个分支学科虽然各有特点，但又互相渗透，互相依存，它们是环境科学这个整体的不可分割的组成部分。

随着人类在控制环境污染方面所取得的进展，环境科学这一新兴学科也日趋成熟，并形成自己的基础理论和研究方法。它将从分门别类研究环境和环境问题，逐步发展到从整体上进行综合研究。

而环境科学的目的就是为维护环境质量、制定各种环境质量标准，污染物排放标准提供科学依据。为各国制定环境规划、环境政策以及环境与资源保护立法提供依据。

第二节　环境保护

一、环境保护

1. 环境保护概念

环境保护(environmental protection)是指人类为解决现实的或潜在的环境问题，利用环境科学的理论与方法，协调人类和环境的关系，解决各种环境问题，保护和改善环境的一切人类活动的总称。

环境保护涉及的范围广、综合性强，它不仅涉及自然科学和社会科学的许多领域，还有其独特的研究内容和对象。通过采取科学技术的、行政管理的、经济的、法律的、宣传教育等多方面的措施，合理地利用自然资源，防止环境的污染和破坏，以求保持和发展生态平衡，扩大有用自然资源的再生产，保证人类社会的发展。

环境保护包含至少三个层面的意思：

① 对自然环境的保护，防止自然环境的恶化；

② 对人类居住、生活环境的保护，使之更适合人类工作和劳动的需要；

③ 对地球生物的保护。

2. 环境保护的内容

人类社会在不同历史阶段和不同国家或地区，有各种不同的环境问题，因而环境保护工作的目标、内容、任务和重点，在不同时期和不同国家是不同的。就一般而言其主要内容包括：

(1) 防治由生产和生活活动引起的环境污染

包括防治工业生产排放的"三废"、粉尘、放射性物质以及噪声、振动、恶臭和电磁微

11

波辐射等；交通运输过程产生的有害气体、废液、噪声、海上船舶运输排出的污染物等；农业生产和人们日常生活所使用的有毒有害化学品和城镇生活排放的烟尘、污水、垃圾等造成的污染。

（2）防止由建设和开发活动引起的环境破坏

包括由水利工程、铁路、公路干线、大型港口码头、机场和大型工业项目等工程建设对环境造成的污染和破坏；森林、草场资源、矿产资源、海上油田、海岸带和沼泽地的开发、农田开垦、围湖造田等对环境的破坏和影响；新工业区、新城镇的设置和建设等对环境的破坏、污染和影响。

（3）保护有特殊价值的自然环境

包括对珍稀物种及其生态环境的保护、特殊的自然发展史遗迹的保护、人文遗迹的保护、湿地的保护、风景名胜的保护、生物多样性的保护以及对地质现象、地貌景观提供有效的保护。

此外，防止臭氧层破坏、防止气候变暖、国土整治、城乡规划、植树造林、控制水土流失和沙漠化、控制人口的增长和分布、合理配置生产力等，也都属于环境保护的内容。环境保护已成为当今世界各国政府和人民的共同行动和主要任务之一。中国则把环境保护作为中国的一项基本国策，并制定和颁布了一系列环境保护的法律、法规，以保证这一基本国策的贯彻执行。

二、全球环境保护发展历程

1962 年美国生物学家蕾切尔·卡逊出版了一本名为《寂静的春天》一书，书中向人们阐释了过度喷洒 DDT（双对氯苯基三氯乙烷）、六六六（六氯环己烷）等农药杀虫剂给环境带来的污染和破坏，农药虽然杀死了害虫，但同时也使鸟类、鱼类等其他生物连同整个生态系统都遭受了毁灭性的破坏。以致在美丽的英格兰山野，如同"寂静的春天"来临一样。这是首次由一位科学权威人士向美国和全世界揭示，无限制地滥用化学制品将对我们的生活质量造成危害。该书被认为是 20 世纪环境生态学的标志性起点。

1972 年 6 月 5 日至 16 日由联合国发起，在瑞典斯德哥尔摩召开"第一届联合国人类环境会议"，提出了著名的《人类环境宣言》，是环境保护事业正式引起世界各国政府重视的开端。

世界各国，主要是发达国家的环境保护工作，大致经历了四个发展阶段：

（1）限制阶段

环境污染早在 19 世纪就已发生，如英国泰晤士河的污染，日本足尾铜矿的污染事件等。20 世纪 50 年代前后，相继发生了美国洛杉矶光化学烟雾、英国伦敦烟雾、日本水俣病和骨痛病等所谓的八大公害事件。由于当时尚未搞清这些公害事件产生的原因和机理，所以一般只是采取限制措施。如英国伦敦发生烟雾事件后，制定了法律，限制燃料使用量和污染物排放时间。

（2）"三废"治理阶段

20 世纪 50 年代末 60 年代初，发达国家环境污染问题日益突出，于是各发达国家相继成立环境保护专门机构。但因当时的环境问题还只是被看作工业污染问题，所以环境保护工作主要就是治理污染源、减少排污量。因此，在法律措施上，颁布了一系列环境保护的法规和标准，加强法治。在经济措施上，采取给工厂企业补助资金，帮助工厂企业建设净化设施；并通过征收排污费或实行"谁污染、谁治理"的原则，解决环境污染的治理费用问题。

在这个阶段，投入了大量资金，尽管环境污染有所控制，环境质量有所改善，但所采取的末端治理措施，从根本上来说是被动的，因而收效并不显著。

（3）综合防治阶段

1972年联合国召开了人类环境会议，并通过了《人类环境宣言》。这次会议成为人类环境保护工作的历史转折点，它将环境问题严肃地摆在了人类的面前，唤醒世人的警觉，引起了世界各国的广泛共识。它加深了人们对环境问题的认识，扩大了环境问题的范围。宣言指出，环境问题不仅仅是环境污染问题，还应该包括生态破坏问题。这次会议对推动世界各国保护和改善人类环境发挥了重要作用和影响。另外，它冲破了以环境论环境的狭隘观点，把环境与人口、资源、经济和社会发展联系在一起，统一审视，寻求一条健康协调的发展道路。对环境污染问题，也开始从单项治理发展到综合防治。

1973年1月，联合国大会决定成立联合国环境规划署，负责处理联合国在环境方面的日常事务工作。

（4）规划管理阶段

20世纪80年代初，由于发达国家经济萧条和能源危机，各国都急需协调发展、就业和环境三者之间的关系，并寻求解决的方法和途径。该阶段环境保护工作的重点是：制定经济增长、合理开发利用自然资源与环境保护相协调的长期政策。要在不断发展经济的同时，不断改善和提高环境质量，但环境问题仍然是对城市社会经济发展的一个重要制约因素。

1992年6月，在巴西里约热内卢召开了联合国环境与发展大会，会议通过并签署了五个重要文件，《里约环境与发展宣言》、《21世纪议程》、《关于所有类型森林问题的不具法律约束的权威性原则声明》、《气候变化框架公约》、《生物多样性公约》。这标志着世界环境保护工作的新起点：探求环境与人类社会发展的协调方法，实现人类与环境的可持续发展。使世界各国接受了可持续发展战略方针，"和平、发展与保护环境是相互依存和不可分割的"。至此，环境保护工作已从单纯的污染问题扩展到人类生存发展、社会进步这个更广阔的范围，"环境与发展"成为世界环境保护工作的主题。

里约会议后，尽管各国采取不同的措施，出现了一些积极的变化，但是全球的环境形势依然严峻。

2002年8月联合国在南非召开了约翰内斯堡可持续发展首脑会议。会议涉及政治、经济、环境与社会等广泛的问题，全面审议了1992年联合国环境与发展大会通过的《21世纪议程》、《里约环境与发展宣言》等重要文件和其他一些主要环境公约的执行情况。并在此基础上，就今后的工作形成面向行动的战略与措施，积极推进全球的可持续发展。

三、中国环境保护发展历程

在我国古代文明发展史上，虽然在长期的利用自然过程中形成了一些保护环境意识，但并没有达到真正意义上的环境保护。

中国的环境保护工作大体经历了三个阶段。

（1）中国环保事业的起步（1973~1978年）

从1949年中华人民共和国成立到1972年，我国没有专门的环境保护机构，也没有明确的环境保护目标和任务，但是在1966年之前，在实际工作中也采取了一些保护环境的措施，如疏浚京杭大运河、兴建大中型水库、新建和改造了一批市政公用设施等。1966年以后，由于"文化大革命"的影响，环保工作遭到与其他各项事业一样的厄运，最突出的表现是忽视环境保护。由于工业不合理布局和缺少污染防治措施，有些城镇的生活居住区、水源保护区、风景游览区被污染，不少名胜古迹及自然保护区受到破坏。毁林开荒、乱砍滥伐、过度开采地下水资源，生态环境日益恶化，环境污染和生态破坏迅速蔓延。

在这样的历史背景下，1972年6月5日中国派代表团参加了在斯德哥尔摩召开的人类环境会议。通过这次会议，使中国比较深刻地了解到环境问题对经济社会发展的重大影响。高层次的决策者们开始认识到中国也存在着严重的环境问题，需要认真对待，从此把环境保护工作正式列入重要议程。

1973年8月5日至20日，在北京召开了第一次全国环境保护会议。这是我国迈出的保护环境的第一步。这次会议之后，国务院设立了环境保护领导机构和办事机构。

从第一次全国环保会议至1978年底党的十一届三中全会这一时期，环境保护事业发展极其缓慢，虽然在周恩来等老一辈国家领导人的关怀和群众的强烈呼声下，我国在工业污染治理、"三废"综合利用、城市的消烟除尘等方面做了一些工作，取得了一定的成绩，但这一时期主要是简单模仿西方国家的做法，是以单纯治理污染（主要是工业污染）为主，开发性的理论研究和实用技术还很少，急于求成的倾向也逐渐暴露。

（2）改革开放时期环保事业的发展（1979～1992年）

1978年12月18日，党的十一届三中全会的召开，我国的环境保护事业也进入了一个改革创新的新时期。

1978年12月31日，中共中央批准了国务院环境保护领导小组的《环境保护工作汇报要点》，指出："消除污染，保护环境，是进行社会主义建设，实现四个现代化的一个重要组成部分……我们绝不能走先建设、后治理的弯路。我们要在建设的同时就解决环境污染的问题"。这是在中国共产党的历史上，第一次以党中央的名义对环境保护作出的指示，它引起了各级党组织的重视，推动了中国环保事业的发展。

1983年12月31日至1984年1月7日，在北京召开的第二次全国环境保护会议是中国环境保护工作的一个转折点，为中国的环境保护事业做出了重要的历史贡献。

1989年4月底至5月初在北京召开了第三次全国环境保护会议，这是一次开拓创新的会议，这次会议把第二次会议制定的大政方针具体化了，形成了"预防为主、防治结合"，"谁污染谁治理（1999年调整为谁污染谁付费）"和"强化环境管理"三大政策体系和八项环境管理制度，把不同的管理目标、不同的控制局面和不同的操作方式组成了一个比较完整的体系，基本上把主要的环境问题置于这个管理体系的覆盖之下，这为解决环境问题提供了政策保证。

在这一时期，以环保规划和计划为指导，以环境目标责任制为龙头，以水污染防治为重点，进一步加强环境法制建设，强化环境监督管理；流域污染综合防治取得进展；城市环境综合整治步伐加快；逐步规范了自然生态环境的建设和管理。

（3）可持续发展时代的中国环境保护（1992年以后）

1992年在里约热内卢召开了联合国环境与发展大会，实施可持续发展战略已成为全世界各国的共识，世界已进入可持续发展时代。我国总结了环境保护工作20年来的经验，也吸取了国际社会的新经验，提出了环境与发展的十大对策。

1996年7月在北京召开了第四次全国环境保护会议。这次会议对于部署落实跨世纪的环境保护目标和任务，努力实现传统发展战略向可持续发展战略的转变，具有十分重要的意义。

1996 年《国务院关于环境保护若干问题的决定》，明确提出"保护环境的实质就是保护生产力"，首次把实行主要污染物排放总量控制作为改善环境质量的重要措施。为了确保跨世纪环境目标的实现，编制出台了《污染物排放总量控制计划》和《跨世纪绿色工程规划》，同时出台的还有一系列保证措施。这标志着我国的环境保护工作已经进入逐渐成熟的时期。

进入新世纪，2002 年 1 月第五次全国环境保护会议在北京召开。会议的主题是贯彻落实国务院批准的《国家环境保护"十五"计划》，部署"十五"期间的环境保护工作。

2005 年 12 月，国务院发布《国务院关于落实科学发展观加强环境保护的决定》，描绘了我国 5~15 年环保事业发展的宏伟蓝图，是指导我国经济、社会与环境协调发展的纲领性文件。

2006 年 4 月，第六次全国环保大会召开，国务院总理温家宝在大会上强调，做好新形势下的环保工作，关键在于加快实现"三个转变"：一是从重经济增长轻环境保护转变为保护环境与经济增长并重；二是从环境保护滞后于经济发展转变为环境保护和经济发展同步推进；三是从主要用行政办法保护环境转变为综合运用法律、经济、技术和必要的行政办法解决环境问题，自觉遵循经济规律和自然规律，提高环境保护工作水平。

2007 年 10 月，党的十七大的召开，对于推进新时期环保事业发展具有里程碑的重大意义。党的十七大报告提出，加强能源、资源节约和生态环境保护，增强可持续发展能力。并提出"必须把建设资源节约型、环境友好型社会放在工业化、现代化发展战略的突出位置，落实到每个单位、每个家庭"。

十七大把生态文明首次写入了政治报告中，将建设资源节约型、环境友好型社会写入党章，把建设生态文明作为一项战略任务和全面建设小康社会目标首次明确下来，标志着环境保护作为基本国策和全党意志，进入了国家政治经济社会生活的主干线、主战场和大舞台，也标志着我国的环境保护事业方兴未艾，正在稳步向前发展。

2011 年 12 月 20 日至 21 日，第七次全国环境保护大会在北京召开。国务院副总理李克强出席环保大会强调："加强环保可以倒逼经济转型，是转方式的重要内容，也是检验转方式成效的重要标志。"预计"十二五"期间，仅节能环保产业一项的产值就将达到十几万亿元。他指出："要修订并发布更加严格的空气质量标准，抓紧做好增加 PM2.5 监测指标的准备，鼓励各地分期实施，逐步与国际标准接轨。"

"十二五"期间，国家把环境保护摆在与经济社会发展同等重要的位置，更加注重发挥环境保护倒逼经济发展方式转变的作用，统筹推进排污总量削减、环境质量改善、环境风险防范和城乡环境保护公共服务均等化，着力促进节约发展、清洁发展和安全发展。

复习思考题

1. 什么是环境，环境是怎样分类的？为什么要确立一个中心来说明环境的概念？
2. 简述环境问题发展不同阶段的特点，并谈谈自己对其认识。
3. 论述人为行为与原生环境问题的联系。
4. 简要介绍"八大公害"的主要污染物、发生时间、地点及危害。
5. 两次环境问题高潮的时间是什么？其特点有哪些？
6. 当前人类面临的主要环境问题有哪些？各有什么特点？
7. 根据你所居住的环境，谈谈城市面临的环境问题。

8. 目前中国的环境问题有哪些？应该如何解决？

9. 环境与人的关系是怎样的？人类对环境应持的正确态度是什么？

10. 环境科学的建立及其基本内容有哪些？

11. 谈谈你对环境科学发展的认识。

12. 简要叙述人类环境保护发展历程。

13. 简要说明人类为什么要进行环境保护？

14. 简要叙述环境保护的"三十二字"方针以及"三同步、三统一"方针。

15.《寂静的春天》的作者是谁？书中所介绍的主要内容是什么？

第二章　资源、能源与生态系统

第一节　自然资源概述

资源与环境，是人类生存和发展的基本条件，其中自然资源是国民经济与社会发展的重要物质基础。然而，随着物质生活水平的提高和人口的增长，人类对自然资源的需求日益增大，同时对环境的破坏也日趋严重。如何以最低的环境代价确保经济持续增长，同时还能使自然资源可持续利用，已成为当代所有国家在经济、社会发展过程中所面临的一大难题。

一、资源的概念

资源（resources）通常被解释为"资财之源，一般指天然的财源"（《辞海》）。由于人们在研究领域和研究角度上存在着差别，资源又有广义、狭义之分。

广义的资源指人类生存发展和享受所需要的一切物质的和非物质的要素。因此，资源既包括一切为人类所需要的自然物，如阳光、空气、水、矿产、土壤、植物及动物等，也包括以人类劳动产品形式出现的一切有用物，如各种房屋、设备、其他消费性商品及生产资料性商品，还包括无形的资财，如信息、知识和技术，以及人类本身的体力和智力。正如恩格斯所指出的："劳动和自然界一起才是一切财富的源泉。自然界为劳动提供材料，劳动把材料变为财富。"由于人类社会财富的创造不仅来源于自然界，而且还来源于人类社会，因此资源不仅包括物质的要素，也包括非物质的要素。

自然资源（natural resources）是指狭义的资源，联合国环境规划署（UNEP）对资源下过这样的定义："所谓自然资源，是指在一定时间、地点的条件下能够产生经济价值的、以提高人类当前和将来福利的自然环境因素和条件的总称"。

二、自然资源的分类

由于自然资源的内涵与外延十分丰富而广阔，随人类认识的发展不断变化，至今还没有一个完善的自然资源的分类系统。现在多种多样的分类是从自然资源的不同角度，为说明某一方面的特征而进行的分类。

按照自然资源的分布量和被人类利用时间的长短，自然资源可分为有限资源和无限资源两大类，其中有限资源又可分为可再生资源和不可再生资源。如图2-1所示。

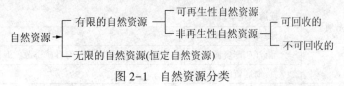

图2-1　自然资源分类

1. 有限的自然资源
（1）可再生性自然资源

通过天然作用或人工经营能为人类反复利用的各种自然资源，如生物资源、土地资源、水资源等。这些资源如果能很好地利用，借助自然循环、生物的生长、繁殖，不断地自我更新，维持一定的储量，可为人类长期利用。

需要指出的是，可再生性自然资源并不是无条件的、绝对的，任何资源的可再生性都是有条件的、相对的。如对野生生物进行大量的捕杀，就会造成生物物种在地球上的灭绝，将成为非再生性资源。耕地资源是可更新的，但一旦耕地被占作他用或出现沙漠化，也将成为不可再生资源。

（2）非再生性自然资源

也称为枯竭性自然资源。由于这类资源是在漫长的地球演化过程中形成的。被人类开发利用后，在现阶段或短时间内不可能再生的自然资源。如化石燃料、矿产资源等，这类资源在短时间内没有再生性。

在非再生性自然资源中，有些资源被开采和利用后，转化为不可逆状态，如化石燃料，这些资源经过燃烧后，释放出大量的热量，一部分转换为其他形式的能量，另一部分以热量的形式辐射回宇宙，这一部分的资源既不能更新，也不能回收。也有些资源虽然为非再生性资源，但可通过回收被重新利用，如金属矿物资源，可借助回收而再循环，变废为宝。这种做法一方面解决了资源紧缺问题，另一方面也解决了环境污染问题。

2. 无限的自然资源

也称恒定的自然资源，是指那些被利用后，在可以预计的时间内不会导致其储量减少，也不会导致其枯竭的资源。如太阳能、风能、潮汐能、大气等。这类资源虽然不会因为人类的利用而枯竭，但是，会因人类的生产、生活活动的影响而使其质量受损，如大气会因受到严重污染而使其质量下降；植物会因大气污染的加剧，而使自身的光合作用降低，即太阳能利用率的降低。

近年来，我国较为广泛使用的一种分类，是以自然资源的属性与用途为主要依据所作的多级综合分类，此种分类较为适用。其分类系统见表 2-1，（表中仅列出三级的资源分类，有很多三级资源还可进行第四级或第五级分类）。

表 2-1 自然资源综合分类系统

一级	二级	三级
陆地自然资源系列	土地资源	耕地资源、草地资源、林地资源、荒地资源
	水资源	地表水资源、地下水资源、冰雪资源
	气候资源	光能资源、热能资源、水分资源、风力资源空气资源
	生物资源	植物资源、动物资源、微生物资源
	矿产资源	金属矿资源、非金属矿资源、能源资源
海洋自然资源系列	海洋生物资源	海洋植物资源、海洋动物资源、海洋浮游生物资源
	海水资源 （或海水化学资源）	
	海洋气候资源	
	海洋矿产资源	深海海底矿产资源、滨海砂矿资源、海洋能源资源
	海底资源	
太空(宇宙) 自然资源系列		

三、自然资源的特点

1. 自然资源的自然属性

（1）有限性

有限性是自然资源最本质的特征。资源的有限性具有两个方面的含义：

① 任何资源在数量上是有限的。资源的有限性在不可更新性资源中尤其明显，由于任何一种矿物的形成不仅需要有特定的地质条件，还必须经过千百万年甚至是上亿年漫长的物理、化学、生物作用过程，因此，相对于人类而言是不可再生的，消耗一点就少一点。对于可再生资源，如动物、植物，由于其再生能力受自身遗传因素和受外界客观条件的限制，不仅其再生能力是有限的，而且利用过度，使其稳定的结构破坏后就会丧失其再生能力，成为非再生性资源。与其他有限资源相比，太阳能、潮汐能、风能等这些恒定性资源似乎是取之不尽、用之不竭的，但从某个时段或地区来考虑，所能提供的能量也是有限的。

② 可替代资源的品种也是有限的。虽然煤、石油、天然气和水力、风力等资源都可用于发电，但总地来看，可替代的投入类型是有限的。

在看待资源的有限性方面存在着两种截然不同的片面观点，持乐观态度的人认为，人类在今后的生产实践中会依靠科学发展和技术发明，不断发掘出新的替代资源，也会开发出依靠过去的技术所不能够开发的一些储量丰富的资源。因此，人类的前途是无限光明的，人们不必因暂时资源短缺而杞人忧天。持悲观看法的人认为，虽然科学技术能使人类发掘出新的资源，但不能完全解决资源危机问题，由于资源的有限性在本质上是无法改变的，因此，人类的前途无疑是悲观的。

由于不同资源其更新能力不同，更新所需要的周期也不同，如果不合理的开发利用，对它的消耗超过它的更新能力和更新速度，资源就得不到恢复而受到破坏，直至从地球上消失。因此，辩证地对待资源的有限性应当是：一方面，人类在开发利用自然资源时必须从长计议，珍惜一切自然资源，注意合理开发利用与保护，决不能只顾眼前利益，掠夺式开发资源，甚至肆意破坏资源；另一方面，依靠科技进步，提高现有资源的利用率，拓展可利用的资源范围，更是对待资源有限性的重要选择。

（2）区域性

区域性是指资源分布的不平衡，存在数量或质量上的显著地域差异，并有其特殊分布规律。自然资源的地域分布受太阳辐射、大气环流、地质构造和地表形态结构等因素的影响。因此，其种类特性、数量多寡、质量优劣都具有明显的区域差异，分布也不均匀，又由于影响自然资源地域分布的因素基本上是恒定的，在特定条件下必定会形成和分布着相应的自然资源区域，所以自然资源的区域分布也有一定的规律性。例如，我国水资源南多北少，能源资源南少北多，金属矿产资源基本上分布在由西部高原到东部山地丘陵的过渡地带。从世界范围来看，资源的分布也是不均匀的，探明储量约占世界总储量的58%的石油，集中在波斯湾石油沉积盆地，全世界煤炭总量的87%分布在美国、中国和前苏联三大国或地区等。

自然资源空间分布的不平衡和空间运动上的差异，增添了利用自然资源复杂性。

（3）整体性

整体性是指每个地区的自然资源要素彼此有生态上的联系，形成有机整体，触动其中一个要素，可能引起一连串的连锁反应，从而影响到整个自然资源系统的变化。这种整体性，再生资源表现得尤为突出。例如，森林资源除经济效益外，还具有含蓄水分、保持土壤的环境效益，如果森林资源遭到破坏，不仅会导致河流含沙量的增加，引起洪水泛滥，而且使土壤肥力下降，土壤肥力的下降又进一步促使植被退化，甚至沙漠化。各种资源在不同时间、空间条件下，是按不同的比例、不同的关系联系在一起的。形成不同的组合结构，并构成不同的生态系统，自然资源的整体性要求对自然资源必须进行综合研究和合理性开发。

（4）多用性

多用性是指任何一种自然资源都有多种用途。如土地资源既可用于农业，也可用于工业、交通、旅游以及改善居民的生活环境等。同一种资源可以作为不同生产过程的投入因素，不同的行业对同一种资源存在着投入需求；同一行业的不同部门以及同一部门的不同经济单位，甚至于同一经济单位的不同企业或同一企业的不同车间、班组或工序都会同时存在着对同一种资源(如电力)的需求。自然资源的多用性为人类利用资源提供了不同用途的可能性。资源的多用性要求在对资源开发利用时，必须根据其可供利用的广度和深度，实行综合开发、综合利用和综合治理，以做到物尽其用，取得最佳效益。

2. 自然资源的社会属性

自然资源社会属性是指自然资源作为人类社会生产的劳动手段和劳动对象的性质。自然资源的社会属性可以从三个角度说明：

① 对自然资源的认识、评价、利用有社会性。人类和科学技术水平是自然环境转化自然资源的桥梁，随着科学技术发展，人类利用自然资源的范围和深度不断扩大。过去排除在资源以外的自然环境要素，一旦有了利用和开采的手段，便逐步转化为有用的自然资源。

② 自然资源中，有人类的附加劳动。深埋在地下的矿产资源，山区的原始森林，从直观上看不到人类的附加劳动。然而，人们为了发现它，保护它，付出了劳动，甚至生命。因此，矿产资源和原始森林含有人类间接的附加劳动。按照马克思的说法，人类对自然资源的附加劳动是"合并到土地中"了，与自然资源浑然一体了。自然资源上附加的人类劳动是千百年来利用自然、改造自然的结晶，是自然资源中的社会因素。

③ 自然资源和劳动一起构成国民财富的源泉。自然资源是生产力的组成部分。

第二节　资源开发与利用

一、土地资源

土地既是重要的生产资料和劳动对象，同时也是人类赖以生存的活动领域。随着整个人类社会生产的发展和人口的迅速增长，土地资源与人类社会的关系逐渐超出了单一的民族和国家的范畴，而跃居整个人类生存与发展的环境空间的全球性大问题。

1. 土地资源的定义

土地资源(land resources)是指已经被人类所利用和可预见的未来能被人类利用的土地。土地资源既包括自然范畴，即土地的自然属性，也包括经济范畴，即土地的社会属性，是人类的生产资料和劳动对象。因此，土地资源被称为"历史的自然经济综合体。"

2. 世界土地资源及其利用现状

（1）世界土地资源概况

世界陆地面积约为 $14950×10^4 km^2$(包括南极洲)，占地球表面的 29.2%。陆地的 2/3 集中在北半球，仅 1/3 分布在南半球。各大洲中除南极洲外，面积最大的是亚洲，其次是非洲。在各国中，国土面积最大的是俄罗斯，其次是加拿大，中国国土面积居世界第三位。

（2）世界土地资源利用现状

地球陆地表面，有近50%的面积是永久性冻土、干旱沙漠、岩石、高寒地带等难以利用和无法利用的土地，此外尚有相当数量的土地存在各种障碍因素，实际适于人类利用的土地只有$7000×10^4km^2$左右。在世界范围内各地可利用土地分布存在很大差异，若按不同气候带划分，适于耕种的土地主要分布在热带，约$16×10^8hm^2$，其余各气候带之和约为$15×10^8hm^2$。

根据联合国粮农组织1999年《生产年鉴》分布的统计数据，全球土地面积中，耕地占10.6%，多年生作物土地（种有长期生长的作物且每次收获后不需再种植的土地）占1.0%，其他土地占88.4%，各大洲土地资源利用概况见表2-2。

表2-2　1998年各大洲土地资源利用概况及人均占有量　　　　　　　10^3hm^2

地区	土地面积	耕地			灌溉土地		多年生作物土地		其他土地	
		面积	占土地/%	占全球/%	面积	占耕地/%	面积	占土地/%	面积	占土地/%
亚洲	3085414	498519	16.2	36.1	191171	38.3	59114	1.9	2527781	81.9
非洲	2963568	177558	6.0	12.9	12520	7.1	24180	0.8	2761830	93.2
欧洲	2260320	293714	13.0	21.3	24622	8.4	17034	0.8	1949572	86.2
北美洲和中美洲	2137043	260166	12.2	18.8	30388	11.7	8113	0.4	1868764	87.4
南美洲	1752925	96003	5.5	6.9	10043	10.5	19707	1.1	1637215	93.4
大洋洲	849137	54888	6.5	4.0	2688	4.9	2968	0.3	791281	93.2

耕地面积最大的国家是美国，其次是印度、俄罗斯和中国，这四个国家的耕地面积都大于$1×10^8hm^2$。耕地面积占土地面积比例最高的国家是印度，超过1/2，其次是法国和德国，约1/3，荷兰和英国大于1/4，美国约1/5，中国和日本1/8左右，澳大利亚约1/15，新西兰、加拿大则更低。灌溉土地面积最大的国家为印度，其次为中国、美国，而灌溉土地占耕地比例大的国家有荷兰、日本和以色列，都超过50%，其次是中国和印度在40%左右。可见世界灌溉土地的分布状况取决于自然资源条件和社会需求、经济状况、科技水平等多种因素。

（3）世界土地资源利用中的问题

① 耕地减少：到2000年，全世界有约$2×10^8hm^2$肥沃土地成为非农用地，而尚未开垦的土地已无太大的潜力，侵占耕地是导致可利用土地资源量减少的重要原因。

② 砍伐森林：盲目毁林开荒和砍伐木材，到20世纪末，有40%的森林（主要是热带雨林）被消灭，非洲国家最为严重。

③ 开垦草原："湿草原"地带大部分均成为农区，垦荒正向半干旱草原地带移动，人类为此付出了沉重的代价。30年代美国的"黑风暴"迄今为人所惊骇。

④ 围垦沼泽：湿地属于地球上具有最高生产力的生态系统之列，由于耕地压力上升，全世界已经丧失的沼泽地有25%～50%。

⑤ 围海造地：海岸生物多样性迅速下降，而且大大降低了湿地调节气候、储水分洪、抵御风暴潮等能力，同时，导致潮差变小，潮汐冲刷能力降低。

⑥ 土地资源退化：水土流失是最严重的退化类型，占退化总面积的 56%；另外还包括风沙侵蚀（表层土损失、地形改变和尘沙覆盖），物理退化（板结、水涝和沉降），化学退化（养分损失、盐渍化、化学污染、土壤酸化）。

表 2-3 和表 2-4 是 GLASOD 对 80 年代（5~10 年的资料和数据）全球由人类引起的土地退化面积及程度所作的估算。

表 2-3　人类活动引起的土地退化面积（20 世纪 80 年代）

地区	退化土地		退化程度/（$10^6 hm^2$）			
	面积/（$10^6 hm^2$）	占土地总面积的比率/%	轻度	中等	重度	极度
世界	1964.4	17	749.0	910.5	295.7	9.3
非洲	494.2	22	173.6	191.8	123.6	5.2
北美	158.1	8	18.9	112.5	26.7	0.0
南美	243.4	14	104.8	113.5	25.0	0.0
亚洲	748.0	20	294.5	344.3	107.7	0.5
欧洲	218.9	23	60.6	144.4	10.7	3.1
大洋洲	102.9	13	96.6	3.9	1.9	0.4

表 2-4　5 种人类活动引起的土地退化（20 世纪 80 年代）　　　　　　　　$10^6 hm^2$

地区	移走植被		过度利用		过度放牧		农业活动		生物工业活动	
	退化面积	占退化总面积的比率/%	退化面积	占退化总面积的比率/%	退化面积	占退化总面积的比率/%	退化面积	占退化总面积的比率/%	退化面积	占退化总面积的比率/%
世界	578.6	30	132.7	7	678.7	35	551.6	28	22.8	1
非洲	66.8	14	62.8	13	243.0	49	121.4	24		
北美	17.9	11	11.4	7	37.9	24	90.5	57		
南美	100.1	41	12.0	5	67.9	28	63.5	26	0.0	0
亚洲	297.1	40	46.1	6	197.3	26	204.4	27	1.4	
欧洲	83.8	38	0.5		50.0	23	63.9	29	20.6	9
大洋洲	12.3	12	0.0	0	82.5	80	7.9	8		

3. 中国土地资源及利用现状

（1）中国土地资源的基本特点

中国土地辽阔，总面积约 $960×10^4 km^2$。概括来看，中国土地资源具有如下特点：

① 土地资源绝对数量多，但人均占有量少。我国土地总面积居世界第三位，但由于人口众多，人均土地面积只有平均值的 1/3，不足 $1hm^2$。

② 土地资源分布不平衡，且生产力的地域差异很大。由于水热条件的不同和复杂的地形、地质组合，我国有多种多样的土地类型，但各种类型的土地资源分布不平衡。其中湿

22

润、半湿润区土地面积占 52.6%；干旱、半干旱区土地面积占 47.4%。从地形高度看，从平均海拔 50m 以下的东部平原，逐级上升到西部海拔 4000m 以上的青藏高原。90% 以上的耕地和陆地水域分布在东南部；一半以上的林地集中在东北和西南的山地；80% 以上的草地分布于西北干旱和半干旱地区。降雨和径流由东南向西北递增，长江、珠江、浙、闽、台及西南诸河流域的水量占全国总水量的 81.0%，而这些地区的耕地仅占全国的 35.9%。东部湿润地区的生产力很高，其生物产量占全国 90%，但面积只有全国土地面积的一半。

③ 土地资源质量较差。$1.27 \times 10^8 hm^2$ 耕地中，山地、丘陵、高原等地占 66%，而平原仅占 12%，盆地占 19%。中低产田在 60% 以上。全国 1/3 的人口，2/5 的耕地和 9/10 的有林地分布在山地。

④ 农用土地资源比重小。中国土地总面积很大，按现有技术经济条件，可以被农林牧渔各业和城乡建设利用的土地资源仅 $627 \times 10^4 km^2$，占土地总面积的 65%。其他约 1/3 的土地，是难以被农业利用的沙漠、戈壁、冰川、石山、高寒荒漠等。在可被农业利用的土地中，耕地和林地所占比重相对较小。耕地约 $1.35 \times 10^8 hm^2$，占土地总面积的 14%；林地约 $1.67 \times 10^8 hm^2$，占 17%。

⑤ 后备耕地资源不足。据统计，我国尚有疏林地、灌木林地与宜林宜牧的荒山荒地约 $1.23 \times 10^8 hm^2$，其中，适宜开垦种植农作物、人工牧草和经济林果约 $3530 \times 10^4 hm^2$，仅占国土面积的 3.7%，而质量较好的一等地仅有 $310 \times 10^4 hm^2$，质量中等的二等地有 $800 \times 10^4 hm^2$，质量差的三等地有 $2430 \times 10^4 hm^2$，可见，数量少、质量差是我国后备土地资源主要特点。同时，这些后备土地资源又大多数分布在边远地区，开垦难度大。

(2) 中国目前土地开发利用存在的问题

中国目前土地开发利用中主要存在两大方面的问题：一是大面积土地质量退化；二是土地浪费，优良耕地减少。前者包括水土流失、土地沙漠化、盐碱化、潜育化以及土地污染等；后者是指土地利用不合理，乱占滥用耕地等。具体包括：水土流失严重；土地沙化在扩展，土地次生盐渍化面积较大，次生潜育化水稻土面积在扩大，耕地肥力下降，土地污染与破坏，城镇发展建设用地失控，农用土地结构调整缺少规范化管理，对土地缺乏严格管理、土地浪费严重。

(3) 我国土地资源利用的对策

我国土地资源问题的焦点主要是在土地资源有限与人口增长无限的矛盾上，因此合理利用与保护每一寸土地和严格控制人口增长成为我国解决土地资源问题的基本国策。

① 强化土地管理，保护耕地，控制非农业用地。

② 按照《土地法》执法，打击滥用土地的行为；积极开展土地生产潜力和承载能力的研究，作好长远的土地利用规划。

③ 严格控制人口。据估算我国 20 世纪 90 年代初的土地生产能力大约可承载 12 亿左右人口，如果到 2025 年，整个投入增加到中等水平，可承载 15 亿人口。因此严格控制人口，努力提高全民的国土意识和综合文化素质始终是解决土地资源问题的一个主要课题。

④ 增加农业投入，改造中低产田和加强农、林、牧业生产基地的建设。中低产田改造是提高土地承载力的主要途径，而任何一种中低产田如土壤侵蚀、土壤盐渍化、土壤次生潜育化或土壤沙化土地的改造都需要农田水利工程的投入。加强商品粮基地、优质棉基地、饲草基地和山区果基地的建设。

⑤ 加强土地资源的宏观建设。根据已掌握的资料和技术条件拟定国土资源开发规划，

通过如三北防护林等项目的建设改善宏观生态环境，从根本上防治土壤沙化，通过跨流域的调水工程，提高我国水资源的利用率和缺水地区的土地生产力。

⑥ 加强土壤污染防治。从控制和治理污染源着手，加强土壤污染治理，合理利用污水灌溉。加强土壤环境的监测和评价，及时预报土壤的环境质量变化和主要问题所在，提出对策。

二、生物资源

1. 生物资源概述

（1）生物资源的定义

生物资源（biological resources）是自然资源的有机组成部分，是生物圈中对人类具有一定经济价值的动物、植物、微生物有机体以及由它们所组成的生物群落。生物资源包括基因、物种以及生态系统三个层次，对人类具有一定的现实和潜在价值，它们是地球上生物多样性的物质体现。

（2）生物资源分类

生物资源包括动物资源、植物资源和微生物资源三大类。其中，动物资源包括陆栖野生动物资源、内陆渔业资源、海洋动物资源；植物资源包括森林资源、草地资源、野生植物资源和海洋植物资源；微生物资源包括细菌资源、真菌资源等。

从研究和利用角度，生物资源通常分为森林资源、草场资源、栽培作物资源、水产资源、驯化动物资源、野生动植物资源、遗传基因(种质)资源等。

（3）生物资源的基本特性

① 生物资源的再生性。在自然和人为条件下，生物具有不断自然更新和人为繁殖的能力。再生性是生物资源的基本属性。

② 生物资源的可解体性。生物资源受自然灾害和人为破坏而导致某些生物种类减少以至灭绝的特性，每种生物都有自身独特的遗传基因，并且存在于该种生物的种群之中，任何其他的生物个体都不能代表其种的基因库。生物资源破坏后难以自然恢复，从这个意义上看，生物资源是有限的。

③ 生物资源用途的多样性。生物资源种类的多样性和功能的多样性，决定了其用途的多样性。

④ 生物资源分布的区域性。生物总是生长在与其生态相应的环境中，而非一切地方都能生存。生物资源分布的区域性是人类进行开发利用生物资源的重要依据。

⑤ 生物资源的未知性。很多生物还不知或不完全知道其价值；即使现在已经认识、开发的生物资源，也不是完全清楚其所有的价值。

⑥ 生物资源获取的时间性。不同生物种类，获取有用物质的时间不一样。

⑦ 生物资源的可引种驯化性。野生生物资源可以通过人为的引种驯化而成为家养生物，生物的引种驯化，不仅可以解决野生生物资源获取的困难，而且可以拯救、保护濒危物种、扩大分布区，提高产量。

⑧ 生物资源的不可逆性。生物资源属可更新自然资源，在天然或人工维护下可不断更新、繁衍和增殖；反之在环境条件恶化或人为破坏及不合理利用下，会退化、解体、耗竭和衰亡，有时这一过程具有不可逆性。

⑨ 生物资源的稳定性和变动性。相对稳定的生物资源系统能较长时间保持能量流动和

物质循环平衡，并对来自内外部干扰具有反馈机制，使之不破坏系统的稳定性。但当干扰超过其所能忍受的极限时，资源系统即会崩溃。不同的资源系统的稳定性不同。通常，资源系统的组成种类和结构越复杂，抗干扰能力越强，稳定性也越大。反之亦然。

2. 森林资源的保护和利用

森林资源（forest resources）是以乔木为主体的生态系统的总称。主要以林木资源为主，还包括林中和林下植物、野生动物、土壤微生物及其他自然环境因子等资源，是整个陆地生态系统的重要组成部分。

（1）森林资源的重要功能

森林资源是地球上最重要的资源之一，是生物多样化的基础，它不仅能够为生产和生活提供多种宝贵的木材和原材料，为人类经济生活提供多种物品；更重要的是森林具有保护环境、调节气候、防风固沙、蓄水保土、涵养水源、净化空气、消除噪声、保护生物多样性、吸收 CO_2、美化环境及生态旅游等功能。

自然界中一切动物都要靠氧气来维持生命，而森林是天然的制氧机。据测定，$1hm^2$ 阔叶林每天可吸收 $1tCO_2$，放出 $730kgO_2$，可供 1000 人正常呼吸之用。如果没有森林等绿色植物制造氧气，则生物的生存将失去保障。

森林能阻滞酸雨和降尘，每公顷云杉林可吸滞粉尘 10.5t；森林还可衰减噪声，30m 宽的林带可衰减噪声 10~15 dB；森林还分泌杀菌素，有的树木能促使臭氧产生，杀死空气中的细菌；森林能促进水的循环，据测算世界每年森林可向大气蒸腾 $48×10^8t$ 的水量，能起到调节气候、延缓干旱和沙漠化的发展；通过光合作用每年可使全球 $550×10^8t$ 的 CO_2 转化；每年向人类提供约 $23×10^8m^3$ 的木材；森林树冠可以截留降雨量 15%~40%，森林还有涵养水源、保护农田、增加有机质、改良土壤等作用。一般来说，有林地的温度比无林地要低 2℃ 以上，夏天要低 10℃ 左右。

森林是世界上最富有的生物区，它哺育着各种飞禽走兽和生长着多种珍贵林木和药材，保存着世界上珍稀特有的野生动植物。

森林是可以更新的，属于再生的自然资源，也是一种无形的环境资源和潜在的"绿色能源"。

（2）世界森林资源现状

根据《2005 年全球森林资源评估报告》，2005 年全球森林面积 $39.52×10^8hm^2$，占陆地面积（不含内陆水域）的 30.3%，人均森林面积 $0.62hm^2$，单位面积森林所提供的木材数量为 $110m^3/hm^2$。从世界各国情况看，森林资源呈现如下特征：

① 世界各国森林面积分布不均衡；

② 多数国家的森林以公有林为主；

③ 世界各国森林每公顷蓄积差距大；

④ 全球三分之一的森林是原生林，人工林不足 5%；

⑤ 全球森林的三分之一用于木质和非木质产品生产，11% 的森林指定用于生物多样性保护；

⑥ 每年近百分之四的森林受到各种灾害的影响。

（3）我国森林资源现状

我国是一个生态环境类型多样的国家，森林总量不足，分布不均，功能较低，境内不适合森林生存的沙漠戈壁、高寒地区面积大，且开发历史长，人口众多，对森林的依赖性大，破坏多，大量森林被开垦为耕地，森林覆盖率低。

我国森林资源主要分布在东北林区，这是我国最大的天然林区；西南林区是我国第二大天然林区；东部的秦岭、淮河以南，云贵高原以东的广大山区，是我国主要的经济和人工林区；而西北、黄河下游的晋、冀、豫地区森林资源极少。

造成我国森林资源面积在很长一段时间内不断减少，质量不断下降的主要原因在于：

① 国有林区集中过伐，更新跟不上采伐。全国大规模森林破坏曾出现数起，1958 年大炼钢铁，1968 年到 1978 年的大规模采伐，按全国 128 个林业局 1978 年的统计，生长量、可伐量与各局实际木材产量相比，采伐量大于生长量 10.6%，大于可伐量 43%，以此推算，我国森林资源大约每年减少 2%~3%。

② 毁林开垦。山区毁林开荒比较严重，我国过去曾片面强调发展粮食生产，开垦的主要对象是林地，不但破坏了森林，而且也破坏了生态环境。

③ 火灾频繁。火灾是森林的大敌，其中 90% 是人为引起的，大部分林区由于防火设施差，经营管理水平较低，火灾预防和控制能力低，据全国不完全统计，1950~1978 年发生森林火灾 45 万次。1987 年发生的大兴安岭特大森林火灾，受灾面积达 $133 \times 10^4 hm^2$，受害林木总蓄积量 $3960 \times 10^4 m^2$，使国家遭受巨大损失。

④ 森林病虫害严重。森林病虫害也是影响林业发展的重要环节，据 20 世纪 80 年代中期对全国 28 个省、自治区、直辖市主要森林及树种的普查结果，危害严重的树木病害有 60 多种，如落叶松落叶病、枯梢病、杨树腐烂病等。危害严重的森林害虫有 200 多种，如松毛虫、杨尺蠖、白蚁等。

⑤ 执法不严。一些地方对破坏森林资源的违法行为执法不严，打击不力；乱砍滥伐林木、乱垦乱占林地屡禁不止，导致森林资源破坏。

此外造林保存率低也是一个问题，由于造林技术不高，忽视质量，片面追求数量，造林后又缺乏认真管理，使新造林保存率偏低。

森林破坏的严重后果不仅使木材和林副产品短缺，珍稀动植物减少甚至灭绝，还会造成生态系统恶化。由于森林面积减少，造成生态平衡的失调，使局部小气候发生变化，扩大了水土流失区。

(4) 森林资源保护

森林资源保护 (conservation of forest resources) 是促进森林数量的增加、质量的改善或物种繁衍，以及其他有利于提高森林功能、效益的保护性措施。森林资源保护大致分为森林资源消耗量控制、森林生物多样性保护、森林景观资源保护及森林灾害防治等。

我国森林资源的保护措施：

① 健全法制，依法保护森林资源。

a. 对森林实行限额采伐，鼓励植树造林，封山育林，扩大森林覆盖面积；

b. 根据国家和地方人民政府有关规定，对集体和个人造林、育林，给予经济扶持或者长期贷款；

c. 提倡木材综合利用和节约使用木材，鼓励开发、利用木材代用品；

d. 征收育林费，专门用于造林育林；

e. 煤炭、造纸等部门，按照煤炭和木浆纸张等产品的质量提取一定数量的资金，专门用于营造坑木、造纸等用材林；

f. 建立林业基金制度。

26

② 建立与健全林业管理机构，搞好森林防火和病虫害的防治工作。

地方各级政府组织有关部门建立护林组织，增加护林设施，设立森林公安机关，维护辖区治安，保护森林资源。做好森林火灾的预防和扑救工作；组织森林病虫害的防治工作；禁止毁林开荒和毁林采石、采砂、采土及其他毁林行为；禁止在幼林地和特种用途林内砍柴、放牧；对自然保护区以外的珍贵树木和林区内具有特殊价值的植物资源，应当认真保护，未经批准不得采伐和采集。

③加快林业生态体系工程建设。

a. 强化对森林的资源意识和生态意识。要充分发挥森林多种功能、多种效益，经营管理好现有森林资源。同时，大力保护、更新、再生、增殖和积累森林资源。

b. 大力培育森林资源，实施重点生态工程。建立 5 大防护林体系和 4 大林业基地，即：三北防护林体系，长江中上游防护林体系，沿海防护林体系，太行山绿化工程，平原绿化工程以及用材和防护林基地，南方速生丰产林基地，特种经济林基地，果树生产基地。

c. 制定各种造林和开发计划。多渠道筹措资金，提高公众绿化意识，提倡全民搞绿化，坚持适地造林，重视营造混交林，采取人工造林、飞播造林、封山育林和四旁植树等多种方式造林绿化。在农村地区，继续深化"四荒"承包改革，鼓励在无法农用的荒山、荒沟、荒丘、荒滩植树造林，稳定和完善有关鼓励政策。

d. 开展国际合作。吸收国外森林资源资产化管理经验，以及市场经济条件下的森林资源的监督管理模式，争取示范工程和培训基地的国外技术援助。

e. 实现《全国生态建设规划》提出的近、中、远期的奋斗目标。

近期目标是：2010 年，新增森林面积 $3900\times10^4 hm^2$，森林覆盖率达到 19%以上，退耕还林 $500\times10^4 hm^2$，建设高标准、林网化农田 $1300\times10^4 hm^2$；中期目标是：2011～2030 年，新增森林面积 $4600\times10^4 hm^2$，全国森林覆盖率达到 24%以上；远期目标是：2031～2050 年，宜林地全部绿化，林种、树种结构合理，全国森林覆盖率达到并稳定在 26%以上。

3. 草原资源的保护和利用

(1)草原资源

草原资源(grassland resources)是指草原、草山及其他一切草类资源的总称，包括野生草类和人工种植的草类，是一种生物资源，其实体是草本植物。草原是半干旱地区把太阳能转化为生物能的巨大绿色能源库，也是丰富宝贵的生物基因库。它适应性强，覆盖面积大，更新速度快，具有调节气候、保持水土、涵养水源、防风固沙的功能，具有重要的生态学意义。草地是一种可更新、能增殖的自然资源，它是蓄牧业发展的基础，并伴有丰富的野生动植物、名贵药材、土特产品，具有重要的经济价值。

(2)草原资源分布

全世界有永久性草原面积约 $31.58\times10^8 hm^2$，人均占有草原 $0.64 hm^2$。草原面积超过 $1\times10^8 hm^2$ 的国家有 7 个，分别是澳大利亚、中国、俄罗斯、美国、巴西、阿根廷和蒙古。

世界草地资源在各大洲的分布不平衡，非洲、亚洲、拉丁美洲和大洋洲所占比重较大，欧洲最小。

北美草原典型的类型是普列利草原。其分布从加拿大南部经美国直到墨西哥北部。

南美洲的天然草地称潘帕斯草原。分布于南纬 30°以南的大陆东部地区，包括巴西高原的南缘、乌拉圭、阿根廷的河间区南部以及潘帕斯草原东部。

非洲有大面积的热带稀树干草原，约占非洲总面积的 40%，是世界上最大的热带稀树草原分布区。

大洋洲的草地主要分布在澳大利亚和新西兰。由于澳大利亚的降水量自北、东、南沿海向内陆减少，呈半环状分布，植被类型的分布也因而有类似的图式，即外缘是森林，向内陆是广阔的干草原，中央是荒漠。

欧洲草原主要分布在东欧平原的南部，以禾本科植物为主。南乌克兰、北克里木、下伏尔加等地属于干草原，植被稀疏。

亚洲草原主要分布在中哈萨克斯坦、蒙古和中国的西北、内蒙古、东北大平原北部。

人们通常把分布于欧洲与亚洲的草原称为欧亚大草原，因此，世界上主要的大草原有欧亚大陆草原、北美大陆草原、南美草原等。

热带草原主要在非洲、南美洲和大洋洲；温带草原主要在亚欧大陆和南、北美洲。

我国是草原资源大国，天然草原面积 $3.93 \times 10^8 hm^2$，约占国土总面积的 41.7%，仅次于澳大利亚，居世界第二位，是我国陆地面积最大的生态系统。但人均占有草原只有 $0.33 hm^2$，仅为世界平均水平的一半。我国主要草场分布有东北草原区，蒙甘宁温带草原区，新疆温带草原区，青藏高寒草原区和南方热带、亚热带草地区五大地区。

在全部天然草地中，可用于放牧的有 40 多亿亩（1 亩 = 666.6m²），其中 30 多亿亩分布在北方干旱、半干旱地带（$200 \times 10^4 km^2$），10 亿亩分布在南方的山丘和盆地。其中北方草场被复率低（20% ~ 50%），亩产鲜草仅几十公斤；南方草场质较好，产草量较高，但分布散乱，在利用上受到较多限制。

目前我国牧区草场建设进展缓慢，经过人工改良的草场不及全国草场的 2%（国外较发达的牧业，此比例都在 10% 以上），我国北方草场已有三分之一明显退化，还有 30% 的草场鼠害严重。另外，北方农牧交错的草场，常被盲目开垦，南方山区的草地则水土流失严重。

(3) 草地资源保护的主要问题

① 草场退化严重。据 1987 年国际草地植被学术会议提供的资料，世界草地资源面积占陆地总面积的 38%，多年来由于人类过度放牧、开垦、占用、挖草为薪，加上环境污染，使草地面积不断缩小，草场质量日益退化。不少草地出现灌丛化、盐渍化，甚至正向荒漠化发展。目前全世界有 $45 \times 10^8 hm^2$ 土地受干旱、退化影响。前苏联中亚荒漠地区草地退化面积占该地区总面积的 27%；美国普列利草原退化率也为 27%；北非地中海沿岸及中东地区草原退化更为严重，甚至成为沙漠化原因之一。美国 20 世纪 30 年代与前苏联 20 世纪 50 年代均由于毁草开荒，过垦过牧，发生了多起震惊世界的黑风暴。

我国由于长期以来对草地资源采取自然粗放经营的方式，过牧超载、乱开滥垦，草原破坏严重。至 1997 年底 90% 的草地已经或正在退化，其中 $1.3 \times 10^8 hm^2$ 达到中度退化（沙化、碱化），并且以每年 $200 \times 10^4 hm^2$ 的速度递增，退化速度为每年 0.5%，而人工草地、改良草地的建设速度每年仅 0.3%，建设速度赶不上退化速度。如内蒙古自治区自 1949 年以来，放牧牲畜数量增加了近 3 倍，而天然草场面积不但没有增加，反而由于开垦、筑路及其他用途而有所减少。严重的鼠虫害也加重了草场的退化，1983 ~ 1984 年，内蒙古累计鼠害的发生面积达 $3000 \times 10^4 hm^2$，虫害发生的面积达 $2300 \times 10^4 hm^2$。危害最大的虫害是蝗虫，新疆和硕县山区夏牧场，仅 1980 年蝗虫危害面积达 80%，蝗虫多的地方每平方米 50 ~ 60 只。

② 动植物资源遭到严重破坏。由于草原土壤的营养成分锐减，滥垦过牧，重利用、轻建设，致使生物资源破坏的速度惊人。如塔里木盆地原有天然胡杨林约 $53 \times 10^4 hm^2$，到 1978 年只剩下 $23 \times 10^4 hm^2$，减少了 57%；新疆原分布有 $(330 ~ 400) \times 10^4 hm^2$ 的红柳林，现已大半

28

被砍。许多药材因乱挖滥采，数量越来越少，如名贵药材肉苁蓉、锁阳和"内蒙黄芪"等现已很少见到了，新疆山地的雪莲、贝母数量也锐减。

由于草场资源的破坏，野生动物的栖息地日渐缩小，不少种类濒于灭绝。如双峰野骆驼在20世纪60年代还成群出没，现在除阿尔金山前及东疆少数地方外，已难找到。赛加羚羊、河狸、雪鸡等珍稀动物日渐稀少。

③ 草地资源未能充分、有效地利用。目前，草地牧业基本上处于原始自然放牧利用阶段，草地资源的综合优势和潜在生产力未能有效发挥，牧区草原生产率仅为发达国家(如美国、澳大利亚等)的5%～10%。

(4)草地资源保护的措施。

为了加强草地资源的利用和保护，国家已制定《全面草地生态环境建设规划》，具体措施如下：

① 加强草原建设，治理退化草场。从世界各国畜牧业发展现状看，建设人工草场是生产发展的必然趋势。近几十年世界上许多畜牧业发达国家人工草场所占的比例都比较高，如荷兰占80%，新西兰占60%，英国占56%。我国牧区人工草地也有所发展，今后要进一步实行国家、集体和个人相结合，大力建设人工和半人工草场，发展围栏草场，推广草库仑，积极改良退化草场。大力发展人工牧草，适宜地区实行草田轮作，采取科学措施，综合防治草原的病虫鼠害。注意防止农药及工矿企业排放"三废"对草原的污染。

② 加强畜牧业的科学管理，合理放牧，控制过牧。要合理控制牧畜头数，调整畜群结构，实行以草定畜，禁止草场超载过牧。建立两季或三季为主的季节营地。保护优良品种，如新疆细毛羊、伊犁马、滩羊、库东羔皮羊等，促其繁衍，要加速品种改良和推广新品种。

③ 开展草地资源的科学研究。实行"科技兴草"，发展草业科学，加强草业生态研究，引种驯化，筛选培育优良牧草，加强牧草病虫鼠害防治技术的研究，建立草原生态监测网，为草原建设和管理提供科学依据。

④ 开展草地资源可持续利用的工程建设。一是加强自然保护区建设，如新疆的天山山地森林草原、内蒙古的呼伦贝尔草甸草原、湖北神农架大九湖草甸草场，安徽黄山低中小灌木草丛草场等；二是开展草原退化治理工程建设，如新疆北部和南疆部分地区、河西走廊、青海环湖地区、山西太行山、吕梁山等地区；三是建设一批草地资源综合开发的示范工程，如华北、西北和西南草原地区的家畜温饱工程，北方草地的肉、毛、绒开发工程等。

4. 生物多样性保护

《生物多样性公约》指出，生物多样性(biological diversity)是指"所有来源的形形色色的生物体，这些来源包括陆地、海洋和其他水生生态系统及其所构成的生态综合体；它包括物种内部、物种之间和生态系统的多样性。"在漫长的生物进化过程中会产生一些新的物种，同时，随着生态环境条件的变化，也会使一些物种消失。所以说，生物多样性是在不断变化的。当一个物种不再有活着的个体存在于这个世界时，即被认为灭绝了。如果一个物种仅有的个体在圈养或其他人类控制的条件下存活，它被说成是野外灭绝。具备上述两种情况中的任一种时，物种即被认为是全球灭绝。若一个物种在其曾经生活过的某个地方再也没有被发现，但在世界其他地方仍有发现，其即被认为是地方灭绝。一些保护生物学家提到，如果一个物种虽然存在，但其数量已经减少到其对同一群落中其他物种的影响可以忽略不计的地步，则被称为生态灭绝。

生物多样性是人类赖以生存的各种有生命的自然资源的总汇，是开发并永续利用与未来农业、医学和工业发展密切相关的生命资源的基础。生物多样性的消失必然引起人类自然的生存危机以及生态环境，尤其是食品、卫生保健和工业方面的根本危机。据估计，地球上生物约有300万~1000万种以上，但至今有案可查的仅150万种，经人类研究和加以利用的只是其中的一小部分。很多物种还没来得及定名就已灭绝。无法再现的基因、物种和生态系统正以前所未有的速度消失。

（1）我国生物多样性的特点

① 物种多样性高度丰富。我国生物资源无论种类和数量都在世界上占据重要地位，从植物区系的种类数量看，约有3万种，仅次于世界上植物区系最丰富的马来西亚（约有4.5万种）和巴西（约4万种），居世界第三位。

② 我国生物物种的特有性高。广阔的国土、多样的地貌、气候和土壤条件形成了复杂多样的生态环境，加以第四世纪冰川影响不大，使中国拥有大量特有的物种和孑遗物种。如素有活化石之称的大熊猫、白暨豚、水杉、银杉等。不仅特有种多，还有许多特有科属。

我国特有物种的分布特点是往往局限在很小的特定生境中，如大熊猫仅分布在四川、陕西、甘肃三省毗连的秦岭、岷山东部和邛崃山海拔2300m以上具有箭竹的森林中。"水杉属于世界上珍稀的孑遗植物，冰期以后，这类植物几乎全部绝迹。1948年，中国的植物学家在湖北、四川交界的利川市谋道溪（磨刀溪）发现了幸存的水杉巨树，树龄约400余年；后在湖北利川市水杉坝与小河发现了残存的水杉林，胸径在20厘米以上的5000多株"。对这些特有现象的研究，在了解动物区系和植物区系的特征和形成方面，以及保护生物多样性和持续利用的优先领域方面更具有特殊的意义。

③ 生物区系起源古老。我国生物区系的起源极为古老、成分复杂，含有大量古老或原始的科属。植物区系方面，我国包括有世界广布、热带、温带、古地中海分布以及中国所特有的多种区系成分，类型丰富多样、组成复杂。但热带成分占较明显的优势，如泛热带分布的植物，占全300个科总数的56%。所以说，我国的热带、亚热带地区，特别是西南的亚热带山地，可能是许多植物的发源地和分化中心。

海洋生物区系也以起源古老、种类繁多为特征，在我国海域还保存有一些古老的孑遗物种如鲎和鹦鹉螺等，素有活化石之称。

④ 经济物种异常丰富。据初步统计，我国有重要的野生经济植物3000多种，纤维类植物440余种，淀粉原料植物150余种，蛋白质和氨基酸植物260余种，油脂植物370余种，芳香油植物290余种，药用植物5000余种。我国经济动物资源也极其丰富，有经济价值的鸟类330种，哺乳动物190种，鱼类60种。另外还有很多种具有经济价值的微生物，包括700种野生食用真菌，380种药用菌，300种菌丝体。

虽然，中国是世界生物多样性最丰富的国家之一。尽管我国在生物多样性保护方面采取了一系列有力的措施，但是，森林滥砍乱伐、偷猎偷运珍稀濒危动植物、环境污染、外来种入侵等问题致使很多地方生态环境遭到破坏，许多物种濒临消失，我国生物多样性仍面临诸多威胁。

另外，我国的生物多样性保护事业还处于初级的发展阶段，还面临着许多的问题和困难：生物多样性保护的法规、法制需要健全与完善；自然保护的管理水平亟待提高，管理机构有待加强；生物多样性保护的科学研究急需加强，保护的技术还需要发展；资金短缺和技术力量不足的困难也有待解决。因此，我国的环境污染和生态破坏的总体趋势还没有得到有效的控制，这必将对生物多样性保护产生严重的影响。

（2）我国生物多样性保护的目标

针对我国生物多样性保护的现状，生物多样性保护目标如下：

① 建立和完善全国自然保护区网络。从我国国民经济和社会发展需要出发，以保护自然生态系统的完整性和生物多样性为中心，根据我国的国力，因地制宜、合理调整自然保护区的结构和分布，逐步在全国范围内建成布局合理、类型齐全的自然保护区网络，使自然保护区的面积达到世界先进水平。

② 保护对生物多样性有重要意义的野生物种和与作物、家畜有关的遗传物种。根据物种保护的典型性、稀有性、多样性等原则，优先保护生物多样性中心和国家重点保护动植物的分布地，使每一种重点保护的动植物都得到就地保护。并在此基础上根据国情和财力以及物种分布的地带性规律，合理规划建设珍稀濒危物种的迁地保护中心，建立作物的种子库和家畜的基因库。

③ 合理开发利用生物资源和生物技术，寻求生物多样性保护与持续利用相协调的途径。在加强保护的同时，大力开展野生珍稀濒危动植物的观赏和经济动植物的繁育技术与生物工程技术的开发研究。在不影响保护的前提下，充分发挥保护区科研、教育、旅游和其他生产经营等多种功能的作用，达到保护与合理利用相结合。

三、矿产资源

1. 矿产资源概况

矿产资源（mineral resources）是指经过一定的地质过程形成的，赋存于地壳内或地壳上的固态、液态或气态物质，当它们达到工业利用的要求时，称之为矿产资源。矿产资源是重要的自然资源，是社会生产发展的重要物质基础，现代社会人们的生产和生活都离不开矿产资源。

矿产资源属于不可再生资源，其储量是有限的。一般按矿产的特性及主要用途可分为能源矿产（如煤、石油、天然气、地热等）；金属矿产（如金、银、铜、铁等）；非金属矿产（如石灰岩、白云岩、花岗岩、大理岩、黏土等）；水气矿产（如矿泉水、地下水、二氧化碳气等）。包括黑色金属、有色金属、冶金辅助原料、燃料、化工原料、建筑材料、特种非金属、稀土稀有分散元素 8 类。

矿产资源是在地壳形成后，经过几千万年、几亿年甚至几十亿年的地质作用而生成的。人类从石器时代就开始利用矿产，目前世界已知的矿产有 1600 多种，被利用的至少已超过150 种，其中 80 多种应用较广泛。中国的矿产种类很多，是世界上矿产品种比较齐全的少数几个国家之一。

当前世界各国对矿产资源的消耗存在着巨大的差别，美国主要矿物消耗量是世界其他发达国家平均消耗量的 2 倍，是不发达国家的几十倍。占世界人口 30% 的发达国家消耗掉的各种矿物约占世界总消耗量的 90%。随着经济的发展和人口增长，今后世界对矿产资源的需求仍将大大增加，由于矿产资源的不断消耗，即使储量很大，仍会出现资源枯竭问题，这是当前世界上人们所关心的问题。

2. 矿产资源开发对环境的影响

矿产资源的开采给人类创造了巨大的物质财富，人类开发矿产资源每年多达上百亿吨。当前我国经济建设中 95% 的能源和 80% 的工业原料依赖矿产资源供给，但在开采过程中也存在不少问题，不合理开采矿产资源不仅造成资源的损失和浪费，而且极易导致生态环境的恶化。

（1）对土地资源的破坏

据《中国 21 世纪议程》提供的数字，我国因大规模的矿产采掘造成的压占、采空塌陷等损毁土地面积已达 $200 \times 10^4 hm^2$，现每年仍以 $2.5 \times 10^4 hm^2$ 的速度发展；矿产的露天采掘和废石的大量堆放不仅占用了大量的土地而且在采矿结束后，一些地方不进行回填复垦及恢复植被工作，破坏了矿产及周围地区的自然环境，造成土地资源的浪费和地貌景观及植被的破坏。

（2）对大气的污染

采矿工作中的穿孔、爆破以及矿石、废石的装载运输过程中产生的粉尘；废石（特别是煤矸石）的氧化和自然释放出的大量有害气体；废石风化形成的粉尘在干燥大风作用下产生尘暴；矿物冶炼排放的大量烟气、化石燃料的燃烧，特别是含硫多的燃料燃烧，均会造成严重的区域环境大气污染。

（3）对地下水和地表水体的污染

由于采矿和选矿活动以及固体废物的日晒雨淋和风化作用，使地表水或地下水含酸性、重金属和有毒元素，称为矿山污水。矿山污水危及矿山周围河道、土壤，甚至破坏整个水系，影响生活用水、工农业用水。由采矿造成的土壤、岩石裸露可能加速侵蚀，使泥沙入河、淤塞河道。

（4）对海洋的污染

海上采油、运油、油井的漏油、喷油必然会造成海洋污染。目前世界石油产量的 17% 来自海底油田，这一比例还在迅速增长。此外从海底开采锰矿等其他矿物也会造成海洋污染。

因此，有效地抑制矿产资源的不合理开发，减少矿产资源开采中的环境代价，已成为矿产资源可持续利用中的紧迫任务。

3. 我国矿产资源保护

（1）矿产资源可持续利用的总体目标

在合理开发利用国内矿产资源的同时，适当利用国外资源，提高资源的优化配置和合理利用资源的水平，最大限度地保证国民经济建设对矿产资源的需要，努力减少矿产资源开发所造成的环境代价，全面提高资源效益、环境效益和社会效益。

（2）具体措施

① 加强矿产资源的管理。首先要提高保护矿产资源的自觉性，加强法制管理。

a. 加强对矿产资源的国家所有权的保护。健全相应的矿产资源保护法规、条例、规章制度等。认真贯彻国家为矿产资源勘查开发规定的统一规划、合理布局、综合勘查、合理开采和综合利用的方针。

b. 组织制定矿产资源开发战略、资源政策和资源规划。

c. 建立集中统一领导、分级管理的矿山资源执法监督组织体系。

d. 建立健全矿产资源核算制度，有偿占有开采制度和资产化管理制度。

② 建立和健全矿山资源开发中的环境保护措施。

a. 制定矿山环境保护法规、依法保护矿山环境；执行"谁开发谁保护、谁闭坑谁复垦、谁破坏谁治理"的原则。

b. 制定适合矿山特点的环境影响评价办法，进行矿山环境质量检测，实施矿山开发的全过程的环境管理。

c. 对当前矿山环境的情况，进行认真的调查评价，制定保护恢复计划，采取经济手段、行政手段、法律手段，鼓励和监督矿山企业对矿产资源的综合利用和"三废"的资源化活动，鼓励推广矿产资源开发废弃物最小量化和清洁生产技术。

③ 努力开展矿产综合利用的研究。开展对采矿、选矿、冶炼等方面的科学研究。对分层赋存多种矿产的地区，研究综合开发利用的新工艺；对多组分矿物要研究对矿物中少量有用组分进行富集的新技术，提高矿物各组分的回收率；适当引进新技术，有计划地更新矿山设备，以尽量减少尾矿，最大限度地利用矿产资源；积极进行新矿床、新矿种、矿产新用途的探索科研工作；加强矿产资源和环境管理人员的培训工作。

④ 加强国际合作和交流。如引进推广煤炭、石油、多金属、稀有金属等矿产的综合勘查和开发技术；在推进矿山"三废"资源化和矿产开采对周围环境影响的无害化方面加强国际合作，以更好地利用资源，保护环境。

四、人口对自然资源的压力

1. 世界人口概况

据世界人口年会公布的统计数字，截至 2005 年 6 月，世界人口已达 64.77 亿。2011 年 10 月 31 日凌晨前 2 分钟，作为全球第 70 亿名人口象征性成员的丹妮卡·卡马乔在菲律宾降生。预计到本世纪中叶，世界人口将达 90 亿至 100 亿。图 2-2 为世界人口增长图。

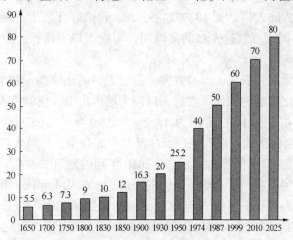

图 2-2　世界人口增长图

目前世界上约有 200 个国家和地区，其中人口 1 亿以上的国家有：中国、印度、美国、印度尼西亚、俄罗斯联邦、巴西、日本、尼日利亚、巴基斯坦和孟加拉，这些国家人口总数共有 31.5 亿多。由于世界各国自然环境和经济发展水平的差异，人口的地理分布是不平衡的。据统计，地球上人口最稠密地区约占陆地面积的 7%，那里却居住着世界 70% 的人口，而且世界 90% 以上的人口集中分布在 10% 的土地上。

世界人口一直在迅速地增长，而且增长速度越来越快。世界人口发展大致经历了 3 个历史阶段。

第一个阶段是从人类诞生以来，直到工业革命以前。本阶段的特点是高出生率、高死亡率、低增长率。人口总数很少，每 $200km^2$ 少于 1 人，平均每千年增长 20‰。

33

第二个阶段是从工业革命之后，人类社会的生产力水平迅速提高，人们生活和医疗卫生水平也有显著改善，处于高出生率、低死亡率、高增长率阶段，世界人口于公元 1600 年达到了 5 亿。到 1800 年，经过 200 年人口达到 10 亿。尤其是第二次世界大战后，世界人口增长达到了历史高峰，出现了人口爆炸的局面，以至在 300 年来人口增加了约 10 倍。

第三个阶段进入低出生率、低死亡率、低增长率阶段。欧美发达国家中人口的自然增长率呈现了下降的趋势，有些国家出现了人口零增长甚至负增长现象，但发展中国家的人口依然继续增长。从全球来看，人口增长速度开始减缓，但全世界每年仍能增加近 1 亿人。

按目前的年龄结构和增长率，联合国人口司预测 2050 年世界人口将达到 82 亿，也可能达到 91.8 亿。

联合国的同期预测指出，世界人口零增长的时间为 100 多年后的 2110 年，那时世界人口可能徘徊在 105.8 亿上下。欧美发达国家在 2062 年以前进入人口静止状态；亚非拉等发展中国家最快也需在 21 世纪末才会实现人口零增长，并且它们的人口总数占世界的 85.9%。另据联合国及世界银行的预测，到 21 世纪末至 22 世纪初世界人口才能达到稳定值，其低值为 72 亿，高值为 149 亿。

2. 中国人口发展状况

中国人口在很早以前就居世界各国之首。在 1760 年为 2 亿，140 年后(即 1900 年)为 4 亿，相隔 54 年后的 1954 年为 6 亿，再相隔 15 年后的 1969 年为 8 亿，1981 年已达到 10 亿，1990 年 7 月我国大陆人口达 11.34 亿，1995 年底我国人口达 12 亿，2010 年 11 月 1 日第 6 次人口普查表明中国大陆人口达到 1339724852 人。若搞好计划生育工作，到下世纪中叶达 15 亿~16 亿。这时中国才可渡过人口的高峰期，实现人口零增长。中国人口状况对世界人口有着至关重要的影响。

中国是一个农业大国，农村人口基数大，占总人口的比率高。20 世纪 80 年代以来，随着经济的繁荣，工业化进程的加快，农村人口向大城市集中，使城镇人口数量迅速增加。我国 1965 年城市人口占总人口的比例为 18.2%，1990 年为 26.2%，而 1998 年则上升为 30.4%。随着我国社会经济的不断发展以及户籍制度的改革，城镇人口还会进一步增加。预计到 2025 年我国城市人口比例将达到 58%，2050 年则达到 70%左右。

我国人口年龄结构正在经历一场革命性的变迁。未来几十年内，年龄结构类型不仅将从成年型转向老年型，而且将向高度老年型发展。1982 年第三次人口普查时老年人口只占总人口的 4.9%，1990 年为 5.1%，2000 年达到 6.7%，从而进入老龄化社会；2025 年将超过 12%，年龄结构已成为典型的老年型人口类型；2050 年会上升到 20%以上，中国人口的年龄结构进入高度老化阶段。

目前，中国人口的发展趋势：中国目前人口死亡率在世界上是属于较低的，随着经济的迅猛发展，生活水平和医疗水平的进一步提高，死亡率继续下降是有可能的；人口城乡结构比较落后，乡村人口比重仍然很大，且在相当长的时间里降低乡村的人口生育率仍然较为困难。

综上所述，以目前人口为基础，到 21 世纪中期将达到 16 亿人。人口学家普遍认为，这是中国人口的极限，即中国土地可负荷和供养的最大人口数。

3. 世界人口增加对土地资源的压力

马克思曾指出"土地是一切生产和一切存在的源泉"。但是，随着世界人口急剧增长，人均土地占有量大幅度下降，使土地承受着越来越大的人口压力，此外，人类对土地的不合理利用，也使土地蒙受巨大的破坏。

随着世界人口增长，为了解决人口与土地资源的矛盾，人类采用了种种办法增加粮食和其他作物产量，如开垦处女地，积极改善排灌系统，大量施用农药和化肥等。但与此同时，也使原来平衡的生态系统变得不稳定和脆弱起来，并已在很大程度上威胁人类的生存。

中国在不到全球 7% 的耕地上解决了占世界 22% 人口的吃饭问题，这是一件了不起的工程，同时它也说明了中国人口对土地和粮食的压力。

1952～1997 年间，中国耕地面积减少了近 2 亿亩（1 亩 = 666.6m²），人口却增长了 6 亿 5 千万，人多地少的矛盾大大加剧。随着人口数量的增加和耕地面积的减少，中国的人均耕地面积还将进一步下降。人口与土地之间的关系不仅表现在人均耕地面积的减少，而且表现在对土地环境的污染破坏和人均粮食产量的徘徊不前。由于人口增长对农产品的需求压力，迫使农民高强度地使用耕地，使耕地严重的污染和退化。目前，提高粮食产量的主要办法是大量使用化肥和农药，这使土地的结构遭到破坏、肥力下降、板结贫脊。耕地资源数量的减少和质量的下降，已经成为中国农业生产和经济发展的一个不利因素。

因此，保护有限的土地资源，协调人口发展与土地资源的关系，是当今世界迫切需要解决的主要问题之一，它不仅关系到当前一代人，而且关系到子孙后代，是人类前途攸关的战略问题。

4. 世界人口增加对矿产资源的压力

随着世界人口的发展，人类对各种矿产资源的需要量也不断增长。据统计，二次大战以来，世界上各种矿产资源的开采量和消费量均以每年 5% 的速度增长，每隔 15 年就翻一番，且有继续上涨的势头。

但是，矿产资源是有限的，加上矿产资源的形成和分布受地质构造的控制，世界上不同地区的矿产资源的种类和蕴藏量极不平衡。所以，自 20 世纪 70 年代以来，由于矿产资源的大量消耗，人类正面临着矿产资源匮乏和枯竭的威胁。

中国是世界上矿产资源总量较大的国家之一，也是世界上为数不多的矿种比较齐全配套的国家之一。中国矿产资源储量仅次于美国和俄罗斯，居世界第三位，其中有些还占有绝对的优势。但由于人口众多，从人均资源占有量上看又是一个资源贫国。40 多年来，中国不断加大矿产资源的开发，目前已成为世界主要矿产品大国。然而，相对脆弱的矿产资源基础最终无法满足急剧扩大的社会生产需求，这种对矿产资源的沉重需求压力，不仅造成资源供给的长期紧张局面，也诱发出严重的生态环境问题。规模巨大的采矿业和原材料加工业都是三废的"生产大户"，是水体、大气、土地的重要污染源。因此，保证矿产资源的长期和有效供给，提高开采效率和减少开采利用过程中的环境污染，是中国社会经济可持续发展得以实现的基本条件之一。

5. 世界人口增加对水资源的压力

淡水是陆地上一切生命的源泉。目前人类每年所能控制利用的淡水量为 9000km³，总量虽然较大，但水量在时间上和空间上的分布都不均匀，降低了水资源的有效性，许多人口密集地区水源紧缺。人口增长一方面使人均水资源减少；另一方面密集的人口加剧了对水资源的污染，使水资源的可利用性降低。

中国陆地水资源总量为 2.8×10¹²m³，居世界第六位。虽然水资源的总量不少，但利用难度较大。其原因在于：一是时间分布不均匀，水资源东南多、西北少；二是时间分配不尽人意，大部分降水量集中在夏季，而且年际变化大。1949 年以来，中国人口增加了一倍多，相当于人均水资源减少了一半多；同时，生活、生产用水量急速增长，导致出现大范围的缺水现象；人口增长对耕地的需求导致"围湖造田"，破坏了地表水；人口增长导致对地下水的超量开采，不仅减少了地下水的总储量，而且由于超采地下水，一些城市发生了地面下沉，一些沿海城市还出现了海水侵入，影响了地下水的质量。

据预测，在21世纪，淡水将成为继石油耗竭之后最紧缺的自然资源。到2050年后，世界人口的四分之一将生活在水资源短缺的国家里。

6. 世界人口增加对森林、草原的压力

从新石器时代开始，人类发展粗放的牲畜饲养和刀耕火种的生产方式，森林遭受极大的破坏。进入20世纪，特别是50年代以来，随着世界人口日益增多，开垦荒地，建造房屋，取得生活燃料以及发展工农业生产，森林毁坏的速度进一步加快。据美国环境质量委员会估计，2020年减少到 $18 \times 10^8 hm^2$，其中发达国家大约为 $14.5 \times 10^8 hm^2$，发展中国家只剩 $3.7 \times 10^8 hm^2$ 左右。由于森林的减少，给人类带来了严重后果。

目前，尽管中国坚持不懈地植树造林和保护森林资源，但是由于历史条件和自然条件的限制，中国的生态环境仍比较脆弱，森林资源供求矛盾十分突出。与此同时，由于人口增长对粮食和耕地的需求，加剧了开荒毁林的过程。随着牧区人口的快速增长，中国的草原出现了超载放牧和过度开垦的现象，其后果是草原的沙漠化。中国的沙漠专家警告：如果不采取措施，到本世纪末，将有 $8 \times 10^4 km^2$ 土地沙漠化。由于森林和草原的破坏，使水土流失严重。中国每年流入江河的泥沙量多达50多亿吨，涉及11个省区，主要在黄土高原和南方的丘陵地区。黄河每立方米水含沙量在37kg以上，为世界第一。长江每立方米水含沙量也达到了1kg以上，为世界第四。森林的开采、草原的沙化和水土的流失与人口增长有直接的关系。因此，控制人口增长，减少牧业和林业人口，实现人口的产业结构转变，是缓解森林和草原生态环境危机的一项根本性的措施。

第三节　能源与环境

一、能源

1. 能源的概念

能源（energy source）亦称能量资源或能源资源。是指可产生各种能量（如热量、电能、光能和机械能等）或可作功的物质的统称。它包括能够直接取得或者通过加工、转换而取得的各种资源，如煤炭、原油、天然气、煤层气、水能、核能、风能、太阳能、地热能、生物质能等一次能源和电力、热力、成品油等二次能源，以及其他新能源和可再生能源。确切而简单地说，能源是自然界中能为人类提供某种形式能量的物质资源。

能源是人类活动的物质基础，是整个世界发展和经济增长的最基本的驱动力。自工业革命以来，能源安全问题就开始出现。在全球经济高速发展的今天，国际能源安全已上升到了国家的高度，各国都制定了以能源供应安全为核心的能源政策。在此后的二十多年里，在稳定能源供应的支持下，世界经济规模取得了较大增长。但是，人类在享受能源带来的经济发展、科技进步等利益的同时，也遇到一系列无法避免的能源安全挑战，能源短缺、资源争夺以及过度使用能源造成的环境污染等问题，这些问题严重威胁着人类的生存与发展。

2. 能源的分类

能源种类繁多，根据不同的分类方式，主要有以下几种分法。

（1）按能源的来源分

① 来自地球外部天体的能源（主要是太阳能）。除直接辐射外，并为风能、水能、生物能和矿物能源等的产生提供基础。

人类所需能量的绝大部分都直接或间接地来自太阳。正是各种植物通过光合作用把太阳能转变成化学能在植物体内储存下来。煤炭、石油、天然气等化石燃料也是由古代埋在地下的动植物经过漫长的地质年代形成的。它们实质上是由古代生物固定下来的太阳能。此外，水能、风能、波浪能、海流能等也都是由太阳能转换来的。

② 地球本身蕴藏的能量。如原子核能、地热能等，温泉和火山爆发喷出的岩浆就是地热的表现。地球可分为地壳、地幔和地核三层，它是一个大热库。地壳就是地球表面的一层，一般厚度为几公里至 70km 不等。地壳下面是地幔，它大部分是熔融状的岩浆，厚度为 2900km。火山爆发一般是这部分岩浆喷出。地球内部为地核，地核中心温度为 2000℃。可见，地球上的地热资源储量也很大。

③ 地球和其他天体相互作用而产生的能量，如潮汐能。因月球引力的变化引起潮汐现象，潮汐导致海水平面周期性地升降，因海水涨落及潮水流动所产生的能量成为潮汐能，潮汐能的能量与潮量和潮差成正比。

（2）按能源的基本形态分

① 一次能源：即天然能源，是指自然界中以天然形式存在并没有经过加工或转换的能量资源，如煤炭、石油、天然气、水能等。水能、石油、天然气是一次能源的核心，它们成为全球能源的基础；除此以外，太阳能、风能、地热能、海洋能、生物能以及核能等可再生能源也被包括在一次能源的范围内。

② 二次能源：指由一次能源直接或间接转换成其他种类和形式的能量资源，例如，电力、煤气、蒸汽、汽油、柴油、焦炭、洁净煤、激光和沼气等都属于二次能源。

（3）按能源的性质分

① 燃料型能源：包括煤炭、石油、天然气、泥炭、木材等。人类利用最早的燃料是木材，以后用各种化石燃料，如煤炭、石油、天然气、泥炭等。当前化石燃料消耗量很大，但地球上这些燃料的储量有限。

② 非燃料型能源：包括太阳能、水能、风能、地热能、海洋能等。未来铀和钍将提供世界所需的大部分能量。一旦控制核聚变的技术问题得到解决，人类实际上将获得无尽的能源。

（4）根据能源消耗后是否造成环境污染分

① 污染型能源：包括煤炭、石油等。

② 清洁型能源：包括水力、电力、太阳能、风能以及核能等。

二、世界能源及其分布情况

世界各种能源的储量、产量和消费量分布极不平衡，主要集中在某些地区和少数国家。从剩余可采储量看，石油主要分布中东地区，天然气主要分布在前苏联和中东地区，煤炭大多分布在亚太、北美和欧洲地区；从产量看，石油产量中东占有优势，天然气主要产自北美和前苏联，煤炭主要产自亚太和北美地区；从消费量看，石油消费以北美、亚太和欧洲为主，天然气消费量主要集中在北美和前苏联地区，煤炭消费以亚太和北美为主，核电消费主要在欧洲和北美地区，水电消费主要在北美、欧洲和亚太地区。

位于世界前10位国家的储量、产量和消费量在世界总量中占有较大份额，其中有些国家占有明显优势，如沙特阿拉伯的石油储量、俄罗斯的天然气储量、美国的能源消费量等。中国煤炭储量、产量和消费量均居世界前三名，中国的天然气无论储量、产量还是消费量都处在相对落后位置。中国是能源消费大国，一次能源消费总量仅次于美国，位于世界第二，但是消费结构不合理，以煤炭为主。

发展中国家的经济和人口增长最快，到了2015年，发展中国家的能源需求在全球能源市场中占47%，在2030年占一半以上，而目前仅为41%。发展中国家在全球所有一次能源（非水利可再生能源除外）需求中所占的比重将增加。全球能源需求增长量约有一半用于发电，另外有五分之一用于满足交通运输需求，其中大部分是基于石油的燃料。

三、中国能源状况与政策

1. 中国能源特点

(1)能源资源总量比较丰富

中国拥有较为丰富的化石能源资源，其中，煤炭占主导地位。2006年，煤炭保有资源量 $10345×10^8$ t，剩余探明可采储量约占世界的13%，列世界第三位。已探明的石油、天然气资源储量相对不足，油页岩、煤层气等非常规化石能源储量潜力较大。中国拥有较为丰富的可再生能源资源。水力资源理论蕴藏量折合年发电量为 $6.19×10^{12}$ kW·h，可开发年发电量约 $1.76×10^{12}$ kW·h，相当于世界水力资源量的12%，列世界首位。

(2)人均能源资源拥有量较低

中国人口众多，人均能源资源拥有量在世界上处于较低水平。煤炭和水力资源人均拥有量相当于世界平均水平的50%；石油、天然气人均资源量仅为世界平均水平的1/15左右；耕地资源不足世界人均水平的30%，制约了生物质能源的开发。

(3)能源资源赋存分布不均衡

中国能源资源分布广泛但不均衡。煤炭资源主要赋存在华北、西北地区；水力资源主要分布在西南地区；石油、天然气资源主要赋存在东、中、西部地区和海域。中国主要的能源消费地区集中在东南沿海经济发达地区，资源赋存与能源消费地域存在明显差别。大规模、长距离的北煤南运、北油南运、西气东输、西电东送，是中国能源流向的显著特征和能源运输的基本格局。

(4)能源资源开发难度较大

与世界相比，中国煤炭资源地质开采条件较差，大部分储量需要井工开采，极少量可供露天开采；石油天然气资源地质条件复杂，埋藏深，勘探开发技术要求较高；未开发的水力资源多集中在西南部的高山深谷，远离负荷中心，开发难度和成本较大；非常规能源资源勘探程度低，经济性较差，缺乏竞争力。

2. 中国能源发展及存在的问题

改革开放以来，中国能源工业迅速发展，主要表现在：

(1)供给能力明显提高

经过几十年的努力，中国已经初步形成了煤炭为主体、电力为中心、石油天然气和可再生能源全面发展的能源供应格局，基本建立了较为完善的能源供应体系。建成了一批千万吨级的特大型煤矿。2006 年一次能源生产总量 $22.1 \times 10^8 t$ 标准煤，列世界第二位。其中，原煤产量 $23.7 \times 10^8 t$，列世界第一位。先后建成了大庆、胜利、辽河、塔里木等若干个大型石油生产基地，2006 年原油产量 $1.85 \times 10^8 t$，实现稳步增长，列世界第五位。天然气产量迅速提高，从 1980 年的 $143 \times 10^8 m^3$ 提高到 2006 年的 $586 \times 10^8 m^3$。商品化可再生能源量在一次能源结构中的比例逐步提高。电力发展迅速，装机容量和发电量分别达到 $6.22 \times 10^8 kW$ 和 $2.87 \times 10^{12} kW \cdot h$，均列世界第二位。能源综合运输体系发展较快，运输能力显著增强，建设了西煤东运铁路专线及港口码头，形成了北油南运管网，建成了西气东输大干线，实现了西电东送和区域电网互联。

（2）能源节约效果显著

1980~2006 年，中国能源消费以年均 5.6% 的增长支撑了国民经济年均 9.8% 的增长。按 2005 年不变价格，万元国内生产总值能源消耗由 1980 年的 3.39t 标准煤下降到 2006 年的 1.21t 标准煤，年均节能率 3.9%，扭转了近年来单位国内生产总值能源消耗上升的势头。能源加工、转换、储运和终端利用综合效率为 33%，比 1980 年提高了 8 个百分点。单位产品能耗明显下降，其中，钢、水泥、大型合成氨等产品的综合能耗及供电煤耗与国际先进水平的差距不断缩小。

（3）消费结构有所优化

中国高度重视优化能源消费结构，煤炭在一次能源消费中的比重由 1980 年的 72.2% 下降到 2006 年的 69.4%，其他能源比重由 27.8% 上升到 30.6%。其中可再生能源和核电比重由 4.0% 提高到 7.2%，石油和天然气有所增长。终端能源消费结构优化趋势明显，煤炭能源转化为电能的比重由 20.7% 提高到 49.6%，商品能源和清洁能源在居民生活用能中的比重明显提高。

（4）科技水平迅速提高

中国能源科技取得显著成就，石油天然气工业已经形成了比较完整的勘探开发技术体系，特别是复杂区块勘探开发、提高油田采收率等技术在国际上处于领先地位。煤炭工业建成一批具有国际先进水平的大型矿井，重点煤矿采煤综合机械化程度显著提高。在电力工业方面，先进发电技术和大容量高参数机组得到普遍应用，水电站设计、工程技术和设备制造等技术达到世界先进水平，核电初步具备百万千瓦级压水堆自主设计和工程建设能力，高温气冷堆、快中子增殖堆技术研发取得重大突破。烟气脱硫等污染治理、可再生能源开发利用技术迅速提高。

（5）环境保护取得进展

中国政府高度重视环境保护，加强环境保护已经成为基本国策，社会各界的环保意识普遍提高。1992 年联合国环境与发展大会后，中国组织制定了《中国 21 世纪议程》，并综合运用法律、经济等手段全面加强环境保护，取得了积极进展。中国的能源政策也把减少和有效治理能源开发利用过程中引起的环境破坏、环境污染作为其主要内容。

（6）市场环境逐步完善

中国能源市场环境逐步完善，能源工业改革稳步推进。能源企业重组取得突破，现代企业制度基本建立。投资主体实现多元化，能源投资快速增长，市场规模不断扩大。煤炭工业生产和流通基本实现了市场化。电力工业实现了政企分开、厂网分开，建立了监管机构。石油天然气工业基本实现了上下游、内外贸一体化。能源价格改革不断深化，价格机制不断完善。

但是，由于 20 世纪 90 年代以来，中国经济的持续高速发展带动了能源消费量的急剧上升。自 1993 年起，中国由能源净出口国变成净进口国，能源总消费已大于总供给，能源需求的对外依存度迅速增大。煤炭、电力、石油和天然气等能源在中国都存在缺口，其中，石油需求量的大增以及由其引起的结构性矛盾日益成为中国能源安全所面临的最大难题。近年来能源安全问题也日益成为国家生活乃至全社会关注的焦点，日益成为中国战略安全的隐患和制约经济社会可持续发展的瓶颈，发展经济与环境污染的矛盾日益突出。所以，中国能源的发展仍然存在着许多问题，其突出表现在以下几方面：

（1）资源约束突出，能源效率偏低

中国优质能源资源相对不足，制约了供应能力的提高；能源资源分布不均，也增加了持续稳定供应的难度；经济增长方式粗放、能源结构不合理、能源技术装备水平低和管理水平相对落后，导致单位国内生产总值能耗和主要耗能产品能耗高于主要能源消费国家平均水平，进一步加剧了能源供需矛盾。单纯依靠增加能源供应，难以满足持续增长的消费需求。

（2）能源消费以煤为主，环境压力加大

煤炭是中国的主要能源，以煤为主的能源结构在未来相当长时期内难以改变。相对落后的煤炭生产方式和消费方式，加大了环境保护的压力。煤炭消费是造成煤烟型大气污染的主要原因，也是温室气体排放的主要来源。随着中国机动车保有量的迅速增加，部分城市大气污染已经变成煤烟与机动车尾气混合型。这种状况持续下去，将给生态环境带来更大的压力。

（3）市场体系不完善，应急能力有待加强

中国能源市场体系有待完善，能源价格机制未能完全反映资源稀缺程度、供求关系和环境成本。能源资源勘探开发秩序有待进一步规范，能源监管体制尚待健全。煤矿生产安全欠账比较多，电网结构不够合理，石油储备能力不足，有效应对能源供应中断和重大突发事件的预警应急体系有待进一步完善和加强。

3. 中国能源发展战略和目标

中国能源战略的基本内容：坚持节约优先、立足国内、多元发展、依靠科技、保护环境、加强国际互利合作，努力构筑稳定、经济、清洁、安全的能源供应体系，以能源的可持续发展支持经济社会的可持续发展。

① 节约优先。中国把资源节约作为基本国策，坚持能源开发与节约并举、节约优先，积极转变经济发展方式，调整产业结构，鼓励节能技术研发，普及节能产品，提高能源管理水平，完善节能法规和标准，不断提高能源效率。

② 立足国内。中国主要依靠国内增加能源供给，通过稳步提高国内安全供给能力，不断满足能源市场日益增长的需求。

③ 多元发展。中国将通过有序发展煤炭，积极发展电力，加快发展石油天然气，鼓励开发煤层气，大力发展水电等可再生能源，积极推进核电建设，科学发展替代能源，优化能源结构，实现多能互补，保证能源的稳定供应。

④ 依靠科技。中国充分依靠能源科技进步，增强自主创新能力，提升引进技术消化吸收和再创新能力，突破能源发展的技术瓶颈，提高关键技术和重大装备制造水平，开创能源开发利用新途径，增强发展后劲。

⑤ 保护环境。中国以建设资源节约型和环境友好型社会为目标，积极促进能源与环境的协调发展。坚持在发展中实现保护、在保护中促进发展，实现可持续发展。

⑥ 互利合作。中国能源发展在立足国内的基础上，坚持以平等互惠和互利双赢的原则，以坦诚务实的态度，与国际能源组织和世界各国加强能源合作，积极完善合作机制，深化合作领域，维护国际能源安全与稳定。

我国能源战略总目标：保障能源安全、保护生态环境、提高能源效率，构建具有中国特色安全、经济、高效、绿色的现代能源体系，以能源的科学发展支撑我国在本世纪中叶基本实现现代化。

四、能源开发利用对环境的影响

能源的开发利用对人类发展产生了巨大的推动作用，但同时也造成了环境的破坏和气候的异常变化，以及各种污染的产生和危害。

在人类利用能源的初期，能源的使用量及范围有限，加上当时科学技术和经济不发达，对环境的损害较小。又由于环境的恶化是积累性的，只有较长时间的积累，才能察觉到它的明显变化。在这个过程中环境的改变并没有引起人类的特别注意，因此环境保护意识不强。

然而随着工业的迅猛发展和人民生活水平的提高，能源的消耗量越来越大。由于能源的不合理开发和利用，致使环境污染也日趋严重。特别是近一个世纪以来，化石燃料的使用量几乎增加了 30 倍。目前全世界每年向大气中排放的 CO_2 约 210×10^8 t，使大气中 CO_2 的浓度不断增加。预计到 2030 年大气中 CO_2 的浓度还要增加一倍。它给人类带来的后果：由于 CO_2 等所产生的"温室效应"使地球变暖，全球性气候异常，海平面上升，自然灾害增多；随着 SO_2 等排放量增加，酸雨越来越严重，使生态遭破坏，农业减产；氯氟烃类化合物的排放使大气臭氧层遭破坏，加之大量粉尘的排放，使癌症发病率增加，严重威胁人类健康。

就以燃煤而论，露天采煤开采规模通常都很大，采场可深达数百米，矿坑面积数千公顷，采场范围内的农田植被和各种建构作物遭破坏而荡然无存。此时产生的大量剥离物被排弃到排土场，其堆压占地的面积往往与采场所破坏的土地面积相当。由于大量剥离物直接暴露于空气中，所以不断地发生潮解、风化和风蚀等作用，是矿区发生飞尘、扬尘的污染源；开采时要挖出相当多的废碎石，还有矸石，矸石中的硫化物缓慢氧化发热，如散热不良或未隔绝空气就会自燃，释出 CO_2、SO_2 及其他有害物质；在雨水淋溶下，各种有害的液体将污染土壤及地表、地下水体。当排土场地基承载力不足或地面坡度过陡时，也可发生坍塌，或在含水分过多的情况下形成不同规模的泥石流灾害；为防止矿井中"瓦斯"积累爆炸，就要排风，排出大量甲烷（瓦斯）及氡；燃料中的硫大部分化作二氧化硫、氮氧化物。炉温愈高，氮氧化物愈多；有些场合如炼焦还会排出苯并芘；由于烧去了碳，灰渣中杂质的浓度将增高很多倍，经过煅烧与粉碎，有害物质可能变为更容易进入水或空气的形态，若任意堆放或弃入水体，也增加了环境的负担。

再如采油，尤其是注水采油，也会影响地面升降。所注水可能在地下受到污染，有时甚至有少量放射性物质聚集在采油管道的某些部位；采炼中为了安全，通常烧掉废气，因此而产生的浓烟对环境产生一定的影响；储运中的燃爆与泄漏可引起严重环境污染，几次海上漏油事故不仅污染海滩还危及海洋生物；油罐车损坏，油流入下水道引起多处火警的事也多次发生过。

对于水力发电来说其效率高，产生的少量热能对环境的影响很小。但为了较充分的利用发电容量，就得建水库。尽管筑坝应该是成熟的技术，但也发生过若干次惨重的溃坝或溢水事故。如果上游水土保持不佳，水库被淤积，不能发挥应有效益。同时，水利发电对水体的水生生物以及航运产生的影响也是不容忽视的。

能源的利用，使人类的物质生活不断得到改善，但却逐渐恶化了自己的生存环境。人类在谋求持续发展的过程中必须解决好这一矛盾。

五、新能源的开发与能源节约

纵观人类社会发展的历史，人类文明的每一次重大进步都伴随着能源的改进和更替。能源的开发利用极大地推进了世界经济和人类社会的发展。

过去 100 多年里，发达国家先后完成了工业化，消耗了地球上大量的自然资源，特别是能源资源。当前，一些发展中国家正在步入工业化阶段，能源消费增加是经济社会发展的客观必然。

1913 年，英国海军开始用石油取代煤炭作为动力时，时任海军上将的邱吉尔就提出了"绝不能仅仅依赖一种石油、一种工艺、一个国家和一个油田"，这是迄今仍未过时的能源多样化原则。随着能源危机日益临近，促进国民经济和社会的可持续发展，对保障国家安全具有重要战略意义。因此，开发新能源、开展能源节约的战略研究不仅能缓解世界能源紧张局势，也是实现可持续发展的长远需要。

1. 新能源的开发

新能源（new energy resources）又称非常规能源，是指传统能源之外的刚开始开发利用或正在积极研究、有待推广的各种能源形式。如太阳能、地热能、风能、海洋能、生物质能和核聚变能等。而已经广泛利用的煤炭、石油、天然气、水能、核电等能源，称为常规能源。随着常规能源的有限性以及环境问题的日益突出，以环保和可再生为特性的新能源越来越得到各国的重视。

（1）核能技术

核能（nuclear energy）有核裂变能和核聚变能两种。核裂变能是指重元素（如铀、钍）的原子核发生分裂反应时所释放的能量，通常叫原子能。核聚变能是指轻元素（如氘、氚）的原子核发生聚合反应时所释放的能量。核能产生的大量热能可以发电，也可以供热。核能的最大优点是无大气污染，不会产生加重地球温室效应的二氧化碳，集中生产量大，可以替代煤炭、石油和天然气燃料。

（2）太阳能技术

太阳能（solar energy）一般指太阳光的辐射能量。太阳能的主要利用形式有太阳能的光热转换、光电转换以及光化学转换三种方式。广义上的太阳能是地球上许多能量的来源，如风能，化学能，水的势能等由太阳能导致或转化成的能量形式。利用太阳能的方法主要有：太阳能电池，通过光电转换把太阳光中包含的能量转化为电能；太阳能热水器，利用太阳光的热量加热水，并利用热水发电等。

太阳能的利用没有地域限制，处处皆有，无须开采和运输，可直接开发和利用；太阳能清洁环保，开发利用太阳能不会污染环境的；从某种意义上讲，太阳的能量是用之不竭的，不会出现能源短缺问题，利用价值高。其优点决定了在能源更替中的不可取代的地位。

（3）风能技术

风能（wind energy）是太阳辐射下流动所形成的。风是地球上的一种自然现象，它是由太阳辐射热引起的。太阳照射到地球表面，地球表面各处受热不同，产生温差，从而引起大气的对流运动形成风。风能的大小决定于风速和空气的密度，据估计到达地球的太阳能中虽然只有大约 2% 转化为风能，但其总量仍是十分可观的。

目前风能最常见的利用形式为风力发电。世界上最大风力发电机为 3200kW，风机直径 97.5m，安装在美国夏威夷。我国风力发电装机总共 20×10⁴kW，最大风力发电机为 120kW。

风能蕴藏量大，分布广泛，永不枯竭，是洁净的能量来源，属于可再生、环保型能源。对交通不便、远离主干电网的岛屿及边远地区尤为重要。

(4) 生物质能技术

生物质能(biomass energy)就是太阳能以化学能形式储存于生物质中的能量形式，即以生物质为载体的能量。它直接或间接地来源于绿色植物的光合作用，可转化为常规的固态、液态和气态燃料。所以从广义上讲，生物质能是太阳能的一种表现形式。

生物质是指通过光合作用而形成的各种有机体，包括所有的动植物和微生物。地球上的生物质资源较为丰富，地球每年经光合作用产生的物质有 1730×10⁸t，其中蕴含的能量相当于全世界能源消耗总量的 10~20 倍，但目前的利用率不到 3%。目前，世界很多国家都在积极研究和开发利用生物质能。

生物质能是一种无害的能源，取之不尽、用之不竭，是一种可再生能源，同时也是惟一一种可再生的碳源。生物质能的开发利用不仅有助于促进能源多样化，帮助我们摆脱对传统化石能源的严重依赖，还能减少温室气体排放，缓解对环境的压力，对加强能源安全有着积极的意义。

(5) 氢能技术

氢能(hydrogen energy)是通过氢气和氧气反应所产生的能量。氢能是氢的化学能，氢在地球上主要以化合态的形式出现，是宇宙中分布最广泛的物质，它构成了宇宙质量的 75%。由于氢气必须从水、化石燃料等含氢物质中制得，因此是二次能源。工业上生产氢的方式很多，常见的有水电解制氢、煤炭气化制氢、重油及天然气水蒸气催化转化制氢等。氢能的优点是燃烧热值高，每千克氢燃烧后的热量，约为汽油的 3 倍，酒精的 3.9 倍，焦炭的 4.5 倍；燃烧的产物是水，是世界上最干净的能源；资源丰富，氢气可以由水制取，而水是地球上最为丰富的资源。目前，氢能技术在美国、日本、欧盟等国家和地区已进入系统实施阶段。

(6) 地热能技术。

地热能(geothermal energy)即地球内部隐藏的能量，是驱动地球内部一切热过程的动力源。能量来自地球内部的熔岩，并以热力形式存在，是引致火山爆发及地震的能量。地球内部的温度高达 7000℃，而在 80~100 公英里的深度处，温度会降至 650~1200℃。通过地下水的流动和熔岩涌至离地面 1~5km 的地壳，热力得以被转送至较接近地面的地方。高温的熔岩将附近的地下水加热，这些加热了的水最终会渗出地面。

地热能是可再生资源，其状态分为蒸汽和热水两种。地热蒸汽有较高压力和温度，可直接通过蒸汽轮机发电；地热热水最好是梯级利用，先将高温地热水用于高温用途，再将用过的中温地热水用于中温用途，然后再将用过的低热水再利用等。

(7) 潮汐能技术。

潮汐能(tidal energy)是由月球和太阳对地球的引力及地球自转所致海水周期性涨落形成的势能和横向流动形成的动能。它包括潮汐和潮流两种运动方式所包含的能量，潮水在涨落中蕴藏着巨大能量，这种能量是永恒的、无污染的能量。

利用潮汐发电必须具备两个物理条件。一是潮汐的幅度必须大，至少要有几米。二是海岸的地形必须能储蓄大量海水，并可进行土建工程。潮汐发电技术是低水头水力发电技术，容量小，造价高。

2. 能源节约

能源节约(energy conservation)是在满足同等需要或达到相同目的条件下，减少所需能源（或能量）的消耗。能源节约的中心思想是采取技术上可行、经济上合理以及环境和社会可接受的措施，来更有效地利用能源资源。

我国能源节约的五项措施：

① 推进结构调整。我国坚持把转变发展方式、调整产业结构和工业内部结构作为能源节约的战略重点，努力形成"低投入、低消耗、低排放、高效率"的经济发展方式。

② 加强工业节能。我国坚持走科技含量高、经济效益好、资源消耗低、环境污染少、人力资源得到充分发挥的新型工业化道路，加快发展高技术产业，运用高新技术和先进适用技术改造传统产业，提升工业整体水平。

③ 实施节能工程。我国正在实施节约替代石油、热电联产、余热利用、建筑节能等十大重点节能工程，支持节能重点及示范项目建设，鼓励高效节能产品的推广应用。

④ 加强管理节能。我国政府建立政府强制采购节能产品制度，研究制定鼓励节能的财税政策，深化能源价格改革，实施固定资产投资项目节能评估和审核制度，建立企业节能新机制，建立健全节能法律法规，加强节能管理队伍建设，加大执法监督检查力度。

⑤ 倡导社会节能。我国采取多种形式大力宣传节约能源的重要意义，不断增强全民资源忧患意识和节约意识。

随着全球各国经济发展对能源需求的日益增加，现在许多发达国家都更加重视对可再生能源、环保能源以及新型能源的开发与研究；同时我们也相信随着人类科学技术的不断进步，人类会不断开发研究出更多新能源来替代现有能源，以满足全球经济发展与人类生存对能源的高度需求，而且我们能够预计地球上还有很多尚未被人类发现的新能源正等待我们去探寻与研究。

第四节　生态系统及生态平衡

一、生态学概述

1. 生态学定义

"生态学"(oikologie)一词是 1865 年由勒特(Reiter)合并两个希腊字 logs(研究)和 oikos（房屋、住所）构成，1866 年德国动物学家赫克尔(Ernst Heinrich Haeckel)初次把生态学定义为"研究动物与其有机及无机环境之间相互关系的科学"，特别是动物与其他生物之间的有益和有害关系。从此，揭开了生态学发展的序幕。随着人们研究领域的不断拓展，生态学定义不断得以发展完善。

生态学(ecology)是研究生物与环境之间相互关系及其作用机理的科学。任何生物的生存都不是孤立的，生物的生存、活动、繁殖需要一定的空间、物质与能量。在生物长期进化过程中，环境为生物提供着必要的生存条件，如空气、光照、水分、热量和无机盐类等，并不断地影响和改变着生物，使生物有机体由简单到复杂、由低级到高级不断地进化、发展，而另一方面生物的整个生命周期对其环境产生着反作用。这种相互关系具体表现在作用与反作用、对立与统一、相互依赖与制约、物质循环与代谢等方面。

44

2. 生态学的发展

生态学的发展大致可分为萌芽期、形成期和发展期三个阶段。

(1)萌芽期

古人在长期的农牧渔猎生产中积累了朴素的生态学知识，诸如作物生长与季节气候及土壤水分的关系、常见动物的物候习性等。公元前4世纪希腊学者亚里士多德曾粗略描述动物的不同类型的栖居地，还按动物活动的环境类型将其分为陆栖和水栖两类；按其食性分为肉食、草食、杂食和特殊食性等类。公元前后出现的介绍农牧渔猎知识的专著，如古罗马公元1世纪老普林尼的《博物志》、6世纪中国农学家贾思勰的《齐民要术》等均记述了朴素的生态学观点。

(2)形成期(大约从15世纪到20世纪40年代)

15世纪以后，许多科学家通过科学考察积累了不少宏观生态学资料。19世纪初叶，现代生态学的轮廓开始出现。如雷奥米尔的6卷昆虫学著作中就有许多昆虫生态学方面的记述。瑞典博物学家林奈首先把物候学、生态学和地理学观点结合起来，综合描述外界环境条件对动物和植物的影响。法国博物学家布丰强调生物变异基于环境的影响。德国植物地理学家人洪堡创造性地结合气候与地理因子的影响来描述物种的分布规律。1851年达尔文在《物种起源》一书中提出自然选择学说，强调生物进化是生物与环境交互作用的产物，引起了人们对生物与环境的相互关系的重视，更促进了生态学的发展。到20世纪30年代，已有不少生态学著作和教科书阐述了一些生态学的基本概念和论点，如食物链、生态位、生物量、生态系统等。至此，生态学已基本成为具有特定研究对象、研究方法和理论体系的独立学科。

(3)发展期(20世纪50年代以来)

20世纪50年代以来，人类的经济和科学技术获得了史无前例的飞速发展，既给人类带来了进步和幸福，也带来了环境、人口、资源和全球变化等关系到人类自身生存的重大问题。在解决这些重大社会问题的过程中，生态学与其他学科相互渗透，相互促进，并获得了重大的发展。

生态学吸收了数学、物理、化学工程技术科学的研究成果，向精确定量方向前进并形成了自己的理论体系。通过对数理化方法、精密灵敏的仪器和电子计算机的应用，使生态学工作者有可能更广泛、深入地探索生物与环境之间相互作用的物质基础，对复杂的生态现象进行定量分析；整体概念的发展，产生出系统生态学等若干新分支，初步建立了生态学理论体系。

因此，与许多自然科学一样，生态学的发展趋势是：由定性研究趋向定量研究，由静态描述趋向动态分析，逐渐向多层次的综合研究发展，与其他某些学科的交叉研究日益显著。

3. 生态学的分类

① 按所研究的生物类别可分为：微生物生态学、植物生态学、动物生态学、人类生态学等。

② 按生物系统的结构层次可分为：个体生态学、种群生态学、群落生态学、生态系统生态学等。

③ 按生物栖居的环境类别可分为：陆地生态学和水域生态学；前者又可分为森林生态学、草原生态学、荒漠生态学等，后者可分为海洋生态学、湖沼生态学、河流生态学等。

④ 按生态学与非生命科学相结合来分：数学生态学、化学生态学、物理生态学、地理生态学、经济生态学等；与生命科学其他分支相结合的有生理生态学、行为生态学、遗传生态学、进化生态学、古生态学等。

⑤ 按应用性分支学科来分：农业生态学、医学生态学、工业资源生态学、污染生态学(环境保护生态学)、城市生态学等。

二、生态系统

1. 生态系统及其组成

生态系统(ecosystem)一词是由英国生态学家 Tansley 于 1935 年提出来的。是指在一定时间和空间内，生物与其生存环境以及生物与生物之间相互作用，彼此通过物质循环、能量流动和信息交换，达到动态平衡，形成一个相对稳定的、不可分割的自然整体。

生态系统可大可小，可简单可复杂，相互交错，小到一滴水，一把土，一片草地，一个湖泊，一片森林；大到一个城市，一个地区，一个流域，一个国家乃至整个生物圈。如图 2-3 所示为一个池塘生态系统图。

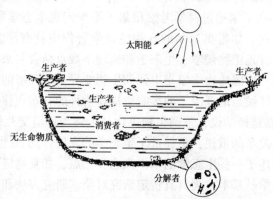

图 2-3　池塘生态系统

任何一个生态系统其结构和功能都是相似的，都是自然界的一个基本活动单元，地球上最大的生态系统是生物圈，最为复杂的生态系统是热带雨林生态系统，人类主要生活在以城市和农田为主的人工生态系统中。

生态系统是开放系统，为了维系自身的稳定，生态系统需要不断输入能量，否则就有崩溃的危险；许多基础物质在生态系统中不断循环，生态系统是生态学领域的一个主要结构和功能单位，属于生态学研究的最高层次。

生态系统是由生物部分和非生物部分组成，如图 2-4 所示。其中，生物部分包括生产者、消费者、分解者。

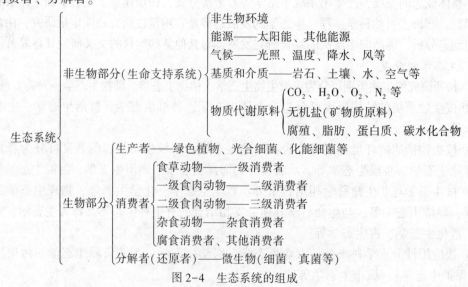

图 2-4　生态系统的组成

46

（1）非生物环境（abiotic environment）

是生态系统的非生物组成部分，包含阳光以及其他所有构成生态系统的基础物质：水、无机盐、空气、有机质、岩石等。

（2）生产者（producers）

主要指绿色植物，也包括化能合成细菌与光合细菌，它们都是自养生物。植物通过叶绿素，利用太阳能进行光合作用，把从周围环境中摄取的水分和二氧化碳等无机物转变成有机物及至生物体。地球上其他绝大部分生物都是直接或间接地依靠绿色植物来维持生命，绿色植物在生态系统中起主导作用。

光合细菌利用太阳能进行光合作用合成有机物，化能合成细菌利用某些物质氧化还原反应释放的能量合成有机物，比如，硝化细菌通过将氨氧化为硝酸盐的方式利用化学能合成有机物。

（3）消费者（consumers）

依靠摄取其他生物为生的异养生物，消费者的范围非常广，包括了几乎所有动物和部分微生物（主要有真细菌），它们通过捕食和寄生关系在生态系统中传递能量，其中，以生产者为食的消费者被称为初级消费者，以初级消费者为食的被称为次级消费者，其后还有三级消费者与四级消费者。同一种消费者在一个复杂的生态系统中可能充当多个级别，杂食性动物尤为如此，它们可能既吃植物（充当初级消费者）又吃各种食草动物（充当次级消费者），有的生物所充当的消费者级别还会随季节而变化。

（4）分解者（decomposers）

又称还原者，属于异养生物，主要是细菌、真菌、某些原生物及其他微生物。它们从生态系统中的废物产品和死亡有机体获取能量，把动植物的复杂有机分子还原为比较简单的化合物和元素，释放归还到环境中，供生产者再利用。分解者的工作在生态系统中十分重要，没有它们的工作过程，死亡的有机体将堆满整个地球。

2. 生态系统的营养结构

生态系统各要素之间最本质的联系是通过营养来实现的，食物链和食物网构成了物种间的营养关系。

所谓食物链（food chain）是指在生态系统中，各种生物之间由于食物关系而形成的一种联系。例如，草原上的青草——野兔——狐狸——狼——尸体——无机物——青草，这是草原食物链。生态系统中许多食物链是彼此联系的，因为，各种生物之间的食物关系并不是一种直线关系，一种消费者往往不只吃一种食物，而同一种食物又可能被不同的消费者所食用，它们可以互相交错，形成食物网，如图2-5所示。

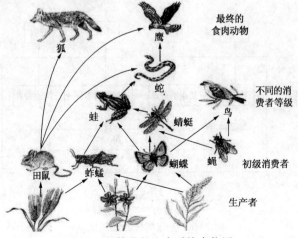

图2-5 简化的生态系统食物网

47

一个复杂的食物网是使生态系统保持稳定的重要条件，一般认为，食物网越复杂，生态系统抵抗外力干扰的能力就越强，食物网越简单，生态系统就越容易发生波动和毁灭。假如在一个岛屿上只生活着草、鹿和狼。在这种情况下，鹿一旦消失，狼就会饿死。如果除了鹿以外还有其他的食草动物(如牛或羚羊)，那么鹿一旦消失，对狼的影响就不会那么大。反过来说，如果狼首先绝灭，鹿的数量就会因失去控制而急剧增加，草就会遭到过度啃食，结果鹿和草的数量都会大大下降，甚至会同归于尽。如果除了狼以外还有另一种肉食动物存在，那么狼一旦绝灭，这种肉食动物就会增加对鹿的捕食压力而不致使鹿群发展得太大，从而就有可能防止生态系统的崩溃。

在一个具有复杂食物网的生态系统中，一般也不会由于一种生物的消失而引起整个生态系统的失调，但是任何一种生物的绝灭都会在不同程度上使生态系统的稳定性有所下降。当一个生态系统的食物网变得非常简单的时候，任何外力(环境的改变)都可能引起这个生态系统发生剧烈的波动。

营养级(trophic level)是指食物链中的每一个环节。如绿色植物是一个营养级，兔子或食草动物是一个营养级，狼或食肉动物又是一个营养级。营养级实际上就是一个储存能量的一些生物组合，它可划分为第一个营养级(位于最低层，如绿色植物)、第二个营养级(如食草动物)、第三个营养级(食肉动物)，以此类推。

3. 生态系统的能量流动

能量流动(energy flow)是指从太阳能被生产者(绿色植物)转变为化学能开始，经过食草动物、食肉动物和微生物参与的食物链而转化，从某一营养级向下一个营养级过渡时部分能量以热能形式而失掉的单向流动。

生态系统中，各个营养级的生物都需要能量。除极少特殊的空间以外，地球上所有的生态系统所需要的能量都来自太阳。生态系统中的能量流动是通过食物链来完成的，生态系统的生产者通过光合作用，把太阳能固定在它们所制造的有机物中，这样，太阳能就转变成化学能，输入生态系统的第一营养级。输入第一营养级的能量，一部分在生产者的呼吸作用中以热能的形式散失了，一部分则用于生产者的生长、发育和繁殖，也就是储存在构成植物体的有机物中。在后一部分能量中，一部分随着植物遗体和残枝败叶等被分解者分解而释放出来，还有一部分则被初级消费者即植食性动物摄入体内。被植食性动物摄入体内的能量，有一小部分存在于动物排出的粪便中，其余大部分则被动物体所同化。这样，能量就从第一营养级流入第二营养级，如图2-6所示。能量在第三、第四等营养级的变化，与第二营养级的情况大致相同。

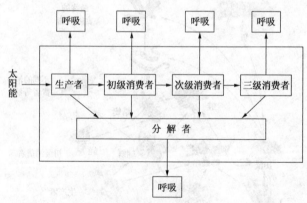

图2-6　生态系统的能量流动

由此可见，生态系统中的能量流动是遵循能量守恒定律的，既不能产生，也不能消亡。由于生态系统是一个开放系统，生态系统的能量流动具有两个明显的特点：单向不可逆过程和逐级递减。单向不可逆是指生态系统的能量流动只能从第一营养级流向第二营养级，再依次流向后面各个营养级，一般不能够逆向流动，也不能够循环流动。逐级递减是指输入到一个营养级的能量不可能百分之百地流入后一个营养级，能量在沿食物链流动的过程中是逐级减少的。一般来说，在输入到某一个营养级的能量中，大约只有10%~20%的能量能够流动到后一个营养级，也就是说，能量在相邻的两个营养级间的传递效率大约是10%~20%。为了形象地说明这个问题，可以将单位时间内各个营养级所得到的能量数值，由低到高绘制成图，这样就形成一个金字塔图形，叫做能量金字塔，如图2-7所示。

从能量金字塔可以看出：在生态系统中，营养级越多，在能量流动过程中损耗的能量也就越多；营养级越高，得到的能量也就越少。在食物链中营养级一般不超过5个，这是由能量流动规律决定的。

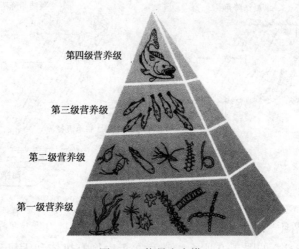

图2-7　能量金字塔

研究生态系统的能量流动，可以帮助人们合理地调整生态系统中的能量流动关系，使能量持续高效地流向对人类最有益的部分。

4. 生态系统中的物质循环

物质循环(matter cycle)又称为生物地球化学循环，地球表面物质在自然力和生物活动作用下，在生态系统内部或其间进行储存、转化、迁移的往返流动。

生物地球化学循环可分为三大类型，即水循环、气体型循环和沉积型循环。水循环的主要路线是从地球表面通过蒸发进入大气圈，同时又不断从大气圈通过降水而回到地球表面，氢和氧主要通过水循环参与生物地球化学循环。生态系统中所有物质循环都是在水循环的推动下完成的，因此，没有水的循环，也就没有生态系统的功能，生命也将难以维持。

在气体循环中，物质的主要储存库是大气和海洋，其循环与大气和海洋密切相联，具有明显的全球性，循环性能最为完善。凡属于气体型循环的物质，其分子或某些化合物常以气体的形式参与循环过程。属于气体型循环的物质有氧、二氧化碳、氮、氯、溴、氟等。气体循环速度比较快，物质来源充沛，不会枯竭。

沉积型循环速度比较慢，参与沉积型循环的物质，其分子或化合物主要是通过岩石风化和沉积物的分解转变为可被生态系统利用的物质，而沉积物转化为岩石圈成分则是一个相当长的、缓慢的、单向的物质转移过程，时间要以千年来计。这些沉积型循环物质的主要储存库是土壤、沉积物和岩石，而无气体状态，因此这类物质循环的全球性不如气体型循环，循环性能也很不完善。属于沉积型循环的物质有：磷、钙、钾、钠、镁、锰、铁、铜、硅等，其中磷是较典型的沉积型循环物质，它从岩石中释放出来，最终又沉积在海底，转化为新的岩石。

（1）生态系统水循环

水循环（water cycle）是地球生物圈中最大规模的物质循环，水循环的动力是太阳辐射，见图 2-8 所示。水循环分为海陆间循环、陆上内循环和海上内循环。从海洋蒸发出来的水蒸气，被气流带到陆地上空，凝结为雨、雪、雹等落到地面，一部分被蒸发返回大气，其余部分成为地面径流或地下径流等，最终回归海洋。这种海洋和陆地之间水的往复运动过程，称为水的大循环。仅在局部地区（陆地或海洋）进行的水循环称为水的小循环。环境中水的循环是大、小循环交织在一起的，并在全球范围内和在地球上各个地区内不停地进行着。

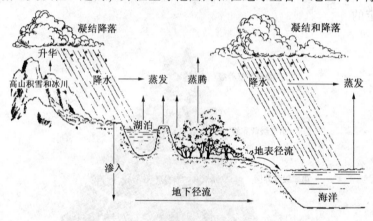

图 2-8　水循环示意图

（2）生态系统碳循环

碳循环（carbon cycle）如图 2-9 所示。碳存在于生物有机体和无机环境中，碳是构成生物有机体的主要元素之一。

在无机环境中，碳主要以 CO_2 和碳酸盐的形成存在。绿色植物在碳循环中起着重要作用，大气中 CO_2 被生物利用的惟一途径是绿色植物的光合作用，被绿色植物固定的碳以有机物的形式供消费者利用。生产者和消费者通过呼吸作用又把 CO_2 释放到大气中。生产者和消费者的尸体被分解者分解，把蛋白质、脂肪和糖类分解成 CO_2、水和无机盐，CO_2 重新返回大气。

在地质年代，动植物尸体长期埋藏在地层中，形成各种化石燃料，人类燃烧这些化石燃料时，碳氧化成 CO_2 被释放到大气中。另外，海洋中碳酸钙沉积在海底，形成新的岩石，使一部分碳较长时间储藏在地层中。在火山爆发时，又可使地层中的一部分碳回到大气层。

（3）生态系统氮循环

氮循环（nitrogen cycle）如图 2-10 所示。氮是各种氨基酸和蛋白质的构成元素之一，是生物必需元素。

氮也是大气的主要组成成分，在大气中占 79%。氮循环主要是在大气、生物、土壤和海洋之间进行的，是生物圈内基本的物质循环之一。构成陆地生态系统氮循环的主要环节是：生物体内有机氮的合成、氨化作用、硝化作用、反硝化作用和固氮作用。

植物吸收土壤中的铵盐和硝酸盐，进而将这些无机氮同化成植物体内的蛋白质等有机氮。动物直接或间接以植物为食物，将植物体内的有机氮同化成动物体内的有机氮。这一过

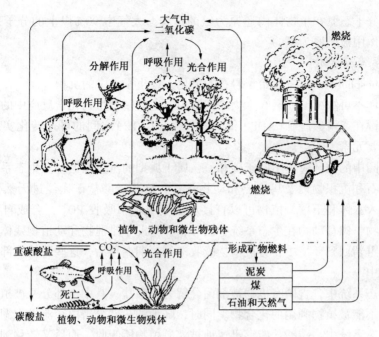

2-9 碳循环示意图

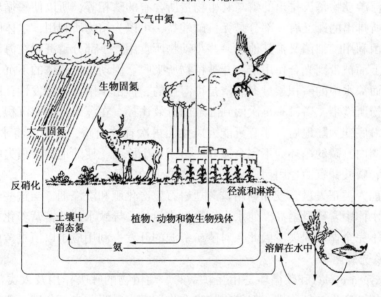

图 2-10 氮循环示意图

程为生物体内有机氮的合成。动植物的遗体、排出物和残落物中的有机氮被微生物分解后形成氨,这一过程是氨化作用。在有氧的条件下,土壤中的氨或铵盐在硝化细菌的作用下最终氧化成硝酸盐,这一过程叫做硝化作用。氨化作用和硝化作用产生的无机氮,都能被植物吸收利用。在氧气不足的条件下,土壤中的硝酸盐被反硝化细菌等多种微生物还原成亚硝酸盐,并且进一步还原成分子态氮,分子态氮则返回到大气中,这一过程被称作反硝化作用。由此可见,由于微生物的活动,土壤已成为氮循环中最活跃的区域。

固氮作用是分子态氮被还原成氨和其他含氮化合物的过程。自然界氮(N_2)的固定有两种方式:一种是非生物固氮,即通过闪电、高温放电等固氮,这样形成的氮化物很少;二是生物固氮，即分子态氮在生物体内还原为氨的过程。大气中90%以上的分子态氮都是通过固氮微生物的作用被还原为氨的。

（4）生态系统磷循环

磷循环（phosphorus cycle）起始于岩石的风化，终止于水中的沉积。

磷是有机体不可缺少的元素。生物的细胞内发生的一切生物化学反应中的能量转移都是通过高能磷酸键在二磷酸腺苷（ADP）和三磷酸腺苷（ATP）之间的可逆转化实现的。磷还是构成核酸的重要元素。

磷在生物圈中的循环过程不同于碳和氮，属于典型的沉积型循环。生态系统中的磷的来源是磷酸盐岩石和沉积物以及鸟粪层和动物化石。这些磷酸盐矿床经过天然侵蚀或人工开采，磷酸盐进入水体和土壤，植物可以直接从土壤或水中吸收 PO_4^{3-}，合成自身原生质，然后通过植食动物、肉食动物在生态系统中循环，并借助于排泄物和动植物残体再分解成无机离子形式，又重新回到环境中，再被植物吸收。经短期循环后，这些磷的大部分随水流失到海洋的沉积层中。

在陆地生态系统中，含磷有机物被细菌分解为磷酸盐，其中一部分又被植物再吸收，另一些则转化为不能被植物利用的化合物。同时，陆地的一部分磷由径流进入湖泊和海洋。在淡水和海洋生态系统中，磷酸盐能够迅速地被浮游植物所吸收，而后又转移到浮游动物和其他动物体内，浮游动物每天排出的磷与其生物量所含有的磷相等，所以使磷循环得以继续进行。浮游动物所排出的磷又有一部分是无机磷酸盐，可以为植物所利用，水体中其他的有机磷酸盐可被细菌利用，细菌又被其他的一些小动物所食用。一部分磷沉积在海洋中，沉积的磷随着海水的上涌被带到光合作用带，并被植物所吸收。因动植物残体的下沉，常使得水表层的磷被耗尽而深水中的磷积累过多。磷是可溶性的，但由于磷没有挥发性，所以，除了鸟类对海鱼的捕捞所携带，磷没有再次回到陆地的有效途径。在深海处的磷沉积，只有在发生海陆变迁，由海底变为陆地后，才有可能因风化而再次释放出磷，否则就将永远脱离循环。因此，在生物圈内，磷的循环为不完全循环，由于这个原因，使陆地的磷损失越来越大，现存量越来越少，磷酸盐资源也因而成为一种不能再生的资源。

然而，目前人类正大量开发和利用磷酸盐岩石生产化肥和洗涤剂，当这些磷参与环境中的循环，造成水体中含磷量增高。使水生植物过盛生长，导致水体的富营养化。大量开采磷矿加速了磷的不完全循环损失。因此，对磷矿资源的开发、利用应予以慎重考虑。

（5）生态系统氧循环

氧循环（oxygen cycle）和碳循环是相互联系的。动植物的呼吸作用及人类活动中的燃烧都需要消耗氧气，产生二氧化碳。但植物的光合作用却大量吸收二氧化碳，释放氧气，如此构成了生物圈的氧循环。

所有元素中，惟有氧是同时在地壳、大气、水圈和生物圈中极其丰富的元素。因此，在生物界和非生物界，元素氧都有着极端重要的地位。大气中的氧主要以双原子分子 O_2 形态存在，并且表现出很强的化学活性。这种化学活性足以影响能与氧生成各种化合物的其他元素（如碳、氢、氮、硫、铁等）的地球化学循环。

5. 生态系统的信息传递

生态系统的功能不仅包括生物生产过程、物质循环和能量流动，还包括各生命成分之间的信息传递。与物质循环和能量流动不同，信息传递是双向，既有从输入到输出的信息传递，也有从输出到输入的信息反馈。

信息传递有三个基本环节：信源(信息产生)、信道(信息传输)、信宿(信息接收)。多个信息过程相连就使系统形成信息网，当信息在信息网中不断被转换和传递时，就形成了信息流。信息只有通过传递才能体现其价值，发挥其作用。

生态系统中信息的种类有物理信息、化学信息、营养信息和行为信息四种。

（1）物理信息(physical information)

生态系统中的光、声、湿度、温度、磁力等，通过物理过程传递的信息，称为物理信息。物理信息的来源可以是无机环境也可以是生物。

① 声信息。在生态系统中，声信息的作用更大一些，尤其是对动物而言。动物更多是靠声信息来确定食物的位置或发现敌害的存在的。我们最为熟悉的以声信息进行通讯的当属鸟类，鸟类的叫声婉转多变，除了能够发出报警鸣叫外，还有许多其他叫声。植物同样可以接收声信息，例如当含羞草在强烈的声音刺激下，就会有小叶合拢、叶柄下垂等反应。

声信息的特点有：多方位性，接受者不一定要面向信源，声音可以绕过障碍物；同步性，发出声音信号时，动物的四肢躯干亦可发出信息；瞬时性，声信息可在一瞬间发出，也可在一瞬间停止；多变量，声音有许多变量，包括强度、频率、音质等，每个变量都可以提供一些信息，因此声音信息的容量很大。

② 电信息。在自然界中存在许多生物发电现象，因此许多生物可以利用电信息在生态系统中活动。大约有300多种鱼类能产生 0.2 ~ 2V 的微弱电压，可以放出少量的电能，并且鱼类的皮肤有很强的导电力，在组织内部的电感器灵敏度也很高。鱼群在洄游过程中的定位，就是利用鱼群本身的生物电场与地球磁场间的相互作用而完成的。

由于植物中的组织与细胞间存在着放电现象，因此植物同样可以感受电信息。

③ 磁信息。地球是一个大磁场，生物生活在其中，必然要受到磁力的影响。候鸟的长途迁徙、信鸽的千里传书，这些行为都是依赖于自己身上的电磁场与地球磁场的作用，从而确定方向和方位。植物对磁信息也有一定的反应，若在磁场异常的地方播种，产量就会降低。不同生物对磁的感受力是不同的。

④ 光信息。生态系统的维持和发展离不开光的参与，同样，光信息在生态系统中占有重要的地位。在光信息传递的过程中，信源可以是初级信源也可以是次级信源。例如，夏夜中雌雄萤火虫的相互识别，雄虫就是初级信源；而老鹰在高空中通过视觉发现地面上的兔子，由于兔子本身不会发光，它是反射太阳的光，所以它是次级信源。太阳是生态系统中光信息的主要初级信源。

（2）化学信息(chemical information)

在生态系统中，化学信息有着举足轻重的作用。生物在生命活动过程中，会产生一些可以传递信息的化学物质，主要是生命活动的代谢产物以及性外激素等，有种内信息素(外激素)和种间信息素(异种外激素)之分。种间信息素主要是次生代谢物(如生物碱、萜类、黄酮类)以及各种苷类、芳香族化合物等。

在植物群落中，可以通过化学信息来完成种间的竞争，也可以通过化学信息来调节种群的内部结构。有时，在同一植物种群内也会发生自毒现象。在这些植物的早期生长中，毒素可能降低幼小个体的成活率。然而，当这种毒素在土壤中积累时，它们就能使植物自身死亡，减少生态系统中的植物拥挤程度。

在动物群落中，可以利用化学信息进行种间、个体间的识别，还可以刺激性成熟和调节出生率。例如，猎豹和猫科动物有着高度特化的尿标志的信息，它们总是仔细观察前兽留下的痕迹，并由此传达时间信息，避免与栖居在此的对手遭遇。动物还可以利用化学信息来标记领域。群居动物能够通过化学信息来警告种内其他个体。鼬遇到危险时，由肛门排出有强烈臭味的气体，它既是报警信息素，又有防御功能。当蚜虫被捕食时，被捕食的蚜虫立即释放报警信息素，通知同类其他个体逃避。

许多动物分泌的性信息素，在种内两性之间起信息交流的作用。在自然界中，凡是雌雄异体，又能运动的生物都有可能产生性信息素。显著的例子是，雄鼠的气味可使幼鼠的性成熟大大提前。

（3）行为信息（behavior information）

动植物的许多特殊行为都可以传递某种信息，这种行为通常被称为行为信息。如蜜蜂的舞蹈行为就是一种行为信息。草原中有一种鸟，当雄鸟发现危险时就会急速起飞，并扇动两翼，给在孵卵的雌鸟发出逃避的信息。

（4）营养信息（nutritional information）

营养状况和环境中食物的改变会引起生物在生理、生化和行为上的变化，这种变化所产生的信息称为营养信息。如被捕食者的体重、肥瘦、数量等是捕食者的取食依据。

生态系统中的食物链构成了一个相互依存，相互制约的整体。所以，若要在草原放牧，起始放牧的家畜数量要与牧草生长量、总量相匹配。

动物和植物不能直接对营养信息进行反应，通常需要借助其他的信号手段。例如，当生产者的数量减少时，动物就会离开原生活地，去其他食物充足的地方生活，以此来减轻同种群的食物竞争压力。

在生态系统中，生物通过发送、接收不同的信息进行正常的生命活动；种群乃至生态系统都需经过信息的传递保持恒定的水平。

三、生态平衡

1. 生态平衡的概念

生态平衡（ecological balance）是指在任何一个正常的生态系统中，能量流动和物质循环总是不断进行着，在一定时间和空间内，生产者、消费者和分解者之间都保持着一种动态的稳定，这种稳定状态就称生态平衡。其主要表现为生态系统内部动植物种类和数量相对稳定；生态系统内部物质和能量的输入和输出处于相对稳定状态。

生态平衡是一种动态的平衡而不是静态的平衡，这是因为变化是宇宙间一切事物的最根本的属性，生态系统这个自然界复杂的实体，当然也处在不断变化之中。例如，生态系统中的生物与生物、生物与环境以及环境各因子之间，不停地在进行着能量的流动与物质的循环；生态系统在不断地发展和进化：生物量由少到多、食物链由简单到复杂、群落由一种类型演替为另一种类型等；环境也处在不断的变化中。因此，生态平衡不是静止的，总会因系统中某一部分先发生改变，引起不平衡，然后依靠生态系统的自我调节能力使其又进入新的平衡状态。正是这种从平衡到不平衡到又建立新的平衡的反复过程，推动了生态系统整体和各组成部分的发展与进化。

此外，生态平衡是一种相对平衡而不是绝对平衡，因为任何生态系统都不是孤立的，都会与外界发生直接或间接的联系，会经常遭到外界的干扰。生态系统对外界的干扰和压力具有一定的弹性，其自我调节能力也是有限度的，如果外界干扰或压力在其所能忍受的范围之内，当这种干扰或压力去除后，它可以通过自我调节能力而恢复；如果外界干扰或压力超过了它所能承受的极限，其自我调节能力也就遭到了破坏，生态系统就会衰退，甚至崩溃。通常把生态系统所能承受压力的极限称为"阈限"，例如，草原应有合理的载畜量，超过了最大适宜载畜量，草原就会退化；森林应有合理的采伐量，采伐量超过生长量，必然引起森林的衰退；污染物的排放量不能超过环境的自净能力，否则就会造成环境污染，危及生物的正常生活，甚至死亡等。

2. 破坏生态平衡的因素

破坏生态平衡的因素有自然因素和人为因素。自然因素如水灾、旱灾、地震、台风、山崩、海啸等。由自然因素引起的生态平衡破坏称为第一环境问题；由人为因素引起的生态平衡破坏称为第二环境问题。人为因素是造成生态平衡失调的主要原因。

人为因素主要有以下三方面：

(1) 使环境因素发生改变

如人类的生产和生活活动产生大量的废气、废水、垃圾等，不断排放到环境中；人类对自然资源不合理利用或掠式地开发，例如，盲目开荒、滥砍森林、水面过围、草原超载等，都会使环境质量恶化，产生近期或远期效应，使生态平衡失调。

(2) 使生物种类发生改变

在生态系统中，盲目增加一个物种，有可能使生态平衡遭受破坏。例如，美国于1929年开凿的韦兰运河，把内陆水系与海洋沟通，导致八目鳗进入内陆水系，使鳟鱼年产量由2000×10^4 kg 减至 5000kg，严重破坏了内陆水产资源。在一个生态系统减少一个物种也有可能使生态平衡遭到破坏。20 世纪 50 年代我国曾大量捕杀过麻雀，致使一些地区虫害严重，究其原因，就在于害虫天敌麻雀被捕杀，害虫失去了自然抑制因素所致。

(3) 对生物信息系统的破坏

生物与生物之间彼此靠信息联系才能保持其集群性和正常的繁衍。人为地向环境中施放某种物质，干扰或破坏了生物间的信息联系，有可能使生态平衡失调或遭到破坏。例如，自然界中有许多昆虫靠分泌释放性外激素引诱同种雄性成虫交尾，如果人们向大气中排放的污染物能与之发生化学反应，则雌虫的性外激素就失去了引诱雄虫的生理活性，结果势必影响昆虫交尾和繁殖，最后导致种群数量下降甚至消失。

一个生态系统的稳定性(或平衡)，与生态系统的结构、能量流动和物质循环的途径有关。一般是在成分多样、能量流动和物质循环途径复杂的生态系统中，比较容易保持稳定；相反，成分单纯、结构简单的生态系统通常就比较脆弱。因此，森林生态系统比草原生态系统更易保持稳定，草原生态系统比苔原生态系统更具有稳定性。我们经常说的要保持生物的多样性，就是为了生态系统的稳定性。

复习思考题

1. 什么是资源？简述自然资源的分类及特点。
2. 为什么说自然资源是有限的？
3. 简述世界资源现状及特点。
4. 论述中国土地资源的分布情况及特点。
5. 生物资源包括哪几大类？其基本特性是什么？
6. 调查本地区森林资源的分布情况及保护现状。
7. 简述世界草原资源分布情况。

8. 什么是生物多样性？你所居住的环境存在着哪些动物物种？

9. 生物多样性丧失对人类有哪些危害？

10. 矿产资源开发对环境的影响。

11. 简述世界人口的发展概况。

12. 简述我国人口分布情况，并说说人口对当地经济、环境的影响。

13. 简述能源与环境的关系，调查我国目前能源利用及新能源的开发状况。

14. 常规能源和新能源有何区别？

15. 裂变能与核聚变能有什么不同？

16. 谈谈你对新能源开发有什么建议。

17. 什么是生态学？什么是种群和群落？生态学的分类有哪些？

18. 什么是生态系统？试述生态系统的组成、结构和功能。

19. 举例说明食物链在生态系统中的作用。

20. 在生态系统中能量是如何流动的？能量流动有何特性？

21. 水、碳、氮在生态系统中是如何循环的？

22. 简述生态系统中的信息传递。

23. 为什么要保持生态平衡？破坏生态平衡的因素有哪些？

24. 举例说明人类活动对环境及生态平衡的影响。

25. 如何在实际中运用生态平衡原理来解决问题？

第三章　可持续发展

第一节　环境容量及环境承载力

一、环境容量

环境容量(environment capacity)是指在人类生存和自然生态系统不致受害的前提下，某一环境所能容纳的污染物的最大负荷量。或一个生态系统在维持生命机体的再生能力、适应能力和更新能力的前提下，承受有机体数量的最大限度。大气、水、土地、动植物等都有承受污染物的最高限值，就环境污染而言，污染物存在的数量超过最大容纳量，这一环境的生态平衡和正常功能就会遭到破坏。

环境容量包括绝对容量和年容量两个方面。前者是指某一环境所能容纳某种污染物的最大负荷量；后者是指某一环境在污染物的积累浓度不超过环境标准规定的最大容许值的情况下，每年所能容纳的某污染物的最大负荷量。

一个特定的环境(如一个自然区域、一个城市、一个水体)对污染物的容量是有限的。其容量的大小与环境空间、自然背景值、环境要素的特性、污染物的物理化学性质以及环境的自净能力等因素有关。

环境空间越大，环境对污染物的净化能力就越大，环境容量也就越大。对某种污染物而言，它的物理和化学性质越不稳定，环境对它的容量也就越大。

对于同一环境，污染物不同，环境对它的净化能力不同。如同样数量的重金属和有机污染物排入河道，重金属容易在河底积累，有机污染物可能很快被分解，河流所能容纳的重金属和有机污染物的数量不同，这表明环境容量因物而异。

二、环境自净能力

环境自净能力(self-purification ability of environment)是环境的一种特殊功能。它是指自然环境可以通过大气、水流的扩散、氧化以及微生物的分解作用，将有害污染物化为无害的能力。

一般的环境系统都具有一定的自我修复外界污染物所致损伤的能力。受污染的环境，经过一些自然过程及在生物参与下，通过一系列复杂的物理、化学变化和生物转化将污染物转化为无害物质，使环境恢复到正常状态。如一条流量较大的河流被排入一定数量的污染物，由于河中各种物理、化学和生物因素作用，进入河中的污染物浓度可迅速降低，保持在环境标准以下，这就是环境(河流)的自净作用使污染物稀释或转化为非污染物的过程。

环境容量的大小与环境自净能力的强弱有着密切的关系。环境的自净作用越强，环境容量就越大。如流量大的河流自净能力强，环境容量就比流量小的河流大。但应注意环境自净能力是指环境自身转化污染物的能力，而环境容量是一个量值。环境自净能力是有限的，当污染物量超过环境自净能力时，就会出现环境污染。

三、环境承载力

1. 环境承载力定义

环境承载力(environmental carrying capacity)又称环境承受力或环境忍耐力,是指在一定时期内,在维持相对稳定的前提下,环境资源所能容纳的人口规模和经济规模的大小。即生态系统所能承受的人类经济与社会的限度,它反映了环境与人类的相互作用关系。地球的面积和空间是有限的,它的资源是有限的,它的承载力也是有限的。因此,人类的活动必须保持在地球承载力的极限之内。

人类赖以生存和发展的环境是一个大系统,它既为人类活动提供空间和载体,又为人类活动提供资源并容纳废弃物。对于人类活动来说,环境系统的价值体现在它能对人类社会生存发展活动的需要提供支持。由于环境系统的组成物质在数量上有一定的比例关系、在空间上具有一定的分布规律,所以它对人类活动的支持能力有一定的限度。当今存在的种种环境问题,大多是人类活动与环境承载力之间出现冲突的表现。当人类社会经济活动对环境的影响超过了环境所能支持的极限,即外界的"刺激"超过了环境系统维护其动态平衡与抗干扰的能力,也就是人类社会行为对环境的作用力超过了环境承载力。因此,人们用环境承载力作为衡量人类社会经济与环境协调程度的标尺。

2. 环境承载力的主要特征

环境承载力作为判断人类社会经济活动与环境是否协调的依据,具有以下主要特征:

(1)客观性和主观性

客观性体现在一定时期、一定状态下的环境承载力是客观存在的,是可以衡量和评价的,它是该区域环境结构和功能的一种表征;主观性体现在人们用怎样的判断标准和量化方法去衡量它,也就是人们对环境承载力的评价分析具有主观性。

(2)区域性和时间性

区域性和时间性是指不同时期、不同区域的环境承载力是不同的,相应的评价指标的选取和量化评价方法也应有所不同。

(3)动态性和可调控性

动态性和可调控性是指环境承载力是随着时间、空间和生产力水平的变化而变化的。人类可以通过改变经济增长方式、提高技术水平等手段来提高区域环境承载力,使其向有利于人类的方向发展。

从上述的环境承载力的定义和特征可以看出,环境承载力既不是一个纯粹描述自然环境特征的量,又不是一个描述人类社会的量,它与环境容量是有区别的。环境容量侧重反映环境系统的自然属性,即内在的秉赋和性质;环境承载力则侧重体现和反映环境系统的社会属性,即外在的社会禀赋和性质,环境系统的结构和功能是其承载力的根源。在科学技术和社会关系发展的一定历史阶段,环境容量具有相对的确定性、有限性;而一定时期,一定状态下的环境承载力也是有限的,这是两者的共同之处。

第二节 可持续发展理论

一、可持续发展概述

可持续发展作为人类社会发展史上一次深刻的革命,从理论的诞生、发展、形成到实际的实施，它牵涉到一系列包括：环境、经济、社会、技术等大学科体系下诸多相关学科的共同参与，已成为人类面向未来社会的必然选择。

1. 可持续发展定义

所谓"可持续发展"（sustainable development），就是"既满足当代人的需要，又不对后代人满足其需要能力构成危害的发展。"它们是一个密不可分的系统，既要达到发展经济的目的，又要保护好人类赖以生存的大气、淡水、海洋、土地和森林等自然资源和环境，使子孙后代能够永续发展和安居乐业。这一定义得到广泛的接受，并在 1992 年联合国环境与发展大会上取得共识。

可持续发展的核心是发展，但要求在严格控制人口、提高人口素质和保护环境、资源永续利用的前提下进行经济和社会的发展。发展是可持续发展的前提，人是可持续发展的中心体，可持续长久的发展才是真正的发展。

2. 可持续发展历程

作为一科学术语，可持续发展概念在由国际自然保护联盟（IUCN）等国际组织共同起草而于 1980 年发表的《世界资源保护大纲》（The World Conservation Strategy）中首次给予了系统的阐述，大纲改变了过去就保护论保护的作法，明确提出其目的在于把资源保护和社会发展有机结合，使资源保护既能促进社会经济的发展、满足人们不断发展的物质文化需要，又能保护人类赖以生存的环境条件。其后这一概念得到了不断发展、完善。

1987 年由世界环境与发展委员会（WCED）向联合国提交的《我们共同的未来》（Our Common Future）这一报告，对可持续发展本身概念的形成和发展，并将可持续发展推向社会关注的焦点起了历史性的积极作用。报告以可持续发展为主线，对当前人类在发展与环境保护方面所面临的日益恶化而亟待解决的诸多问题进行了全面、系统的剖析，它还指出："在不久以前，我们关心的是国家之间在经济方面相互联系的重要性，而现在我们则不能不关注国家之间生态学方面相互依赖的问题，生态与经济从来没有像今天这样互相紧密的联结在一个互为因果的网络之中。"

WCED 在《我们共同的未来》这一报告中，第一次阐述了可持续发展的概念，同时还提出了为实现可持续发展目标所应采取的七个方面具体行动。相对以往可持续发展只是作为解决全球性环境问题的一项措施，在该报告中，它已成为一种新的发展观、价值观，成为人类面对未来惟一正确的选择。同年联合国第 42 届大会通过了该报告，《我们共同的未来》成为联合国及全世界在环境保护与经济发展方面纲领性的文件。

1992 年 6 月，联合国环境与发展大会（UNCED）在巴西的里约热内卢召开，183 个国家代表团和 70 个国际组织出席大会，102 位国家元首、政府首脑到会讲话。大会通过了包括旨在实现可持续发展的 27 条基本原则的《里约环境与发展宣言》和旨在建立 21 世纪世界各国在人类活动对环境产生影响的各个方面的行动规则、为保障人类共同的未来提供一个全球性措施的战略框架的《21 世纪议程》。这是可持续发展实施的一个里程碑，从此可持续发展得到世界最广泛和最高级别的政治承诺。

可持续发展战略作为一个全新的理论体系，正在逐步形成和完善。各个学科包括自然、社会、经济、科技等都从各自领域出发对可持续发展概念做了不同的阐述。据了解截至 1996 年 2 月，有关可持续发展的定义就已多达 98 种。虽然从基础上看 WCED 在《我们共同的未来》的定义得到了较为广泛的接受，可至今还未形成比较一致的定义和公认的理论模式，但其基本含义是一致的，这并不影响可持续发展作为全世界各国政府和人们在诸多环境、生态、发展问题前达成的共识。

可持续发展是人类对工业文明进程进行反思的结果，是人类为了克服一系列环境、经济和社会问题，特别是全球性的环境污染和广泛的生态破坏，以及它们之间关系失衡所做出的理性选择，"经济发展、社会发展和环境保护是可持续发展的相互依赖互为加强的组成部分"，中国政府对这一问题也极为关注。

1991 年，中国发起召开了"发展中国家环境与发展部长会议"，发表了《北京宣言》。

1992 年 6 月，在里约热内卢世界首脑会议上，中国政府庄严签署了环境与发展宣言。

1994 年 3 月 25 日，中华人民共和国国务院通过了《中国 21 世纪议程》。为了支持《议程》的实施，同时还制订了《中国 21 世纪议程优先项目计划》。

1996 年 3 月，我国八届人大四次会议通过的《中华人民共和国国民经济和社会发展"九五"计划和 2010 年远景目标纲要》，明确把"实施可持续发展，推进社会主义事业全面发展"作为我们的战略目标。

2000 年 11 月十五届五中全会通过的《中共中央关于制定国民经济和社会发展第十个五年计划的建议》指出："实施可持续发展战略，是关系中华民族生存和发展的长远大计。"

2005 年 5 月联合国可持续发展实施目标国际研讨会在中国召开，既是联合国有关组织对中国可持续发展工作和成绩的肯定，也表明国际社会非常关注中国可持续发展目标的实现。

3. 可持续发展战略的基本思想

可持续发展是一个涉及经济、社会、文化、技术及自然环境的综合概念。它是一种立足于环境和自然资源角度提出的关于人类长期发展的战略和模式。它强调实现资源、环境的承载能力与经济、社会的相互协调；强调从人口、资源、环境、经济、社会相互协调中推动经济建设的发展，并在发展进程中带动人口、资源、环境问题的解决。它的基本思想主要包括三个方面：

(1) 可持续发展鼓励经济增长

它强调经济增长的必要性，必须通过经济增长提高当代人福利水平，增强国家实力和社会财富。但可持续发展不仅要重视经济增长的数量，更要追求经济增长的质量。数量的增长是有限的，而依靠科学技术进步，提高经济活动中的效益和质量，采取科学的经济增长方式才是可持续的。因此，可持续发展要求重新审视如何实现经济增长。要达到具有可持续意义的经济增长，必须审计使用能源和原料的方式，改变传统的以"高投入、高消耗、高污染"为特征的生产模式和消费模式，实施清洁生产和文明消费，从而减少每单位经济活动造成的环境压力。环境退化的原因产生于经济活动，其解决的办法也必须依靠于经济过程。

(2) 可持续发展的标志是资源的永续利用和良好的生态环境

经济和社会发展不能超越资源和环境的承载能力。可持续发展以自然资源为基础，同生态环境相协调。它要求在严格控制人口增长、提高人口素质和保护环境、资源永续利用的条件下，进行经济建设、保证以可持续的方式使用自然资源和环境成本，使人类的发展控制在地球的承载力之内。可持续发展强调发展是有限制条件的，没有限制就没有可持续发展。要实现可持续发展，必须使自然资源的耗竭速率低于资源的再生速率，必须通过转变发展模式，从根本上解决环境问题。如果经济决策中能够将环境影响全面系统地考虑进去，这一目的是能够达到的。但如果处理不当，环境退化和资源破坏的成本就非常巨大，甚至会抵消经济增长的成果而适得其反。

（3）可持续发展的目标是谋求社会的全面进步

发展不仅仅是经济问题，单纯追求产值的经济增长不能体现发展的内涵。可持续发展的观念认为，世界各国的发展阶段和发展目标可以不同，但发展的本质应当包括改善人类生活质量，提高人类健康水平，创造一个保障人们平等、自由、教育和免受暴力的社会环境。这就是说，在人类可持续发展系统中，经济发展是基础，自然生态保护是条件，社会进步才是目的。而这三者又是一个相互影响的综合体，只要社会在每一个时间段内都能保持与经济、资源和环境的协调，这个社会就符合可持续发展的要求。显然，在新的世纪里，人类共同追求的目标，是以人为本的自然—经济—社会复合系统的持续、稳定、健康的发展。

4. 可持续发展的基本原则

可持续发展具有十分丰富的内涵。就其社会观而言，主张公平分配，既满足当代人又满足后代人的基本需求；就其经济观而言，主张建立在保护地球自然系统基础上的持续经济发展；就其科技属性而言，主张采用清洁生产，减少资源消耗；就其自然观而言，主张人类与自然和谐相处。从中所体现的基本原则有：

（1）公平性原则

可持续发展所追求的公平性原则，包括三层意思：一是本代人的公平即同代人之间的横向公平性。可持续发展要满足全体人民的基本需求和给全体人民机会以满足他们要求较好生活的愿望。当今世界贫富悬殊、两极分化，不可能实现可持续发展。因此，要给世界以公平分配和公平发展权，要把消除贫困作为可持续发展进程特别优先的问题来考虑。二是代际间的公平，即世代人之间的纵向公平性。要认识到人类赖以生存的自然资源是有限的，本代人不能因为自己的发展与需求而损害人类世世代代满足需求的条件——自然资源与环境，要给世世代代以公平利用自然资源的权利。三是公平分配有限资源。目前的现实是，占全球人口26%的发达国家消耗的能源、钢铁和纸张等，都占全球的80%。这种富国在利用地球资源上的优势限制了发展中国家利用地球资源的合理部分来达到他们自己经济增长的机会。

（2）持续性原则

可持续发展有着许多制约因素，其主要限制因素是资源与环境。资源与环境是人类生存与发展的基础和条件，离开了这一基础和条件，人类的生存和发展就无从谈起。因此，资源的永续利用和生态环境的可持续性是可持续发展的重要保证。人类发展必须以不损害支持地球生命的大气、水、土壤、生物等自然条件为前提，必须充分考虑资源的临界性，必须适应资源与环境的承载能力。换言之，人类在经济社会的发展进程中，需要根据持续性原则调整自己的生活方式，确定自身的消耗标准，而不是盲目地、过度地生产、消费。

（3）共同性原则

可持续发展关系到全球的发展。尽管不同国家的历史、经济、文化和发展水平不同，可持续发展的具体目标、政策和实施步骤也各有差异，但是，公平性和可持续性则是一致的。并且要实现可持续发展的总目标，必须争取全球共同的配合行动。这是由地球整体性和相互依存性所决定的。因此，致力于达成既尊重各方的利益，又保护全球环境与发展体系的国际协定至关重要。正如《我们共同的未来》中写的"今天我们最紧迫的任务也许是要说服各国，认识回到多边主义的必要性"，"进一步发展共同的认识和共同的责任感，是这个分裂的世界十分需要的。"这就是说，实现可持续发展就是人类要共同促进自身之间、自身与自然之间的协调，这是人类共同的道义和责任。

二、可持续发展的《21 世纪议程》

1. 全球《21 世纪议程》

针对全球气候变化，大气臭氧层破坏、土地沙漠化、生物多样性减少等引起的一系列全球性经济、社会、资源和环境重大问题，联合国经过两年的筹备和谈判，于 1992 年 6 月在巴西里约热内卢召开了环境和发展首脑会议，会议通过了《21 世纪议程》。

《21 世纪议程》是一个广泛的行动计划，它阐明了人类在环境保护与可持续之间应做出的选择和行动方案，提供了 21 世纪的行动蓝图，是人类为了可持续发展而制定的行动纲领。

（1）《21 世纪议程》的主要内容

《21 世纪议程》全文分 4 部分，共 40 章。

第一部分，社会和经济方面。包括：加速发展中国家可持续发展的国际合作和有关的国内政策，消除贫穷，改变消费形态，人口动态与可持续能力，保护和增进人类健康，促进人类住区的可持续发展，将环境与发展问题纳入决策过程。

第二部分，保护和管理资源以促进发展。包括：保护大气层；统筹规划和管理陆地资源的方法；制止砍伐森林；脆弱生态系统的管理（防沙治旱）；管理脆弱的生态系统（可持续的山区发展）；促进可持续的农业和农村发展；养护生物多样性；对生物技术的无害环境管理；保护大洋和各种海洋，包括封闭和半封闭海以及沿海区，并保护、合理利用和开发其生物资源；保护淡水资源的质量和供应（对水资源的开发、管理和利用采用综合性办法）；有毒化学品的无害环境管理包括防止在国际上非法贩运有毒的危险产品；对危险废料实行无害环境管理，包括防止在国际上非法贩运危险废料；固体废物的无害环境管理以及同污水有关的问题；对放射性废料实行安全和无害环境管理。

第三部分，加强各主要群组的作用。包括：为妇女采取全球性行动以谋求可持续的公平的发展；儿童和青年参与持续发展；确认和加强土著人民及共社区的作用；加强非政府组织作为可持续发展合作者的作用；支持《21 世纪议程》的地方当局的倡议；加强工人和工会、商业和工业、农民、科学和技术界的作用。

第四部分，实施手段。包括财政资源和机制；转让无害环境技术、合作和能力建议；科学促进可持续发展；促进教育、公众认识和培训；促进发展中国家能力建议的国家机制和国际合作；国际体制安排；国际法律文书和机制；决策资料。

（2）《21 世纪议程》的意义与目标

《21 世纪议程》是一份关于政府、政府间组织和非政府组织所应采取行动的广泛计划，旨在实现朝着可持续发展的转变。《21 世纪议程》为采取措施保障我们共同的未来提供了一个全球性框架。这项行动计划的前提是所有国家都要分担责任，但承认各国的责任和首要问题各不相同，特别是在发达国家和发展中国家之间。该计划承认，没有发展，就不能保护人类的生息地，从而也就不可能期待在新的国际合作的气候下对于发展和环境总是同步进行处理。《21 世纪议程》的一个关键目标，是逐步减轻和最终消除贫困，同样还要就保护主义和市场准入、商品价格、债务和资金流向问题采取行动，以消除第三世界进步的国际性障碍。为了符合地球的承载能力，特别是工业化国家，必须改变消费方式；而发展中国家必须降低过高的人口增长率。为了采取可持续的消费方式，各国要避免在本国和国外以不可持续的水平开发资源。文件提出以负责任的态度和公正的方式利用大气层和公海等全球公有财产。

当各国政府在地球首脑会议上签署《21 世纪议程》的时候，他们为确保地球未来的安全迈出了历史性的一步。它是可持续发展所有领域全球行动的总体计划。

在《21世纪议程》中，各国政府提出了详细的行动蓝图，从而改变世界目前的非持续的经济增长模式，转向从事保护和更新经济增长和发展所依赖的环境资源的活动。行动领域包括保护大气层，阻止砍伐森林、水土流失和沙漠化，防止空气污染和水污染，预防渔业资源的枯竭，改进有毒废弃物的安全管理。

《21世纪议程》还提出了引起环境压力的发展模式：发展中国家的贫穷和外债，非持续的生产和消费模式，人口压力和国际经济结构。行动计划提出了加强主要人群在实现可持续发展中所应起的作用——妇女、工会、农民、儿童和青年、土著人、科学界、当地政府、商界、工业界和非政府组织。

2.《中国21世纪议程》

《中国21世纪议程》全称为《中国21世纪议程——中国21世纪人口、环境与发展白皮书》，是我国政府为贯彻联合国环境与发展大会精神，在中国实现可持续发展的行动纲领。该"议程"于1994年3月由国务院第十六次常务会议讨论通过。

"议程"阐述了中国可持续发展的背景、必要性、战略思想与指导原则。并从中国的具体国情和环境与发展的总体出发，提出了促进经济、社会、资源、环境以及人口、教育相互协调、可持续发展的总体战略和政策措施方案。它是制定中国国民经济和社会发展中长期计划的一个指导性文件。

(1)《中国21世纪议程》的内容

《中国21世纪议程》共20章，78个方案领域，主要内容分为四大部分。

第一部分，可持续发展总体战略与政策。这一部分从总体上论述了中国可持续发展的背景、必要性、战略与对策，提出了中国可持续发展的战略目标、战略重点和重大行动。建立中国可持续发展的法律体系，通过立法保障妇女、青少年、少数民族、工人、科技界等社会各阶层参与可持续发展以及相应的决策过程；制定和推行有利于可持续发展的经济政策、技术政策和税收政策。逐步建立《中国21世纪议程》发展基金，广泛争取民间和国际资金支持；强调教育与能力建设，注意人力资源开发和科技的作用，提高全民的可持续发展意识；建立可持续发展的信息系统，加强现有信息系统的联网和信息共享等。

第二部分，社会可持续发展。包括控制人口增长、实行计划生育、提高人口素质；引导民众建立适度和健康消费的生活体系和生活方式；尽快消除贫困，提高中国人民的卫生和健康水平；在工业化和城市化的进程中，通过正确引导，发展中心城市和小城镇，发展社区经济，加强城乡就业规划，注意扩大就业容量，大力发展第三产业；加强城镇合理使用土地，加快城镇基础设施建设和完善住区功能，促进建筑业发展，向所有人提供适当住房、改善住区环境。

第三部分，经济可持续发展。包括利用市场机制和经济手段推动可持续发展，提供新的就业机会；完善农业和农村经济可持续发展综合管理体系；要在工业生产中积极推广清洁生产，尽快发展环保产业，发展多种交通模式，提高能源效率与节能，推广少污染的煤炭开发开采技术和清洁煤技术，开发利用新能源和可再生能源。

第四部分，资源的合理利用与环境保护。建立基于市场机制与政府宏观调控相结合的自然资源管理体系，实现自然资源保护与可持续利用；完善生物多样性保护法规体系，建立和扩大自然保护区网络；建立全国土地荒漠化的监测和信息系统，防治土地荒漠化；提高对自然灾害的管理水平，加强防灾减灾体系建设，减轻自然灾害损失，减少人为因素诱发、加重的自然灾害；采用新技术和先进设备控制大气污染，加强气候变化的监测、预报及服务系统的建设；加强对固体废物的无害化管理。

（2）执行《中国 21 世纪议程》的支持条件

执行《中国 21 世纪议程》所制定的持续发展战略，需要一定的支持条件，主要包括：

① 切实可行的持续发展政策，以及为此而制定的行动计划；

② 健全、有效的环境保护机构，以及完善的环境管理运行机制；

③ 优秀的管理和技术人才，为此需要发展环境教育和培训事业；

④ 公众的参与和支持，特别是科技界、工商界的参与，为此需要广泛的宣传教育；

⑤ 较多的投资支持，为此需要进一步开拓资金渠道，并积极利用外资。

（3）《中国 21 世纪议程》优先项目的计划目标

① 近期目标（1994~2000 年）。重点是针对中国存在的环境与发展的突出的矛盾，采取应急行动，并为长期可持续发展的重大举措打下坚实基础，使中国在保持一定的经济增长速度的情况下，使环境质量、生活质量、资源状况不再恶化，并局部有所改善；加强可持续发展的能力建设也是近期的重点目标。

② 中期目标（2000~2010 年）。重点是为改变发展模式和消费模式而采取的一系列可持续发展行动；完善适用于可持续发展的管理体制、经济产业政策、技术体系和社会行为规范。

③ 长期目标（2010 年以后）。重点是恢复和健全中国经济——社会——生态系统调控能力，使中国经济、社会发展保持在环境和资源的承受能力之内，探索一条适合中国国情的高效、和谐、可持续发展的现代化道路，对全球的可持续发展进程做出有应的贡献。

（4）《中国 21 世纪议程》优先项目计划框架的优先领域

① 资源与环境保护。资源综合管理与政策；土地、森林、淡水、海洋、矿产等资源保护与可持续利用；水土保持与沙漠化防治；环境污染控制。

② 全球环境问题。气候变化问题；生物多样性保护问题；臭氧层保护问题。

③ 人口控制与社会可持续发展。控制人口数量，提高人口素质；扶贫；中国城市可持续发展；卫生与健康；防灾减灾。

④ 可持续发展能力建设。强化和完善可持续发展管理机制；可持续发展立法与实施；转变传统观念，提高公众可持续发展意识；科学技术能力建设。

⑤ 工业交通的可持续性发展。强化市场条件下具有可持续发展能力的工业管理体制与政策；改善工业布局与结构；开展清洁生产与废物最小量化；开发高效节能型工业污染治理技术；发展环保产业，生产绿色产品；加强交通、通讯业的可持续发展。

⑥ 农业可持续性发展。强化农业发展的宏观调控政策；选择可持续性农业科学技术；促进农村人口资源开发和充分就业；发展生态农业；制定和实施有利于乡镇建设的规划与政策，控制乡镇企业环境的污染。

⑦ 持续的能源生产与消费。提高能源效率与节能；清洁煤技术；新能源和可再生能源。

第三节　中国可持续发展战略

我国是一个发展中国家，人口众多，人均资源相对较少，环境承载能力有限。另外，我国正处在经济快速发展的过程中，面临着提高社会生产力、增强综合国力和提高人民生活水平的历史任务。面对人口、资源、环境的严峻的挑战，要保证经济和社会的协调发展，必须控制人口增长，合理使用资源，保护自然环境，使人口的增长与社会生产力的发展相适应，使经济建设与资源、环境相协调，实现良性循环，保证经济和社会持续发展，走可持续发展的道路。

一、中国可持续发展的基本原则与指导思想

1. 基本原则

(1)持续发展，重视协调的原则

以经济建设为中心，在推进经济发展的过程中，促进人与自然的和谐，重视解决人口、资源和环境问题，坚持经济、社会与生态环境的持续协调发展。

(2)科教兴国，不断创新的原则

充分发挥科技作为第一生产力和教育的先导性、全局性和基础性作用，加快科技创新步伐，大力发展各类教育，促进可持续发展战略与科教兴国战略的紧密结合。

(3)政府调控，市场调节的原则

充分发挥政府、企业、社会组织和公众四方面的积极性，政府要加大投入，强化监管，发挥主导作用，提供良好的政策环境和公共服务，充分运用市场机制，调动企业、社会组织和公众参与可持续发展。

(4)积极参与，广泛合作的原则

加强对外开放与国际合作，参与经济全球化，利用国际、国内两个市场和两种资源，在更大空间范围内推进可持续发展。

(5)重点突破，全面推进的原则

统筹规划，突出重点，分步实施；集中人力、物力和财力，选择重点领域和重点区域，进行突破，在此基础上，全面推进可持续发展战略的实施。

2. 指导思想

坚持以人为本，以人与自然和谐为主线，以经济发展为核心，以提高人民群众生活质量为根本出发点，以科技和体制创新为突破口，坚持不懈地全面推进经济社会与人口、资源和生态环境的协调，不断提高我国的综合国力和竞争力，为实现第三步战略目标奠定坚实的基础。

二、中国可持续发展重点领域的行动与成就

(1)人口、卫生与社会保障

中国政府坚持计划生育的基本国策，人口自然增长率由1992年的11.60‰下降到2000年的6.95‰。城乡居民收入持续增长，居民受教育程度和健康水平显著提高，医疗卫生服务体系不断健全，妇女与儿童事业取得明显进步，养老保险与医疗保障制度逐步完善。

(2)城镇化与人居环境

从1992年到2000年，城镇化水平由27.6%提高到36.1%。通过加快城市基础设施建设，开展城市环境综合整治，提高了城乡居民的居住质量。

(3)区域发展与消除贫困

国家实施了"八七"扶贫攻坚计划，贫困人口从1992年的8000万减少到2000年的3000万。20世纪90年代以来，中国政府实施了区域经济协调发展的政策和西部大开发战略，使地区差异扩大的趋势有所缓解，地区产业结构得到调整。

（4）农业与农村发展

经过多年的努力，中国的粮食和其他农产品大幅度增长，由长期短缺到总量大体平衡，丰年有余，解决了中国人民的吃饭问题。政府大力提倡发展生态农业和节水农业，探索适合中国农村经济和农业生态环境协调发展的模式。

（5）工业可持续发展

积极转变工业污染防治战略，大力推行清洁生产，提高资源利用效率，减轻环境压力。加强了工业环境保护的执法力度，实行限期达标排放措施，强制淘汰技术落后和污染严重的生产装置。积极利用高新技术提升传统产业，调整优化工业结构和产品结构，发展高新技术和新兴产业。

（6）生态环境建设与保护

制定了全国生态环境建设规划和全国生态环境保护纲要，并逐步纳入国民经济和社会发展计划予以实施。全国已建成了 20 个国家级园林城市、102 个生态农业示范县和 2000 多个生态农业示范点。大规模开展防治沙漠化工作，确定了 20 个重点县、建立了 9 个试验区和22 个试验示范基地。加快重点区域水土流失治理，积极推广小流域综合治理经验，水土流失治理取得显著进展，全国累计新增治理水土流失面积 $81 \times 10^4 km^2$。自然保护区建设规模与管理质量显著提高，大部分具有典型性的生态系统与珍稀濒危物种得到有效保护。制定和实施了中国生物多样性行动计划与中国湿地保护行动计划。实施野生动植物保护、自然保护区建设工程和濒危物种拯救工程，使一些濒危物种得到人工或自然繁育。建立了农作物品种资源保存库，加快建立遗传资源库。

（7）能源开发与利用

重视节约能源，制定和实施了一系列节约能源的法规和技术经济政策。积极调整能源结构，煤炭消费量在一次能源消费总量中所占比重由 1990 年的 76.2%降到 2000 年的 68%。推广洁净煤、煤炭清洁利用和综合利用技术，实施了清洁能源和清洁汽车行动计划。积极开发利用可再生能源和新能源。

（8）水资源保护与开发利用

积极合理地开发水资源，对河流实行统一管理和调度，建立健全水资源可持续利用与水污染控制的综合管理体制。全面推行节水灌溉，发展节水型产业，缓解水资源短缺的矛盾。开展了淮河、海河、辽河、太湖、滇池、巢湖等重点流域的水污染防治，加快建设城市污水处理厂，使水环境恶化趋势基本得到控制。在国家扶持下，贫困地区加强了小水电和农村小型、微型水利工程建设。

（9）土地资源管理与保护

通过划定基本农田保护区，使全国 83%左右的耕地得到有效保护。建立了耕地占用补偿制度，开发、整理和复垦增加的耕地面积高于同期建设占用耕地数量，实现了占补平衡。推行荒山、荒地使用权制度改革，确立和完善土地管理社会监督机制。实施基本农田环境质量监测，大力推进农业化学物质污染防治技术，保护和改善农田环境质量。

（10）森林资源的管理与保护

制定了森林资源保护的法规和林业可持续发展的行动计划。加强森林资源的培育，实现了森林面积和蓄积量双增长。实施天然林资源保护、退耕还林、京津风沙源治理、三北和长江流域防护林体系、重点地区速生丰产林建设等林业重点生态体系建设工程。实施山区林业综合开发与消除贫困行动，促进贫困山区社会经济的可持续发展。

（11）草原资源管理与保护

制定了草原法等法规，加强了草原资源的保护与管理。编制了全国草原生态保护建设规划，全国草原围栏面积达到 $1500 \times 10^4 hm^2$，每年新增约 $200 \times 10^4 hm^2$。

（12）海洋资源的管理与保护

制定和完善了海洋污染控制、生态保护、资源管理的法规体系。到 2000 年底，已建立海洋自然保护区 69 个，总面积 13.$1 \times 10^4 km^2$。进行了近岸海域环境功能区划，以及近海和大陆架的资源环境调查，海洋环境监测网络与海洋环境信息、预报服务系统得到加强。

（13）固体废物管理

提高工业固体废物综合利用率。加快城市生活垃圾收集处理设施的建设，加强危险废物的管理。认真履行《巴塞尔公约》，严格控制危险废物的越境转移。

（14）化学品无害环境管理

通过加大化工行业产业结构和产品结构的调整力度，减少了化学物质对环境的污染。加强汞、砷和铬盐等化学品无害环境管理，采取有效的安全防范措施，清除有毒化学品生产和储运中的隐患。认真履行和积极参与化学品国际公约的活动。

（15）大气保护

划定二氧化硫和酸雨控制区，在区域内实行二氧化硫总量控制制度。通过推广洁净煤和清洁燃烧、烟气脱硫、除尘技术，以及大力发展城市燃气和集中供热，使酸雨和二氧化硫污染得到控制。优先发展公共交通，减少和控制机动车污染物排放，改善城市空气质量。认真履行《关于消耗臭氧层物质的蒙特利尔议定书》，控制和淘汰消耗臭氧层物质。

（16）防灾减灾

开展防洪抗旱、防震减灾、地质灾害和生物灾害防治等综合减灾工程建设。建立和完善了全国灾害监测预警系统，提高了灾害监测和预报水平。开展了灾害保险，调动社会力量开展减灾援救活动，灾害损失明显减少。

（17）发展科学技术和教育

政府大幅度增加对科技和教育的投入。围绕可持续发展的重大问题，实施了一批重大科研项目，为可持续发展提供了技术支撑。基本普及九年义务教育和基本扫除了青壮年文盲，全面推进教育改革，教育质量逐步提高。

（18）信息化建设

已建成覆盖全国的公用电信网。通过实施政府上网工程，促进政府工作效率和决策水平的全面提高。加快可持续发展信息共享进程，促进了可持续发展能力的提高。

（19）地方 21 世纪议程实施

全国 25 个省(区、市)成立了地方 21 世纪议程领导小组并设立了办事机构，半数以上的省(区、市)制定了地方 21 世纪议程和行动计划。在 16 个省市开展了实施《中国 21 世纪议程》地方试点，还建立了 100 多个可持续发展实验区。各地因地制宜，积极探索可持续发展模式。

（20）公众参与可持续发展

各级政府通过广播、电视、报纸、刊物等媒体，全面宣传可持续发展思想，提高公众的可持续发展意识。有 270 多所高等院校新设置了环境保护院、系、学科。全国许多中小学开展了环境教育和创建"绿色学校"活动。在广大农村组织实施了跨世纪青年农民培训工程和"绿色证书工程"。中国各类社会团体对可持续发展战略持积极拥护的态度，妇女、科技界、少数民族、青少年、农民、工会和非政府组织积极参与可持续发展活动。据不完全统计，全国正式注册的环保非政府组织已超过 2000 个。

三、中国实施可持续发展战略面临的矛盾和问题

1. 制约我国可持续发展的突出矛盾

① 经济快速增长与资源大量消耗、生态破坏之间的矛盾；

② 经济发展水平的提高与社会发展相对滞后之间的矛盾；

③ 区域之间经济社会发展不平衡的矛盾；

④ 人口众多与资源相对短缺的矛盾；

⑤ 一些现行政策和法规与实施可持续发展战略的实际需求之间的矛盾等。

2. 亟待解决的问题

① 人口综合素质不高，人口老龄化加快；

② 社会保障体系不健全，城乡就业压力大；

③ 经济结构不尽合理，市场经济运行机制不完善；

④ 能源结构中清洁能源比重仍然很低；

⑤ 基础设施建设滞后，国民经济信息化程度依然很低；

⑥ 自然资源开发利用中的浪费现象突出；

⑦ 环境污染仍较严重，生态环境恶化的趋势没有得到有效控制；

⑧ 资源管理和环境保护立法与实施还存在不足。

第四节　可持续发展的实施

一、环境保护

可持续发展认为发展与环境保护相互联系，构成一个有机整体。《里约宣言》指出："为了可持续发展，环境保护应是发展进程的一个整体部分，不能脱离这一进程来考虑"。环境保护是区分可持续发展与传统发展的分水岭和试金石。

可持续发展把环境建设作为实现发展的重要内容，因为环境建设不仅可以为发展创造出许多直接或间接的经济效益，而且可为发展保驾护航，向发展提供适宜的环境与资源；可持续发展把环境保护作为衡量发展质量、发展水平和发展程度的客观标准之一，因为现代的发展与现实越来越依靠环境与资源的支撑，人们在没有充分认识可持续发展之前，由于传统的发展，环境与资源正在急剧的衰退，能为发展提供的支持越来越有限了，越是高速发展，环境与资源越显得重要；环境保护可以保证可持续发展最终目的实现，因为现代的发展早已不是仅仅满于物质和精神消费，同时把为建设舒适、安全、清洁、优美的环境作为实现的重要目标进行不懈努力。

二、清洁生产

清洁生产是要从根本上解决工业污染的问题，即在污染前采取防止对策，而不是在污染后采取措施治理，将污染物消除在生产过程之中，实行工业生产全过程控制。这是 20 世纪 80 年代以来发展起来的一种新的、创造性的保护环境的战略措施，美国首先提出其初期思想，这一思想一经出现，便被越来越多的国家接受和实施。70 年代末期以来，不少发达国

家的政府和各大企业集团(公司)都纷纷研究开发和采用清洁工艺(少废无废技术)，开辟污染预防的新途径，把推行清洁生产作为经济和环境协调发展的一项战略措施。

清洁生产的理念是一种认识世界的哲学思想，一般认为，伴随经济增长必然产生污染，但必须将污染控制在一种使人们相对能接受的水平。还要考虑到自然生态环境的长期承载能力，与此同时，对环境保护也要考虑到一定经济发展水平下的经济支持能力，采取积极可行的环境政策，配合和推进经济发展。因此，清洁生产是可持续发展的必然方案。

三、持续消费

生产与消费的过程就是资源及环境资本被消耗的过程。目前，社会所面临的最严重的问题之一，就是不适当的消费和生产模式，导致环境恶化、垄断、贫困加剧和各国的发展失衡，经济发展走入禁锢的误区。

《21世纪议程》指出：全球环境不断恶化的主要原因是不可持续的消费和生产模式。要达到较好的环境质量和可持续发展目标，就必须改变传统的生产和消费模式，最充分地利用资源和尽量减少浪费。

联合国规划署于2002年在布拉格召开的第七次清洁生产会议上，对可持续消费提出了如下定义：在产品或服务的整个生命周期中，自始至终对天然资源和有毒材料的使用最小化，废物与污染物的产生最小化，满足对服务和产品的基本需求，带来高质量生活又不会危害后代人的需要，这就是可持续消费。

通过可持续消费，克服盲目的过度消费和各种愚昧消费，可以减少对资源与环境的压力，减轻对生产规模盲目扩大的"引力"。通过可持续生产，变现有的产生污染的生产方式为清洁生产方式，将从根本上减少环境污染，从而使经济发展与资源、环境的矛盾冲突从根本上得以缓和。

四、环境意识教育

可持续发展理论作为人类发展的新思维逐渐被世界各国所接受，现代环境意识是实施可持续发展战略的重要条件。环境意识的培养应从以下几个方面入手：

(1)持续发展意识

发展不仅限于增长，持续更不是停顿。持续有赖于发展，发展才能持续。可持续发展环境意识认为要采取新的途径，在发展经济的同时实现环境保护，达到经济效益、环境效益和社会效益的统一。人的活动不能超越生态系统的涵容能力，不能损害支持地球生命的自然系统。发展一旦破坏了人类赖以生存的物质基础，发展本身的意义也就不复存在了。

(2)全球意识

人类赖以生存的地球是一个自然、社会、经济、文化等多因素构成的复合系统，全人类是一个相互联系、相互依存的整体。世界各国人民在开发利用其本国自然资源的同时，要负有不使其自身活动危害其他地区人类和环境的义务。因此，环境意识的培养不仅要关注小范围的环境污染，还要关注大范围的全球环境问题；不仅关注近期影响层次上的环境问题，而且要关注远期影响层次上的问题，关注全球性的经济与社会发展、子孙后代和全人类的未来发展。

(3)环境资源意识

传统社会生活不认为环境是资源，因为那时认为环境质量和自然资源是无限的、取之不尽、用之不竭；是无价值的、可以无偿使用；是无主的，谁采谁有，因而认为对环境质量和自然资源的使用是大自然的恩赐，没有枯竭之虑。环境意识的产生，要求改变对环境资源的这种态度，它强调环境资源是有限的，必须加以保护和珍惜使用；它是有价值的，必须有偿使用；它是有主的，属于国家财产。为此就要求提高资源的利用效率，在社会物质生产中通过资源的分层利用、循环利用使资源最大限度地转化为产品，减少排放；在社会生活中摒弃过度消费和奢侈浪费，追求过简朴的生活，过"绿色消费"的生活达到节约资源和环境保护的目的。

（4）环境法制意识

每个公民、法人和组织都享有利用环境的权利，同时也必须履行保护环境的义务；严重污染和破坏环境的行为是违法的，应承担法律责任；公民对污染破坏环境的违法行为有检举、控告的权利，遭受损失的有权要求赔偿损失。

（5）环境公德意识

环境道德作为人类可持续生活的道德，是一种新的世界道德。它认为不仅要对人类讲道德，而且要对生命和自然界讲道德。它把道德对象的范围从人与人的社会关系扩展到人类与自然的生态关系，从对自然界的价值和自然界权利的确认，制订和实施新的道德原则。这种道德原则不仅以人类的利益为目标，而且以人类与自然和谐发展为目标。地球不是人类的财产，而是一个有机共同体，是生命的单元。地球不属于我们人类，相反，我们人类属于地球，我们人类和其他生物都在一个家园中。所以说，环境道德问题既涉及前人、当代人、后人，也涉及其他生物和自然界，这是人类环境价值观的深刻变化。

（6）环保参与意识

环境保护工作是一项全民的事业，涉及每一个人的切身利益，每一个人的积极参与是搞好环境保护与可持续发展的重要条件。

五、现代科学技术

根据《辞海》的解释，科学是关于自然、社会和思维的知识体系。科学的任务是揭示事物发展的客观规律，探求客观真理。而技术则泛指根据生产实践经验和自然科学原理而发展成的各种工艺操作方法与技能。可见，科学是人类认识世界的手段，技术是人类改造世界的手段。

从某种程度上讲，人类社会的发展史是一部科技进步史。从农业文明到工业文明乃至现代文明的历史轨迹，可以清楚地看到，科技进步是推动经济社会发展的主导力量。

实现可持续发展的关键是科学技术。《中华人民共和国国民经济和社会发展"九五"计划和2010年远景目标纲要》明确提出了对国家前途和命运具有深远影响的两大战略：一是科教兴国战略，二是可持续发展战略。这两大战略之间并不是孤立的，而是高度相关的。

科学技术在可持续发展中居于核心地位。制约可持续发展的因素很多，但归根到底，关键的制约因素是科学技术。科学技术不仅影响到经济发展，它还影响到社会的发展与环境发展。科学技术的发展推动了社会生产力的发展和社会的进步，同时科学技术的运用也带来了一系列的负效应。可持续发展观是人类反思工业革命以来现代文明的发展实践的重要成果，是人类在新世纪发展的迫切需要和必然选择。

六、发展环境保护产业

环境保护产业是环境保护的重要物质基础和技术保障，是未来经济发展中最具潜力的新的经济增长点之一。大力发展环保产业对实现我国经济和社会发展战略目标，促进经济和社会可持续发展具有十分重要的意义。

我国经济长期以来沿用粗放型的增长方式，投入多、产出少，消耗高、浪费大，环境污染十分严重。目前，全国城市空气污染依然严重，空气质量达到国家二级标准的城市仅占三分之一；地表水污染普遍，特别是流经城市的河段污染较重；生态破坏加剧的趋势尚未得到有效控制。尽快遏制生态环境恶化状况，改善环境质量已成为国家国民经济和社会发展重点解决的问题之一。解决环境问题的根本出路是实施可持续发展战略，加大经济结构战略性调整力度，切实转变经济增长方式。而大力发展环保产业是实施可持续发展战略的重要措施。只有大力发展环保产业，提高环境保护的支持能力，才能为实现经济与环境的协调发展奠定坚实的基础。不加快发展环保产业，国家污染治理、生态保护和提高人民生活质量的目标就无法实现，经济发展也要受到制约。

七、建立国际合作

保护全球环境，实现全球可持续发展，需要世界各国共同努力。自 1992 年联合国制定《21 世纪议程》以来，世界各国都在采取行动，促进可持续发展战略的实施，实现可持续发展已成为世界各国共同追求的目标。2002 年 8 月联合国将召开"可持续发展世界首脑会议"，进一步探讨促进全球可持续发展的行动和措施，充分表明了国际社会和各国政府对可持续发展的强烈关注。

我国要充分利用这一有利的时机，通过广泛宣传，拓宽国际合作渠道，争取国际援助，广泛吸引外资，推动可持续发展科技工作。

积极参与全球性、区域性资源环境等科学领域的国际合作计划，使我国在这些领域前沿占有一席之地。

复习思考题

1. 什么是环境容量？包括哪两个方面？
2. 举例说明环境容量与环境自净能力之间的关系。
3. 什么是环境承载力及主要特点是什么？
4. 可持续发展的定义是什么？简述可持续发展的历程。
5. 可持续发展战略的基本思想和原则是什么？
6. 全球《21 世纪议程》的基本内容有哪些？
7. 简述《中国 21 世纪议程》的基本思想和主要内容。
8. 《中国 21 世纪议程》优先项目计划框架的优先领域有哪些？
9. 论述我国可持续发展的基本原则与指导思想。
10. 简述中国可持续发展战略面临的主要矛盾和问题。
11. 可持续发展战略实施包括哪几个方面？
12. 环境意识教育应从哪几个方面入手？
13. 为什么说科学技术在可持续发展中居于核心地位？
14. 大力发展环保产业对实现我国经济和社会发展战略目标，促进经济和社会可持续发展有何重要的意义。
15. 就我国如何开展可持续发展战略谈谈自己的看法。

第四章 环境污染及防治

第一节 大气污染

一、大气污染概述

1. 大气的组成

大气层(atmosphere)又叫大气圈，地球就被这一层很厚的大气层包围着。据估算，大气圈的总质量约 $5×10^{18}kg$，其中绝大部分分布在大气圈的下层。自然状态下的大气是多种气体的混合物，主要由氮、氧、二氧化碳、水及一些微量惰性气体组成。就大气的组成成分而言，可分为恒定组分、可变组分和不定组分三种。

（1）恒定组分

所谓的恒定组分是指在地球表面上任何地方其组成几乎是可以看成不变的成分。当然，所指的任何地方并不是整个大气圈，而是约 90km 以下的低层大气。这个部位的干洁大气主要组成见表 4-1。

表 4-1 大气的气体组成

气体	体积分数/%	气体	体积分数/%
氮气(N_2)	78.09	氪(Kr)	$1.0×10^{-5}$
氧气(O_2)	20.94	一氧化氮(NO)	$5.0×10^{-5}$
氩(Ar)	0.93	氢(H_2)	$5.0×10^{-5}$
二氧化碳(CO_2)	0.03	氙(Xe)	$8.0×10^{-6}$
氖(Ne)	$1.8×10^{-3}$	二氧化氮(NO_2)	$2.0×10^{-6}$
氦(He)	$5.3×10^{-4}$	臭氧(O_3)	$1.0×10^{-6}$

（2）可变组分

可变组分指大气中的 CO_2、臭氧和水蒸气。这部分成分的含量是随季节、气象和人类活动的影响而发生变化。大气中 CO_2 来自于自然界和人类活动，据研究，地质作用过程释放出的 CO_2 和动物呼出的 CO_2，基本上与植物和海洋吸收之间保持动态平衡，CO_2 可保持环境温度。目前大气中 CO_2 含量的猛增主要是由人类活动造成的。

臭氧含量甚微，大约十万分之几，能强烈地吸收太阳紫外线，使地面上的生物免遭杀伤。据研究，人类皮肤癌病例的数量与到达地面的紫外线的强弱有直接关系，过多的紫外线会使人患皮肤癌、白内障等疾病。少量紫外线对人不仅无害，反而大有好处，能杀菌防病、增强健康。

大气中的水汽主要来自海洋、江河、湖泊、沼泽以及其他潮湿物体表面的蒸发和植物的蒸腾。大气中的水汽含量变化较大，一般情况下，空气中水汽含量随高度的增加而减少。据观测，在 1.5～2km 高度，大气中的水汽含量已减少到地面的 1/2；在 5km 高度处，减到地面的 1/10；再向上含量就更少了。空气中的水汽可以发生气态、液态和固态三相转化，如常见的云、雨、雪等。

（3）不定组分

不定组分系指大气中可有可无的成分，如尘埃、硫化氢、硫氧化物、氮氧化物、煤烟、金属粉尘等。不定组分一是来源于自然界的火山爆发、森林火灾、海啸、地震、流星燃烧的灰烬等暂时性的灾难；二是来源于人类的生活和生产活动。这部分物质在大气中含量变化非常之大，在一些工业密集的地区含量非常之高，常严重威胁人体健康。一般来说，大气中的固体含量在陆地上空多于海洋上空；城市多于农村；冬季多于夏季；白天多于夜间；愈近地面愈多，固体杂质在大气中能充当水汽凝结的核心，对云雨的形成起着重要作用。

2. 大气圈的结构

大气圈是地球的一部分，自地球表面向上，大气层延伸得很高，可达几千公里的高空。世界气象组织按其成分、温度、密度等物理性质在垂直方向上的变化，将大气圈分为五层，自下而上依次是：对流层、平流层、中间层、暖层和外层。

（1）对流层

对流层（troposphere）是大气圈最下面的一层，与大气圈总厚度相比，对流层是很薄的，但其质量却占大气圈总质量 70%～75%，且集中了大气圈的几乎全部水汽和尘埃。对流层的主要特征：温度随高度增加而降低，一般平均每升高 1 km 温度降低 6℃，因此距地面越高，所获得的热量越少；空气具有强烈的对流运动，这是由于地面的不均匀加热而导致的不同纬度、不同高度的大气具有温度差与密度差造成大气相互流动，空气对流使地面的热量、水汽和杂质向高空输送，从而发生一系列天气现象，如风、雪、雨、云等，因此对流层与人类的关系最为密切，而通常大气污染主要发生于对流层。

（2）平流层

平流层（stratosphere）是从对流层顶至 35～55 km 高空的大气层，其质量约占大气圈总质量的 20%。平流层的最显著特点是气流以水平方向运动为主，且因此而得名。平流层基本不含水汽和尘埃物质，不存在对流层中的各种天气现象。在该层的上部存在臭氧层，它能吸收来自太阳的 99% 以上对生命有害的紫外线，所以称它是地球生物的保护伞。平流层的温度，最初随高度的增加保持不变或略有上升，但升至 30 km 以上时，由于臭氧吸收了大量紫外线，温度升得很快。由于平流层气流扩散速度较慢，进入到平流层的污染物停留时间较长，有时可达数十年。

（3）中间层

中间层（mesosphere）是自平流层顶至 85km 左右高空的大气层。由于这里没有臭氧吸收太阳辐射的紫外线，气温随高度增大而迅速下降。由于下热上冷，再次出现空气的垂直运动。该层的顶部已出现弱的电离现象。

（4）暖层

暖层（thermosphere）又称电离层，是从中间层顶到 800km 的高空。该层的空气已很稀薄，质量只占大气总质量的 0.5%。该层的空气质点在太阳辐射和宇宙高能粒子作用下，温度迅速增高，再次出现随高度上升气温增高的现象。据人造卫星观测，到 500km 处温度高达 1201℃，500km 以上温度变化不大。同时，因紫外线及宇宙射线的作用，氧、氮被分解为原子，并处于电离状态，按电离程度可分为几个电离层，各层能反射不同波长的无线电波，故在远距离短波无线电通讯方面具有重要意义。

（5）外层

外层（exosphere）也称散逸层，位于 800km 以上至 2000～3000km 的高空，空气已极为稀薄。本层是大气圈与星际空间的过渡地带，其温度也随高度的增加而升高。因离地面太远，地球引力作用弱，空气粒子运动速度很快，所以气体质点不断向外扩散，是大气圈逐步过渡到星际空间的大气层。

3. 大气污染

大气污染(atmospheric pollution)按照国际标准化组织(ISO)的定义：通常是指由于人类活动或自然过程引起某些物质进入大气中，呈现出足够的浓度，达到足够的时间，并因此危害了人体的舒适、健康和福利或环境的现象。

这些物质可为气体、液滴或固体颗粒。如烟尘、CO、CO_2、SO_x、NO_x等，当它们超过环境所允许的极限时，就会使大气质量恶化，使环境受到污染。

形成大气污染的三大要素是污染源、大气状况和受体。大气污染即通过污染物的排放以及大气运动作用从而对受体产生影响。

另外，特别应注意的是大气污染对大气物理状态的影响，主要是引起气候的异常变化。这种变化有时是很明显的，有时则以渐渐变化的形式发生，为一般人所难以觉察，但任其发展，后果将是非常严重的。

4. 大气污染源

大气污染一般是由自然因素和人为因素造成的。由自然灾害(如火山爆发，森林火灾等)造成的污染多为暂时的、局部的，而人类生产或生活活动造成的污染通常是持久的、大范围的，一般所说的大气污染是指人为因素引起的。按发生的类型可分为：

(1)工业污染源

工业企业排气是大气污染的主要来源，由于工业企业的性质、规模、工艺过程、原料和产品种类等不同，其对大气污染的程度也不同。例如，石油化工企业排放二氧化硫、硫化氢、二氧化碳、氮氧化物；钢铁工业在炼铁、炼钢、炼焦过程中排出粉尘、硫氧化物、氰化物、一氧化碳、硫化氢、苯类、烃类等。

煤是主要的工业和民用燃料，它的主要成分是碳，并含有氢、氧、氮、硫及金属化合物。煤燃烧时除产生大量烟尘外，在燃烧过程中还会形成一氧化碳、二氧化碳、二氧化硫、氮氧化物、有机化合物及烟尘等有害物质。

火力发电厂、钢铁厂、焦化厂、石油化工厂和有大型锅炉的工厂、用煤量最大的工矿企业，对大气产生污染的程度更大。

(2)生活污染源

由于大量的民用生活炉灶和采暖锅炉需要耗用大量的煤炭，特别在冬季采暖时间，往往使受污染地区烟雾弥漫，这也是一种不容忽视的大气污染源。这类污染源的特点是分布广泛、密度大，排放高度低，燃烧不完全，无任何处理等。

(3)交通污染源

交通运输工具如汽车、飞机、船舶等排放的尾气也是造成大气污染的主要来源。内燃机燃烧排放的废气中含有一氧化碳、氮氧化物、碳氢化合物、含氧有机化合物、硫氧化物和铅的化合物等多种有害物质。而有些物质通过光化学反应生成光化学烟雾，给环境带来更大的影响。

(4)农业污染源

农药和化肥的使用，虽然对提高农业产量起着重大的作用，但也成为大气的重要污染源。农药施用时，一部分农药会以粉尘等颗粒物形式直接散逸到大气中，而残留或黏附在作物表面的仍可挥发到大气中并被悬浮的颗粒物吸收随气流输送到各地，造成大气农药污染。

化肥施用同样会给环境带来不利影响。例如，氮肥在土壤中经一系列的变化过程会产生氮氧化物释放到大气中；氮在反硝化作用下可形成氮（N_2）和氧化亚氮（N_2O）释放到空气中，氧化亚氮不易溶于水，可传输到平流层，并与臭氧相互作用，使臭氧层遭到破坏。

另外，农业机械运行时排放的尾气也是农业污染的主要来源。

此外，为便于分析污染物在大气中的运动，按照污染源性状特点可分为固定式污染源和移动式污染源。固定式污染源是指污染物从固定地点排出，如各种工业生产及家庭炉灶排放源排出的污染物，其位置是固定不变的；流动源是指在运行中排放废气。如汽车、轮船、飞机等交通工具的排放。

二、大气污染物及危害

1. 大气污染物的分类

大气污染物的种类很多，按污染物存在状态可分为：气溶胶状态污染物、气体状态污染物两大类。

（1）气溶胶状态污染物

气溶胶系指固体粒子、液体粒子或它们在气体介质中的悬浮体。按照气溶胶的来源和物理性质，可将其分为如下几种：

① 粉尘：是指悬浮于气体介质中的小固体粒子，能因重力作用发生沉降，但在某一段时间内能保持悬浮状态。在气体除尘技术中，其粒径为 $1\sim200\mu m$ 左右。粉尘按粒径的大小可分为飘尘和降尘。

飘尘：粒径小于 $10\mu m$ 的微粒。由于飘尘粒径小，不宜沉降，在大气中长期飘浮而易被人体直接吸入呼吸道内造成危害；而且，易将污染物带到很远的地方，导致污染范围扩大，同时在大气中可以为化学反应提供反应载体。

降尘：总悬浮颗粒物中一般直径大于 $10\mu m$，靠重力作用能在较短时间内沉降下来的微粒，可用降尘罐采集。单位面积的降尘量可作为评价大气污染程度的指标之一。

② 烟：一般是指由冶金过程形成的固体粒子的气溶胶。它是由熔融物质挥发后生成的气态物质的冷凝物。烟的粒径一般为 $0.01\sim1\mu m$ 左右。

③ 飞灰：是指随燃料燃烧产生的烟气飞出的分散得较细的灰分。

④ 黑烟：一般指由燃料燃烧产生的能见气溶胶。

⑤ 雾：是气体中液滴悬浮体的总称。在气象中指造成能见度小于 $1km$ 的小水滴悬浮体。

（2）气体状态污染物

气体状态污染物是以分子状态存在的污染物，简称气态污染物。气态污染物的种类很多，大部分为无机气体。常见的有五类：含硫化合物、含氮化合物、碳氧化合物、碳氢化合物以及卤素化合物等。

大气污染物按照与污染源的关系又可分为一次污染物和二次污染物。

所谓一次污染物是指直接从污染源排放的污染物质，如二氧化硫、一氧化氮、一氧化碳、颗粒物等，它们又可分为反应物和非反应物，前者不稳定，在大气环境中常与其他物质发生化学反应，或者作催化剂促进其他污染物之间的反应，后者则不发生反应或反应速度缓慢。

二次污染物是由一次污染物在大气中互相作用经化学反应或光化学反应形成的与一次污

染物的物理、化学性质完全不同的新的大气污染物，其毒性比一次污染物还强。最常见的二次污染物如硫酸及硫酸盐气溶胶、硝酸及硝酸盐气溶胶、臭氧、光化学氧化剂，以及许多不同寿命的活性中间物（又称自由基），如 HO_2、HO 等。

2. 大气中主要污染物的危害

（1）粉尘

粉尘的危害主要表现在对人体危害、对生产影响及环境污染三个方面，如图 4-1 所示。

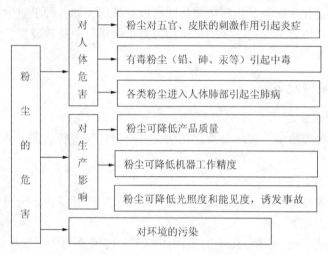

图 4-1　粉尘危害的主要表现

不论飘尘或降尘，对大气环境、气温、气候、日照、能见度、人体健康以及动、植物都有影响。粉尘对生产的影响主要是降低产品质量和机器工作精度。煤尘、铝尘和谷物粉尘在一定条件下会发生爆炸，造成经济损失和人员伤亡。

粉尘对人体健康的危害同粉尘的性质、粒径大小和进入人体的粉尘量有关。有些毒性强的金属粉尘(铬、锰、镉、铅、镍等)进入人体后，会引起中毒以致死亡。例如，铅使人贫血，损害大脑；锰、镉损坏人的神经和肾脏；镍可以致癌；铬会引起鼻中隔溃疡、穿孔以及肺癌发病率增加。此外，它们都能直接对肺部产生危害。如吸入锰尘会引起中毒性肺炎，吸入镉尘会引起心肺机能不全等。有些非金属粉尘如硅、石棉、炭黑等，由于吸入人体后不能排除，在肺泡内沉积会引起纤维性病变，使肺组织硬化而丧失呼吸功能，将变成矽肺、石棉肺或尘肺。

相同质量的粉尘，粉尘粒径越小，总表面积越大，危害也越大。粒径大于 $5\mu m$ 的粒子容易被呼吸道阻留，一部分阻留在口、鼻中，一部分阻留在气管和支气管中。支气管具有长着纤毛的上皮细胞，这些纤毛把黏附有粉尘的黏液送到咽喉，然后被人咳出去或者咽到胃里。

粉尘中尤其是 $0.5\sim5\mu m$ 的漂尘对人的危害最大，因为这类漂尘中含有多种有毒金属或致癌物，极易随呼吸进入人体，能进入人体的肺泡。如果在肺泡沉淀下来，由于肺泡壁极薄，总表面积大，有含碳酸液体的润湿，再加上周围毛细血管很多，使其成为吸收有害物的主要地点。粒径小的尘粒较易溶解，肺泡吸收也较快。而且被肺泡吸收后，不经肝脏的解毒作用，直接被血液和淋巴液输送至全身，对人体有很大的危害性。

另外，粉尘的表面可以吸附空气中的有害气体、液体以及细菌病毒等微生物，它是污染物质的媒介物，还会和空气中的二氧化硫联合作用，加剧对人体的危害。据调查，飘尘浓度为 100μg/m³ 时，儿童呼吸道感染显著增加；飘尘浓度为 200μg/m³ 时，慢性呼吸道疾病死亡率增加；飘尘浓度为 300μg/m³ 时，呼吸道疾病急性恶化；飘尘浓度为 800μg/m³ 时，呼吸道疾病、心脏病死亡率增加，交通事故严重。因此，国家规定居民区大气中飘尘最高容许一次浓度为 0.50mg/m³，日平均浓度为 0.15mg/m³。

（2）硫化物

硫常以 SO_2 和 H_2S 的形态进入大气，也有一部分以亚硫酸及硫酸（盐）微粒形式进入大气。人为污染源的硫排放主要以 SO_2 形式为主，天然源主要以细菌活动产生的 H_2S 为主。

SO_2 是一种无色、具有刺激性气味的窒息性气体，SO_2 对人的结膜和上呼吸道黏膜具有强烈刺激。长期接触低浓度 SO_2，会产生慢性中毒，会出现倦怠、乏力、嗅觉和味觉减退、产生萎缩性鼻炎、慢性支气管炎、哮喘、结膜炎、胃炎、感冒不易康复等症状；空气中 SO_2 的浓度为 0.1mg/m³ 时，可损坏农作物；浓度达到 0.5mg/m³ 时，对人体健康有潜在危害；浓度为 1~5mg/m³ 时可闻到嗅味，5mg/m³ 长久吸入可引起心悸、呼吸困难等心肺疾病。重者可引起反射性声带痉挛，喉头水肿以至窒息。因此，在居民区大气中 SO_2 的最高容许浓度一次测定值为 0.50mg/m³，日平均值为 0.15mg/m³。

SO_2 在大气中极不稳定，当相对湿度比较大，以及有催化剂存在时，可发生催化氧化反应，生成 SO_3，进而生成 H_2SO_4 或硫酸盐。硫酸和硫酸盐可形成硫酸烟雾和酸性降水，硫酸烟雾对皮肤、眼结膜、鼻黏膜、咽喉等均有强烈刺激和损害，严重时如并发胃穿孔、声带水肿、狭窄、心力衰竭等症状均会造成生命危险。所以，SO_2 被作为重要的大气污染物，原因就在于它参与了硫酸烟雾和酸雨的形成。

SO_2 和飘尘具有协同效应，两者结合起来对人体危害更大。所以空气质量标准中采用"SO_2 浓度（mg/Nm³）与微粒浓度（μg/Nm³）的乘积"标准。

大气中 SO_2 主要来源于含硫燃料的燃烧过程，以及硫化物矿石的焙烧、冶炼过程；火力发电厂、有色金属冶炼厂、硫酸厂、炼油厂和所有烧煤或油的工业炉、炉灶等都排放 SO_2 烟气。其中火电厂排烟中的 SO_2，浓度虽然较低，但总排放量却最大。

H_2S 是一种无色有臭鸡蛋气味的气体，化学性质不稳定，在空气中易燃烧。H_2S 是生产过程中使用了硫化钠或酸类作用于硫化物而产生的气体。火山爆发、有机体腐败、鸡蛋腐烂均会产生硫化氢。硫化氢对中枢神经系统、上呼吸道系统有较强的刺激，易引起中毒。低浓度硫化氢中毒症状为头痛、头晕、恶心、呕吐；高浓度硫化氢中毒症状为昏迷、意识突然丧失、窒息死亡。因此居民区大气中硫化氢最高容许浓度一次测定值为 0.01mg/m³。在进入含有 H_2S 气体的下水道时，要注意避免发生急性中毒。

（3）氮氧化物

氮氧化物（NO_x）种类很多，它是 NO、NO_2、N_2O、N_2O_3、N_2O_4、N_2O_5 等氮氧化物的总称。造成大气污染的主要是指 NO 和 NO_2。

无色的 NO 毒性不太大，但进入大气后可被缓慢地氧化成 NO_2，当大气中有 O_3 等强氧化剂存在时，或在催化剂作用下，其氧化速度会加快。红褐色的 NO_2 的毒性约为 NO 的 5 倍，它既是形成酸雨的主要物质之一，也是形成大气中光化学烟雾的重要物质和消耗臭氧的一个重要因子。

氮氧化物主要通过呼吸道对人体产生危害。其症状表现为呼吸道炎症、咳嗽、气管炎、肺炎等。NO 与血液中血红蛋白的亲和力比 CO 还强，通过呼吸道及肺进入血液，使其失去输氧能力。吸入高浓度氮氧化物可迅速出现窒息、痉挛以至死亡。因此，在居民区大气中氮氧化物(换算成 NO_2)最高容许浓度一次测定值为 $0.15mg/m^3$。

天然排放的 NO_x,主要来自土壤和海洋中有机物的分解,属于自然界的氮循环过程,人为活动排放的 NO_x 大部分来自化石燃料的燃烧过程,如机动车、柴油机及工业窑炉的排气;也来自生产、使用硝酸的过程,如氮肥厂、有机中间体厂、有色及黑色金属冶炼厂等。

(4)碳氧化物

碳氧化物主要有两种物质,即 CO 和 CO_2。CO 是含碳物质不完全燃烧的产物,CO 又称煤气,在气体污染物中,CO 的数量最大。

CO 是无色、无臭的有毒气体,其化学性质稳定,在大气中不易与其他物质发生化学反应,在大气中停留时间长。CO 通过人体呼吸道经肺进入血液,很快形成碳氧血红蛋白,其与血红蛋白的结合能力比氧与血红蛋白的结合能力大 200~300 倍,使血红蛋白失去了运输氧气的能力,导致全身组织特别是中枢神经系统严重缺氧而产生中毒。CO 为 $10mg/m^3$ 时对人引起慢性中毒,$100mg/m^3$ 时人会感到头疼、恶心,$10000mg/m^3$ 时人会立即死亡。CO 轻度中毒会头疼、恶心、呕吐、四肢无力或短暂昏厥;中度中毒除上述症状加重外,还出现昏迷、虚脱、皮肤和黏膜呈樱桃色;严重中毒会发生突然晕倒,昏迷达数小时,并发心肌损害等症状。CO 在居民区大气中最高容许浓度一次测定值为 $3mg/m^3$,日平均值为 $1mg/m^3$。

CO 在一定条件下,可以转变为 CO_2,然而其转变速率很低。CO_2 是一种无毒的气体,对人体无显著危害作用。在大气污染问题中,CO_2 所以引起人们的普遍关注,原因在于它能引起全球性环境的演变:如使全球气温逐渐升高,生态系统和气候发生变化等。CO_2 的人为来源主要是矿物燃料的燃烧过程,据国际能源机构的一项调查结果表明,2010 年全球 CO_2 排放总量为 $306×10^8t$。其中美国仍然是世界上最大的二氧化碳排放国,其排放量占全球二氧化碳排放总量的 23.5%,中国紧随其后,占 13.6%。随后是俄罗斯(6.2%)、日本(5%)、印度(4.2%)等。

(5)碳氢化合物

碳氢化合物包含多种烃类化合物,如脂肪族烃、脂环烃、芳香烃等。碳氢化合物进入人体后会使人体产生慢性中毒,有些化合物会直接刺激人的眼、鼻黏膜,使其功能减弱,碳氢化合物也是形成光化学烟雾的主要成分。

多环芳烃中有不少物质被认为是致癌物质,经研究和动物试验表明,这些物质中苯并(a)芘是强致癌物质。目前污染大气的碳氢化合物主要是由石油、天然气燃料和工业原料造成的。因此,炼油厂、石油化工厂、以油(气)为燃料的电厂或工业锅炉、汽油机车、柴油机车等是碳氢化合物的重要污染源。

(6)含卤素化合物

大气中以气态存在的含卤素化合物大致可分为以下三类:卤代烃、其他含氯化合物、氟化物。

大气中卤代烃包括卤代脂肪烃和卤代芳烃。其中一些高级的卤代烃,如有机氯农药双对氯苯基三氯乙烷(DDT)、六氯环己烷(六六六),以及多氯联苯(PCB)等以气溶胶形式存在,2 个碳原子或 2 个碳原子以下的卤代烃呈气态。三氯甲烷($CHCl_3$)、二氯乙烷(CH_3CHCl_2)、四氯化碳(CCl_4)、氯乙烯(C_2H_3Cl)、氯氟甲烷(CFM)等是重要的化学溶剂,也是有机合成工业的重要原料和中间体。在生产和使用过程中因挥发而进入大气。海洋也排放相当数量的三氯甲烷。

大气中含氯的无机物主要是氯气(Cl_2)和氯化氢(HCl)。氯气是黄绿色有强烈刺激性异臭的有毒气体，它是一种强氧化剂，刺激眼、鼻、喉及上呼吸道和深呼吸道，通过呼吸道和皮肤黏膜对人产生危害。轻度中毒时感到胸部紧闷、喉头发痒、干咳、眼刺痛；深度中毒时体温升高、并发中毒性肺水肿乃至休克。当空气中 Cl_2 的浓度达 $0.04 \sim 0.06mg/L$ 时，$30 \sim 60min$ 即可致严重中毒，如空气中的 Cl_2 浓度达 $3mg/L$ 时，则可引起肺内化学性烧伤而迅速死亡。另外，Cl_2 与 CO_2 作用生成毒性更大的光气（$COCl_2$）。Cl_2 的密度大，所以 Cl_2 排放或逸漏时主要是沿着地面沉于空气的底层。居民区大气中氯气最高容许浓度一次测定值为 $0.1mg/m^3$，日平均值为 $0.03mg/m^3$。

Cl_2 主要来源化工、轻工、有色金属冶炼的氯化焙烧或氯化挥发等过程。火山活动也排放一定量的 Cl_2。

氯化氢为无色有刺激性气味的气体，主要通过呼吸道危害人体健康。长期接触 HCl 可引起喉黏膜刺激，鼻黏膜溃疡、牙齿腐蚀及胃肠疾病等，HCl 对金属也有严重腐蚀作用。因此，HCl 在居民区大气中最高容许浓度一次测定值为 $0.05mg/m^3$，日平均浓度值为 $0.15mg/m^3$。

HCl 主要来自盐酸制造、废水焚烧等。氯化氢在空气中可形成盐酸雾，除硫酸和硝酸外，盐酸也是构成酸雨的成分。

含氟废气主要是指含 HF 和 SiF_4 的废气。主要来源于炼铝工业、钢铁工业以及磷肥、玻璃陶瓷和氟塑料生产等化工过程。

HF 是无色有强烈刺激性和腐蚀性的有毒气体，极易溶于水，还能溶于醇和醚，HF 对人的呼吸器官和眼结膜有强烈的刺激性，长期吸入低浓度的 HF 会引起慢性中毒。四氟化硅是无色的窒息性气体，遇水分解为硅酸和氟硅酸。

氟化物对动、植物及人体均能形成危害。对植物的影响比 SO_2 大 $10 \sim 100$ 倍，氟在植物中能积蓄，当氟的浓度达到 $50 \sim 100mg/m^3$ 时，植物叶的组织就会坏死。牲畜饮用含氟高的水和饲料，会引起牙齿、骨骼等病变。氟化物对人体的危害程度比 SO_2 大 20 倍，主要是骨骼受害，表现为四肢长骨疼痛，重者骨质疏松，骨质增生或型变，易发生自发性骨折；其次损害皮肤，使皮肤发痒、疼痛、湿疹及引起各种皮炎。因此氟化物（换成氟化氢）在居民区大气中最高容许浓度一次测定值为 $0.02mg/m^3$，日平均浓度值为 $0.007mg/m^3$，车间空气中氟化氢最高容许浓度为 $1mg/m^3$，地面水中最高容许氟浓度为 $1mg/L$，饮用水中氟浓度不得超过 $1.0mg/L$，适宜浓度为 $0.5 \sim 1.0mg/L$。

三、大气污染的治理技术

1. 除尘技术概述

在燃料燃烧或工业生产中会向空气中排放大量的含尘气体，这些含尘气体如果不经净化处理直接排入大气，就会对大气环境造成严重的污染。从废气中将颗粒物分离出来并加以捕集、回收的过程称为除尘，实现除尘过程的设备称为除尘装置，其作用一方面是净化含尘气体，避免空气污染；另一方面也可以从含尘气体中回收有价值的粉状物料。因此，除尘装置是工业除尘和物料回收系统的关键设备之一。

除尘装置的优劣常采用技术指标和经济指标来评价。技术指标主要包括含尘气体处理量、除尘效率和压力损失等。经济指标主要包括设备费、运行费、占地面积或占用空间体积、设备的可靠性和使用年限以及操作和维护管理的难易等。在选择使用除尘装置时，要对上述指标综合考虑。

（1）除尘装置的分类

按照除尘装置分离捕集粉尘的主要机理，可将其分为以下四类：

① 机械除尘装置。它是利用质量力（重力、惯性力和离心力等）的作用使粉尘与气流分离沉降的装置。包括重力沉降室、惯性除尘器和旋风除尘器等。

② 湿式除尘装置。也称湿式洗涤器，它是利用液滴或液膜洗涤含尘气流，使粉尘与气流分离沉降的装置。湿式洗涤器既可用于气体除尘，亦可用于气体吸收。主要包括：水浴式除尘器、泡沫式除尘器、文丘里除尘器、水膜式除尘器等。应用广泛的有喷雾塔式洗涤器、旋风洗涤除尘器和文丘里式洗涤器。

③ 过滤除尘装置。它是使含尘气流通过织物或多孔的填料层进行过滤分离的装置，包括袋式除尘器、颗粒层除尘器等。

④ 电除尘装置。含尘气体在通过高压电场过程中，尘粒带电，并在电场力的作用下，沉积在集尘极上，从而将其分离的一种装置。电除尘过程与其他除尘过程的区别在于分离力（主要是静电力）直接作用在粒子上，而不是作用在整个气流上，这就决定了它具有分离粒子耗能小、气流阻力小的特点。

（2）除尘装置的工作原理及特点

① 重力沉降室：是利用重力作用使尘粒从气流中自然沉降的除尘装置。其机理为含尘气流进入沉降室后，由于扩大了流动截面积而使得气流速度大大降低，使较重颗粒在重力作用下缓慢向灰斗沉降。重力沉降室具有结构简单，投资少，压力损失小的特点，维修管理较容易，而且可以处理高温气体。但是体积大，效率相对低，一般只作为高效除尘装置的预除尘装置，来除去较大和较重的粒子，如图4-2所示。

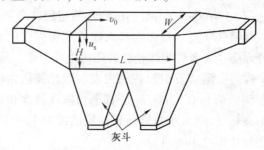

图4-2　重力沉降室

② 惯性除尘器：使含尘气体与挡板撞击或急剧改变气流方向，利用惯性力分离并捕集粉尘的除尘设备。

惯性除尘器分为碰撞式和回转式两种，前者是沿气流方向装设一道或多道挡板，含尘气体碰撞到挡板上使尘粒从气体中分离出来，显然，气体在撞到挡板之前速度越高；碰撞后越低，则携带的粉尘越少，除尘效率越高；后者是使含尘气体多次改变方向，在转向过程中把粉尘分离出来。气体转向的曲率半径越小，转向速度越多，则除尘效率越高。

惯性除尘器一般放在多级除尘系统的第一级，用来分离颗粒较粗的粉尘。它特别适用于捕集粒径大于 $10\mu m$ 的干燥粉尘，而不适宜于清除黏结性粉尘和纤维性粉尘。惯性除尘器还可以用来分离雾滴，此时要求气体在设备内的流速以 $1\sim2m/s$ 为宜。这种设备结构简单，阻力较小，但除尘效率不高，如图4-3所示。

③ 旋风除尘器：利用旋转气流产生的离心力使尘粒从气流中分离的装置。它是由进气管、筒体、锥体和排气管等组成，气流流动状况如图4-4所示。含尘气流进入除尘器后，

沿外壁由上向下作旋转运动，同时有少量气体沿径向运动到中心区域。气流作旋转运动时，尘粒在离心力作用下逐步移向外壁，到达外壁的尘粒在气流和重力共同作用下沿壁面落入灰斗。净化的气体达到锥体底部后，转而向上沿轴心旋转，最后经排管排出。在机械式除尘器中，旋风式除尘器是效率最高的一种。它适用于非黏性及非纤维性粉尘的去除，大多用来去除 $5\mu m$ 左右的粒子，并联的多管旋风除尘器装置对 $3\mu m$ 的粒子也具有 $80\%\sim85\%$ 的除尘效率。它是一种结构简单、操作方便、耐高温、设备费用和阻力较低的净化设备，可用于高温烟气的净化，多应用于锅炉烟气除尘、多级除尘及预除尘。

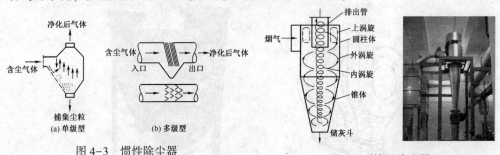

图 4-3　惯性除尘器

图 4-4　旋风除尘器

④ 重力喷雾洗涤器：是洗涤器中最简单的一类。当含尘气体通过喷淋液体所形成的液滴空间时，因沉粒和液滴之间的惯性碰撞、截留及凝聚等作用，较大的粒子被液滴捕集，由于重力而沉于塔底。为保证塔内气流分布均匀，采用孔板型气流分布板，如图 4-5 所示。

塔顶安装除雾塔以除去那些微小液滴，重力喷雾洗涤塔的除尘效率取决于液滴大小、粉尘空气动力直径、液气比、液气相对运动速度和气体性质等。能有效地净化 $50\mu m$ 以上颗粒，除了逆流形式，还有错流形式的喷雾塔。重力喷雾洗涤器结构简单，压力损失小，操作稳定，经常与高效洗涤器联用。但耗水多，占地面积大，效率较低。

⑤ 旋风洗涤除尘器：这种除尘器捕集粒径小于 $5\mu m$ 的尘粒，适用于气量大、含尘浓度高的场合。常用的有中心喷雾旋风除尘器(如图 4-6)、旋筒式水膜除尘器和旋风水膜除尘器。

旋风水膜除尘器是由除尘器筒体上部的喷嘴沿切线方向将水雾喷向器壁，使壁上形成一层薄的流动水膜，含尘气体由筒体下层以入口流速约 $15\sim22m/s$ 的速度切向进入，旋转上升，尘粒靠离心力作用甩向器壁，黏附于水膜，随水流排出。气流压力损失为 $50\sim75mm$ H_2O 柱，除尘效率可达到 $90\%\sim95\%$，如图 4-7 所示。

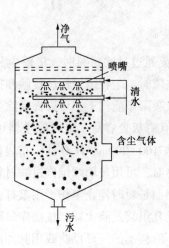

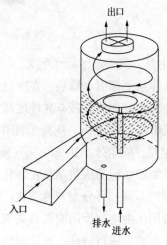

图 4-5　重力喷雾洗涤器　　　　　图 4-6　中心喷雾旋风除尘器

⑥ 文丘里除尘器：又称文氏管除尘器，由文氏管凝聚器和除雾器组成。凝聚器由收缩管、喉管和扩散管组成。含尘气体进入收缩管后，流速增大，进入喉管时，流速达到最大值。洗涤液从收缩管或喉管加入时，气液两相间相对流速很大，液滴在高速气流下雾化，气体湿度达到饱和，尘粒被水湿润。尘粒与液滴或尘粒与尘粒之间发生激烈碰撞和凝聚。在扩散管中，气流速度减小，压力回升，以尘粒为凝结核的凝聚作用加快，凝聚成粒径较大的含尘液滴，而易于被捕集。

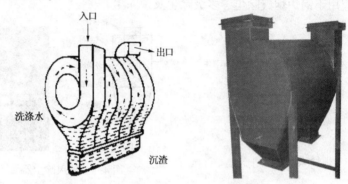

图 4-7 卧式旋风水膜除尘器

文氏管除尘器适用于去除粒径 $0.1 \sim 100 \mu m$ 的尘粒，除尘效率为 $80\% \sim 95\%$，压力损失达 $2.94 \sim 7.85 kPa$。文丘里除尘器结构简单，造价低廉，维护管理简单，不仅用作除尘，还能用于除雾、降温、吸收和蒸发等方面。其缺点是压力损失较大，用水量较多，如图 4-8 所示。

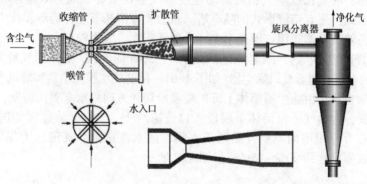

图 4-8 文丘里除尘器

⑦ 袋式除尘器：属于过滤除尘装置。当含尘气流通过过滤材料时，将粉尘分离、捕集的装置。含尘气体从下部引入滤袋，在穿过滤布的空隙时，尘粒因惯性、接触和扩散等作用而被拦截下来。若尘粒和滤料带有异性电荷，则尘粒吸附于滤料上，可以提高除尘效率，但清灰较困难；若带有同性电荷，则降低除尘效率，但清灰较容易。袋式除尘器可清除粒径 $0.1 \mu m$ 以上的尘粒，除尘效率达 99%。气流压力损失 $100 \sim 200 mm$ H_2O 柱。布袋材料可用天然纤维或合成纤维的纺织品或毡制品；净化高温气体时，可用玻璃纤维作过滤材料。按照从滤布上清灰方法的不同，可分为三种型式：间歇清洁型是暂时停止工作，用敲打或用震荡器清除积灰，也可用压缩空气反向吹洗；周期清洁型是几组袋式除尘器，按顺序每隔一定时间停止一组的工作，然后进行清理；连续清洁型是用不断移动的气环反吹或用脉冲反吹空气方法清除积尘。用脉冲方式清除积尘的称为脉冲式除尘器。

袋式除尘器缺点是对通过的气体不起冷却作用，占地面积较大；优点是装置简单，除尘效率高，回收的干粉尘能直接利用，如图 4-9 所示。

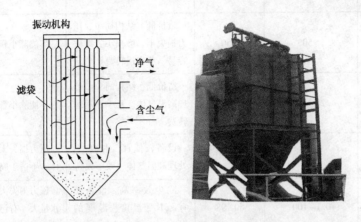

图 4-9　袋式除尘器

⑧ 电除尘装置：图 4-10 是一个电除尘器示意图，它的集尘极为一圆形金属管，放电极极线(电晕线)用重锤悬吊在集尘极圆管中心。

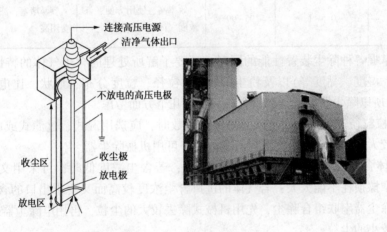

图 4-10　静电除尘器

含尘气流由除尘器下部进入，净化后的气流由顶部排出。这种电除尘器多用于净化气体量较大的含尘气体。此外还有板式电除尘器。这种电除尘器的优点是对粒径很小的尘粒具有较高的去除效率，耐高温，气流阻力小，除尘效率不受含尘浓度和烟气流量的影响，是当前较为理想的除尘设备，但设备投资费用高，占地大，技术要求高。

(3)除尘装置的比较及选择

不同形式的除尘设备具有不同的性能和使用特点，正确选择除尘器并进行科学使用与维护管理，是保证除尘设备正常运行并完成除尘任务的必要条件。

选择除尘设备时必须从含尘气体处理量、除尘效率、压力损失、设备投资、占用空间、操作费用及维修管理等方面入手。各种主要除尘装置的优缺点及常用除尘装置的性能见表 4-2、表 4-3。

表 4-2　常用除尘装置的优缺点

除尘装置名称	适用的粒径/μm	除尘效率/%	优点	缺点
重力沉降室	>50	<50	造价低、结构简单、压力损失小、磨损小、维修容易、节省运转费	不能除小颗粒粉尘、效率低
惯性除尘器（挡板式）	20~50	50~70	造价低、结构简单、处理高温气体、几乎不用运转费	不能除小颗粒粉尘、效率较低
旋风除尘器	5~30	60~70	设备较便宜、占地小、处理高温气体、效率较高	压力损失大，不适于湿、黏气体，不适于腐蚀性气体
湿式除尘器	0.1~100	80~98	除尘效率高、设备便宜、不受温度、湿度的影响	压力损失大、运转费用高、用水量大、有污水需要处理、容易堵塞
电除尘器	0.5~1	90~98	效率高、处理高温气体、压力损失小、低浓度气体适用	设备费用高、粉尘黏附在电极上时，对除尘有影响，效率降低、需要维修费用
袋式除尘器	0.5~1	95~99	效率高、使用方便、低浓度气体适用	容易堵塞，滤布需替换、操作费用高

在充分掌握各种除尘装置性能的同时，还要了解所处理的含尘气体的特性（化学成分、温度、压力、湿度、黏度等）以及粉尘的特性（粒径、粒度分布、形状、比电阻、可燃性、凝集性等）。所以除尘器的选择和组合应从以下几个方面考虑。

① 若尘粒粒径较小，几微米以下粒径占多数时，应选用湿式、过滤式或电除尘式等方式；若粒径较大，以 $10\mu m$ 以上粒径占多数时，可用机械除尘器。

② 若气体含尘浓度较高时，可用机械除尘；若含尘浓度低时，可采用文丘里洗涤器，因其喉管的摩擦损耗不能太大；若气体的进口含尘浓度较高而又要求出口的含尘浓度低时，可采用多级除尘器串联组合除尘，先用机械式除去较大的尘粒，再用电除尘器或过滤式除尘器等，去除较小的尘粒。

③ 对于黏附性较强的尘粒，最好采用湿式除尘器，不宜采用过滤式除尘器，以免造成滤布堵塞；也不宜采用静电除尘器，以免尘粒黏附在电极表面使除尘器效率降低，

④ 如采用电除尘器，尘粒的电阻率应在 $10^4 \sim 10^{11}\Omega \cdot cm$ 范围内，一般可以预先通过温度、湿度调节或添加化学药剂，达到这一要求。另外，电除尘器只适用在 500℃ 以下的情况。

表 4-3　常用除尘装置的综合性能

除尘装置名称	适用的粒径范围/μm	除尘效率/%	压力损失/Pa	设备费用	运行费用	装置类别
重力沉降室	>50	<50	50~130	低	低	机械
惯性除尘器	20~50	50~70	300~800	低	低	机械
旋风除尘器	5~30	60~70	800~1500	中	中	机械

除尘装置名称	适用的粒径范围/μm	除尘效率/%	压力损失/Pa	设备费用	运行费用	装置类别
冲击水浴除尘器	1～10	80～95	600～1200	中	中	湿式
旋风水膜除尘器	≥5	95～98	800～1200	中	中	湿式
文丘里除尘器	0.5～1	90～98	4000～10000	低	高	湿式
电除尘器	0.05～1	90～98	50～130	高	中	静电
袋式除尘器	0.1～1	95～99	1000～1500	较高	较高	过滤

⑤ 气体温度增高，黏性将增大，流动时压力损失增加，除尘效率也会下降。而温度过低，低于露点温度时，会有水分凝出，增大尘粒的黏附性。一般应在比露点温度高20℃条件下进行除尘。

⑥ 气体成分中如果含有易燃、易爆的气体，应将含尘气体做必要的处理后再进行除尘。如 CO 等，可将 CO 氧化成 CO_2 后再除尘。

2. 气态污染物处理技术

工农业生产、交通运输以及人类生活活动中排放的有害气体种类很多，主要有硫氧化物、氮氧化物、卤化物、碳氧化物、碳氢化物等。气态污染物在废气中以分子状态或蒸气状态存在，可根据物理的、化学的和物理化学的原理进行分离。目前国内外采用的主要技术为吸收、吸附、催化转化、燃烧和冷凝等五种。

(1) 吸收法

吸收(absorption)是利用气体混合物中不同组分在吸收剂中的溶解度的不同，或者与吸收剂发生选择性化学反应，从而将有害组分从气流中分离出来的过程。具有吸收作用的物质称为吸收剂，被吸收的组分称为吸收质，吸收操作得到的液体称为吸收液或液体，剩余的气体称为吸收尾气。吸收可分为物理吸收和化学吸收两大类。

物理吸收(physical absorption)是指被吸收的气体组分与吸收剂之间不产生明显的化学反应，仅仅是被吸收的气体组分溶解于液体的过程。例如用水吸收醇类和酮类物质。

化学吸收(chemical absorption)是指被吸收的气体组分和吸收剂之间产生明显的化学反应的吸收过程。从废气中去除气态污染物多用化学吸收法。例如，用碱液吸收烟气中的 SO_2，用水吸收 NO_x 等。对于废气流量大、成分比较复杂、吸收组分浓度低的废气，大多采用化学吸收。

吸收法是分离、净化气体混合物最重要的方法之一，被广泛用于吸收净化含 SO_2、NO_x、HF、HCl 等废气。在用吸收法对气态污染物处理中选择合适的吸收剂至关重要，是处理效果好坏的关键。用于吸收气态污染物质的吸收剂有下列几种：

① 水，用于吸收易溶的有害气体；

② 碱性吸收剂，用于吸收那些能够和碱起化学反应的有害酸性气体，如 SO_2、NO_x、H_2S 等。常用的碱吸收液有 NaOH、Ca(OH)₂、NH₃ 等；

③ 酸性吸收剂，NO 和 NO_2 气体能够在稀硝酸中溶解，而且其溶解度比在水中高得多；

④ 有机吸收剂，用于有机废气的吸收，洗油、聚乙醇醚、冷甲醇、二乙醇胺都可作为吸收剂，并能够去除酸性气体，如 H_2S、CO_2 等。表4-4列出了工业上净化有害气体所用的吸收剂。

目前工业上常用的吸收设备有表面吸收器、板式塔、喷洒塔、文丘里塔等。

表 4-4　常见有害气体吸收剂

有害气体	吸收过程中所用的吸收剂
SO_2	H_2O、NH_3、$NaOH$、Na_2CO_3、Na_2SO_3、$Ca(OH)_2$、$CaCO_3/CaO$、碱性硫酸铝、MgO、ZnO、MnO
NO_x	H_2O、NH_3、$NaOH$、Na_2SO_3、$(NH_4)_2SO_3$
HF	H_2O、NH_3、Na_2CO_3
HCl	H_2O、$NaOH$、Na_2CO_3
Cl_2	$NaOH$、Na_2CO_3、$Ca(OH)_2$
H_2S	NH_3、Na_2CO_3、二乙醇胺、环丁砜
含 Pb 废气	$NaOH$、CH_3COOH
含 Hg 废气	$KMnO_4$、$NaClO$、浓 H_2SO_4、$KI-I_2$

（2）吸附法

吸附（adsorption）是一种物质附着在另一种物质表面上的缓慢作用过程，是一种界面现象，其与表面张力、表面能的变化有关。气态污染物吸附是指气态污染物中的一种或几种组分，在分子引力或化学键力的作用下，被吸附在固体表面，从而达到分离的目的。具有吸附作用的固体物质称为吸附剂，被吸附的物质称为吸附质。

根据吸附过程中吸附剂和吸附质之间作用力的不同，可将吸附分为物理吸附和化学吸附。

物理吸附（physical adsorption）是由固体吸附剂分子与气体分子间的静电力或范德华力引起的，两者之间不发生化学作用，是一种可逆过程。

化学吸附（chemical adsorption）是由于固体表面与被吸附分子间的化学键力所引起，两者之间结合牢固，不易脱附，该吸附需要一定的活化能，故又称活化吸附。

物理吸附与化学吸附的主要区别：

① 吸附热。物理吸附多为放热过程，其吸附热较小（20kJ/mol），与气体的液化热接近；而化学吸附的吸附热很大（84~417kJ/mol），与化学反应热相近。

② 温度。物理吸附不需要活化能，吸附与脱附速率一般不受温度的影响，进行均较快，但低温时吸附量较大，随着温度升高，被吸附质容易从固体表面脱附，利于吸附剂的再生和被吸附质的回收；而化学吸附往往需要一定的活化能，吸附与脱附速度都较小，随着温度升高，吸附和脱附速率都明显增加。

③ 选择性。物理吸附只取决于吸附剂与吸附质之间的分子力，对不同种类的气体选择性较小，脱附也容易；而化学吸附由特定的化学反应确定，则具有较高的选择性，某种吸附剂只吸收某些特定的气体，且不易脱附。

④ 吸附层厚度。物理吸附在低吸附压强时，一般为单分子层，当压强增大后，往往会变成多分子层；而化学吸附总是在单分子层或单原子层进行。

物理吸附与化学吸附往往同时发生，但以某一种吸附为主。如在低温下，主要是物理吸附，而在较高的温度下，就可能转为化学吸附为主。

工业吸附剂应具备的基本条件：

① 具有巨大比表面积、较大的吸附容量的多孔性物质；

② 对不同的气体分子具有良好的吸附选择性；

③ 吸附快且易于再生；

④ 机械强度大，化学稳定性强，热稳定性好；

⑤ 价格低廉，来源广泛。

在实际工作中，选择的吸附剂要完全满足以上条件往往是很难的，只能全面衡量择优选用。工业上常用的吸附剂有活性炭、硅胶、活性氧化铝、分子筛、沸石等。

通常污染物分子较小的选用分子筛，分子较大应选用活性炭或硅胶；对无机污染物宜用活性氧化铝或硅胶，对有机蒸气或非极性分子则用活性炭。工业上常用吸附剂的适用范围见表 4-5。

表 4-5　工业上常用吸附剂的适用范围

吸附剂	应用范围
活性炭	苯、甲苯、二甲苯、甲醛、乙醇、乙醚、煤油、汽油、光气、乙酸乙酯、苯乙烯、CS_2、CCl_4、$CHCl_3$、CH_2Cl_2、H_2S、Cl_2、CO、SO_2、NO_x
活性氧化铝	H_2S、SO_2、HF、烃类
硅胶	H_2S、SO_2、烃类
分子筛	H_2S、Cl_2、CO、SO_2、NO_x、NH_3、Hg(气)、烃类
褐煤、泥煤	SO_2、SO_3、NO_x、NH_3

当吸附剂达到吸附饱和后需要再生，即清除被吸附的物质，恢复吸附剂的吸附能力，以便重复使用。再生的一般方法：

① 加热解吸再生（变温吸附）。等压下，一般吸附容量随温度升高而减少，故可在低温下吸附，然后在高温加热下吹扫脱附。

② 降压或真空解吸（变压吸附）。恒温下，吸附容量随压力降低而减少，则可采用加压吸附，减压或真空下脱附。

③ 溶剂置换再生（变浓度吸附）。对不饱和烯烃类等某些热敏性吸附质，可以采用亲合力较强的解吸溶剂进行置换使吸附质脱附，然后加热床层脱附解吸剂，使吸附剂再生。并利用吸附质与解吸剂之间的沸点不同，采用蒸馏的方法分离。

吸附装置有固定床、移动床、流化床、旋转床吸附器等。其中，固定床结构简单，操作方便，使用历史最长，应用最广。

（3）催化转化法

催化转化（catalytic conversion）是在催化剂作用下，将废气中气态污染物转化为无害物质排放，或者转化成其他更易除去的物质的净化方法。催化转化有催化氧化和催化还原两种。催化氧化法，如废气中的 SO_2 在催化剂（V_2O_5）作用下可氧化为 SO_3，用水吸收变成硫酸而回收。再如各种含烃类、恶臭物的有机化合物的废气，均可通过催化燃烧的氧化过程分解为 H_2O 与 CO_2 向外排放。催化还原法，如废气中的 NO_x 在催化剂（铜铬）作用下与 NH_3 反应生成无害气体 N_2。

催化剂（catalyst）（或称触媒）是指能够改变化学反应速度和方向而本身又不参与反应的物质。在废气净化中，一般使用固体催化剂，它主要由活性组分、助催化剂及载体组成。活性组分是催化剂的主体，是起催化作用的最主要组分，要求活性高且化学惰性大。金属如铂（Pt）、钯（Pd），钒（V）、铬（Cr）、锰（Mn）、铁（Fe）、钴（Co）、镍（Ni）、铜（Cu）、锌（Zn）

等，以及他们的氧化物常用作气体净化催化剂；助催化剂虽然本身无催化作用，但它与活性组分共存时却可以提高活性组分的活性、选择性，稳定性和寿命；载体是活性组分的惰性支承物，它具有较大的比表面积，有利于活性组分的催化反应，增强催化剂的机械强度和热稳定性等。常用的载体有氧化铝、硅藻土、铁矾土、氧化硅、分子筛、活性炭和金属丝等，其形状有粒状、片状、柱状、蜂窝状等。微孔结构的蜂窝状载体比表面积大、活性高、流动阻力小。通常活性物质被喷涂或浸渍于载体表面。例如，SO_2 催化氧化为 SO_3 时，催化剂的活性组分是 V_2O_5，载体用 SiO_2，并加入助催化剂 K_2SO_4 或 Na_2O 以提高催化剂的活性。

催化剂的主要性能指标如下：

① 活性：活性是指催化剂对反应物的转化能力，是衡量催化剂效能大小的指标，通常以一定条件下单位物量的催化剂单位时间内所得到的生成物的数量来表示。活性除了取决于催化剂本身的化学组成和结构、比表面积、杂质含量等因素外，还与工作时废气的浓度、压力、温度和流速有关。

催化剂活性会随着使用时间增加而缓慢下降，即寿命缩短。因此，应采取一定措施避免催化剂活性下降，尽可能延长其使用寿命。

② 选择性：专门对某一种化学反应起加速作用的性能，称之为催化剂的选择性。希望一种催化剂在一定条件下只对一种特定的化学反应起加速作用。选择性愈强，则副反应愈少，原料利用率愈高。

③ 机械强度：用于固定床反应器中的催化剂要保证在操作条件下不会因上层重力挤压而粉碎，以免增加气流阻力；而在流动床中的催化剂则要有高度的耐磨性能，以免因磨损而被气流带出，使活性组分流失和管道堵塞。

④ 化学稳定性：催化剂在反应条件下不能产生变形、分解或与通过的气体发生化合等现象。

常用的气固催化装置有固定床和流化床两类催化反应器。固定床是净化气态污染物的主要催化反应器

3. 烟气中 SO_2 净化技术

烟气脱硫工艺按脱硫剂和脱硫产物是固态还是液态分为干法和湿法，若脱硫剂和脱硫产物分别是液态和固态的脱硫工艺则为半干法。湿法是用溶液吸收烟气中的 SO_2，气液反应传质效果好，脱硫技术较为成熟，效率高，操作简单，但脱硫产物的处理较难，流程和设备相对比较复杂，投资较大，烟气温度较低，不利于扩散，设备及管道防腐蚀问题较为突出；为了避免二次污染，必须对污水进行处理，运行成本也较高。干法用固态脱硫剂脱除废气中的 SO_2，气固反应速度慢，脱硫效率较低，脱硫剂利用率低，但脱硫产物处理容易，投资一般低于传统湿法，有利于烟气的排放和扩散。

(1) 湿法烟气脱硫技术

湿法烟气脱硫是目前实际工作中工艺应用最广的脱硫方法，包括：石灰石石膏法、双碱法、氨吸收法、磷铵复肥法、稀硫酸吸收法、海水脱硫、氧化镁法等。

① 石灰石石膏法。石灰石石膏法工艺流程如图 4-11 所示。

该工艺以石灰[$Ca(OH)_2$]或石灰石($CaCO_3$)浆液吸收烟气中的 SO_2，脱硫产物亚硫酸钙可用空气氧化为石膏回收，也可直接抛弃，脱硫率达到 95% 以上。吸收过程的主要反应：

$$CaCO_3 + SO_2 + \frac{1}{2}H_2O \longrightarrow CaSO_3 \cdot \frac{1}{2}H_2O + CO_2\uparrow$$

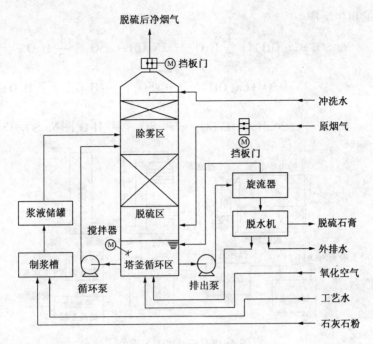

图 4-11　石灰石石膏法脱硫工艺简图

$$Ca(OH)_2 + SO_2 \longrightarrow CaSO_3 \cdot \frac{1}{2}H_2O + \frac{1}{2}H_2O$$

$$CaSO_3 \cdot \frac{1}{2}H_2O + SO_2 + \frac{1}{2}H_2O \longrightarrow Ca(HSO_3)_2$$

废气中的氧或送入氧化塔内的空气可将亚硫酸钙和亚硫酸氢钙氧化成石膏：

$$2CaSO_3 \cdot \frac{1}{2}H_2O + O_2 + 3H_2O \longrightarrow 2CaSO_4 \cdot 2H_2O$$

$$Ca(HSO_3)_2 + O_2 + \frac{1}{2}H_2O \longrightarrow CaSO_4 \cdot 2H_2O + SO_2 \uparrow$$

石灰或石灰石的吸收效率与浆液的 pH 值、钙硫比、液气比、温度、石灰石粒度、浆液固体浓度、气体中 SO_2 浓度、洗涤器结构等众多因素有关。

石灰(石灰石)吸收法的主要问题是吸收剂和生成物液浆容易在设备中结垢和堵塞，最有效解决结垢的办法是采用添加剂，如氯化钙、硫酸镁、己二酸、氨等。添加剂除了有抑制结垢、堵塞作用外，还能提高吸收 SO_2 的效率。

② 双碱法。双碱法是针对石灰或石灰石法易结垢和堵塞的问题发展的一种脱硫工艺，又称钠碱法。双碱法工艺流程如图 4-12 所示。

首先采用钠化合物($NaOH$、Na_2CO_3 或 Na_2SO_3)溶液吸收烟气中的 SO_2，生成 Na_2SO_3 和 $NaHSO_3$，接着用石灰或石灰石使吸收液再生为钠溶液，并生成亚硫酸钙或硫酸钙沉淀。由于吸收塔内用的是溶于水的钠化合物作为吸收剂，不会结垢。然后将离开吸收塔的溶液导入一开口反应器，加入石灰或石灰石进行再生反应，再生后的钠溶液返回吸收塔重新使用。吸收反应：

$$2Na_2CO_3 + SO_2 + H_2O \longrightarrow Na_2SO_3 + 2NaHCO_3$$
$$2NaOH + SO_2 \longrightarrow Na_2SO_3 + H_2O$$
$$Na_2SO_3 + SO_2 + H_2O \longrightarrow 2NaHSO_3$$

反应器中的再生反应：

$$Na_2SO_3+Ca(OH)_2+\frac{1}{2}H_2O \longrightarrow 2NaOH+CaSO_3 \cdot \frac{1}{2}H_2O\downarrow$$

$$2NaHSO_3+Ca(OH)_2 \longrightarrow CaSO_3 \cdot \frac{1}{2}H_2O\downarrow + \frac{3}{2}H_2O+Na_2SO_3$$

$$2NaHSO_3+CaCO_3 \longrightarrow CaSO_3 \cdot \frac{1}{2}H_2O\downarrow + Na_2SO_3+CO_2\uparrow + \frac{1}{2}H_2O$$

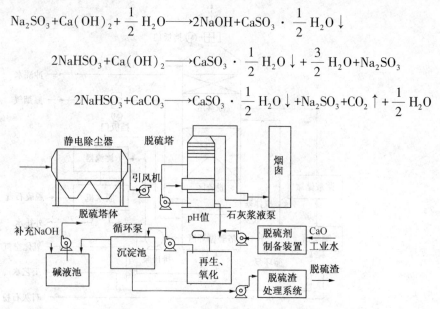

图 4-12 双碱法工艺流程

如果将亚硫酸钙进一步氧化，才能回收石膏，此法的脱硫率很高，可达95%以上。缺点是吸收过程中，生成的部分 Na_2SO_3 会被烟气中残余 O_2 氧化成不易清除的 Na_2SO_4，使得吸收剂损耗增加和石膏质量降低。

（2）干法烟气脱硫

干法烟气脱硫技术包括高能电子活化氧化法（电子束照射法、脉冲电晕法）、活性炭吸附法、荷电干粉喷射法、超高压脉冲活化分解法和流化床氧化铜法等。

① 电子束照射法。电子束照射脱硫技术是一种物理与化学方法相结合的的高新技术，它利用电子加速器产生的等离子体氧化烟气中的 $SO_2(NO_x)$，并与注入的 NH_3 反应，生成硫铵和硝铵化肥，实现脱硫、脱硝目的。该法工艺由烟气冷却、加氨、电子束照射、粉体捕集四道工序组成，其工艺流程如图4-13所示。

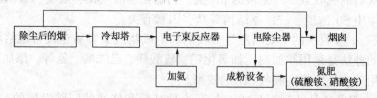

图 4-13 电子束照射法工艺流程

② 活性炭吸附法。采用固体吸附剂吸附净化 SO_2 是干法净化含硫废气的重要方法。目前应用最多的吸附剂是活性炭，在工业上应用已较成熟，图4-14为活性炭吸附设备。

活性炭对烟气中 SO_2 的吸附过程中既有物理吸附又有化学吸附，当烟气中存在着氧气和水蒸气时，化学反应非常明显，因为活性炭表面对 SO_2 与 O_2 的反应有催化作用，反应结果生成 SO_3，SO_3 易溶于水而生成硫酸，从而使吸附量比纯物理吸附时增大许多。

吸附 SO_2 的活性炭，由于其内、外表覆盖了稀硫酸，使活性炭吸附能力下降，因此必须对其再生。再生的方法通常有洗涤再生和加热再生两种，洗涤再生是用水洗出活性炭微孔中的硫酸，再将活性炭进行干燥；加热再生是对吸附有 SO_2 的活性炭加热，使炭与硫酸发生发

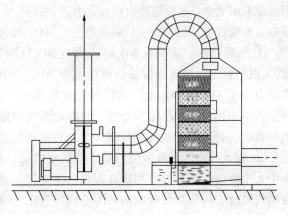

图 4-14　活性炭吸附设备

应，使 H_2SO_4 还原为 SO_2，富集后的 SO_2 可用来生产硫酸。

该方法的优点是吸附剂价廉，再生简单；缺点是吸附剂磨损大，产生大量的细炭粒被筛出，再加上反应中消耗掉一部分炭，因此吸附剂成分较高，所用设备庞大。

（3）半干法烟气脱硫

半干法烟气脱硫技术包括旋转喷雾干燥法、炉内喷钙增湿活化法、增湿灰循环脱硫技术等。

4. 烟气中 NO_x 净化技术

（1）催化还原法

① 非选择性催化还原法 NSCR。该法是在贵金属铂、钯等催化剂作用下，反应温度为 $550\sim800℃$ 时，用 H_2、CH_4、CO 或由它们组成的燃料气作为还原剂，将废气中的 NO_x 还原为 N_2，同时，还原剂发生氧化反应生成 CO_2 和 H_2O。该法 NO_x 脱除率可达 90%，但需采用贵金属催化剂，费用高，还原剂耗量大，还原剂发生氧化反应时导致催化剂层温度急剧升高，工艺操作复杂，因此逐渐被淘汰，多改用选择性催化还原法。

② 选择性非催化还原法 SNCR。该法是在无催化剂作用下，利用 NH_3 或尿素 $[(NH_2)_2CO]$ 等氨基还原剂，在 $950\sim1050℃$ 这一狭窄的温度范围内，可选择性地还原烟气中的 NO_x，而基本上不与烟气中 O_2 反应。SNCR 技术的关键是对温度的控制，温度过高，NH_3 氧化为 NO 的量增加，导致 NO_x 排放浓度增大；低于 $900℃$ 时，NH_3 的反应不完全，还原剂耗量增加。烟气中 O_2、CO 浓度增加，最佳反应温度向低温移动，且范围变窄，而 SO_2 浓度增加时，反应温度则向高温移动且范围变宽。此外，要注意 NO_x 还原不完全时会产生有毒的 N_2O。

在锅炉中的相应温度区喷入还原剂，并保证与烟气良好混合，否则未充分反应的 NH_3 遇到 SO_3 会生成 $(NH_4)_2SO_4$，易造成空气预热器堵塞，并有腐蚀危险。SNCR 法不需要催化剂，还原剂不与 O_2 反应，使催化床温度较低，避免了 NSCR 法的一些技术问题，但还原剂耗量大，NO_x 脱除率低，一般为 $30\%\sim50\%$，也有达 $60\%\sim80\%$。

③ 选择性催化还原法 SCR。该法因其脱除 NO_x 的效率高，一般为 $80\%\sim90\%$，还原剂用量少，得到最广泛应用。这种方法是以氨（NH_3）作为还原剂喷入废气，在较低温度和催化剂的作用下，将 NO_x 还原成 N_2 和 H_2O。所谓选择性是指 NH_3 具有选择性，它只与 NO_x 进行反应，而不与氧发生反应。

（2）液体吸收法

液体吸收法脱硝工艺中常用的吸收剂主要是水、碱溶液、浓硫酸等。由于 NO 难溶于水，因而常采用氧化、还原或配合吸收的办法以提高 NO 的净化效率。按吸收剂的种类和净化原理可分为水吸收法、酸吸收法、碱吸收法、氧化–吸收法、吸收–还原法以及液相配合法。

① 水吸收法。水吸收 NO_x 时，水与 NO_2 反应生成硝酸（HNO_3）和亚硝酸（HNO_2）。生成 HNO_2 很不稳定，快速分解后会放出部分 NO。常压时 NO 在水中溶解度非常低，0℃ 时的溶解能力为 7.34mL/100g 水，沸腾时完全逸出，它也不与水发生反应。因此常压下该法效率很低，不适用于 NO 占总 NO_x 95% 的燃烧废气脱硝。提高压力（约 0.1MPa）可以增加对 NO_x 的吸收率，通常作为硝酸工厂多级废气脱硝的最后一道工序。

② 酸吸收法。普遍采用的是稀硝酸吸收法，由于 NO 在 12% 以上硝酸中的溶解度比在水中大 100 倍以上，故可用硝酸吸收 NO_x 废气。硝酸吸收 NO_x 以物理吸收为主，最适用于硝酸尾气处理，因为可将吸收的 NO_x 返回原有硝酸吸收塔回收为硝酸。影响吸收效率的主要因素：温度、压力、硝酸浓度。此法具有工艺流程简单，操作稳定，可以回收 NO_x 为硝酸，但气液比较小，酸循环量较大，能耗较高。由于我国硝酸生产吸收系统本身压力低，至今未用于硝酸尾气处理。

③ 碱液吸收法。碱溶液吸收法的优点是能回收硝酸盐和亚硝酸盐产品，具有一定的经济效益，工艺流程和设备也比较简单。缺点是在一般情况下吸收效率不高。

用碱溶液（NaOH、Na_2CO_3、$NH_3 \cdot H_2O$ 等）与 NO_x 反应，生成硝酸盐和亚硝酸盐，反应如下：

$$2NaOH+2NO_2 = NaNO_3+NaNO_2+H_2O$$
$$2NaOH+NO+NO_2 = 2NaNO_2+H_2O$$
$$Na_2CO_3+2NO_2 = NaNO_3+NaNO_2+CO_2$$
$$Na_2CO_3+NO+NO_2 = 2NaNO_2+CO_3$$

当用氨水吸收 NO_x 时，挥发性的 NH_3 在气相与 NO_x 和水蒸气反应生成 NH_4NO_2 和 NH_4NO_3。

$$2NH_3+NO+NO_2+H_2O = 2NH_4NO_2$$
$$2NH_3+2NO_2+H_2O = NH_4NO_2+NH_4NO_3$$

由于 NH_4NO_2 不稳定，当浓度较高、温度较高或溶液 pH 值不合适时会发生剧烈反应甚至爆炸，再加上按盐不易被水或碱液捕集，因而限制了氨水吸收法的应用。考虑到价格、来源、操作难易及吸收效率等因素，工业上应用较多的吸收液是 NaOH 和 Na_2CO_3，尽管 Na_2CO_3 的吸收效果比 NaOH 差一些，但由于其廉价易得，应用更加普遍。

在实际应用中，一般用低于 30% 的 NaOH 或 10%~15% 的 Na_2CO_3 溶液作吸收剂，在吸收过程中，如果控制好 NO 和 NO_2 为等分子吸收，吸收液中 $NaNO_2$ 浓度可达 35% 以上，$NaNO_3$ 浓度小于 3%。这种吸收液可直接用于染料等生产过程，也可以将其进行蒸发、结晶、分离制取亚硝酸钠产品。若在吸收液中加入 HNO_3，可使 $NaNO_2$ 氧化成 $NaNO_3$，制得硝酸钠产品。

碱液吸收法不宜直接用于处理燃烧烟气中 NO 比例很大的废气。该工艺除了要考虑废气中氧化度（NO/NO_x 体积比）对吸收效率的影响外，另外，吸收设备、气速、液气比和喷淋密度等操作条件对碱液吸收效果也有一定的影响。

四、大气污染的综合防治

所谓大气污染的综合防治，就是从区域环境的整体出发，充分考虑该地区的环境特征，对所有能够影响大气质量的各项因素作全面、系统的分析，充分利用环境的自净能力，对多种大气污染控制技术可行性、经济合理性、设施可能性和区域适应性等作最优化选择和评价，并在这些措施的基础上制定最佳的防治措施，以达到控制区域性大气环境质量、消除或减轻大气污染的目的。

大气污染综合防治涉及面比较广，影响因素比较复杂，一般来说，可以从下列几个方面加以考虑。

（1）全面规划、合理布局

大气污染综合防治，必须从协调地区经济发展和保护环境之间的关系出发，对该地区各污染源所排放的各类污染物质的种类、数量、时空分布作全面的调查研究，并在此基础上，制定控制污染的最佳方案。

合理布局区域或城市的工业、商业、居住区，可减轻对人群的影响。工业生产区应设在城市主导风向的下风向；在工厂区与城市生活区之间，要有一定间隔距离；对重污染的企业应先作环境影响评价，论证其可能的影响和对策措施；对已有污染重，资源浪费，治理无望的企业要实行关、停、并、转、迁等措施。

（2）调整产业结构，推行清洁生产，实行全过程控制

在一定的经济目标下，通过调整产业结构，加快改变落后的技术设备及不完善的管理，开展清洁生产，实现全过程控制，可以提高资源利用率，降低污染物排放量。能够改善地区（或城市）的生态结构，促进良性循环。

（3）改善能源结构，提高能源有效利用率

我国当前的能源结构中以煤炭为主，煤炭占商品能源消费总量的 73%，在煤炭燃烧过程中放出大量的 SO_2、NO_x、CO 以及悬浮颗粒等污染物。因此，如从根本上解决大气污染问题，首先必须从改善能源结构入手，采用无污染能源（如太阳能、风力、水力）和低污染能源（如天然气、沼气、酒精）。

我国以煤炭为主的能源结构在短时间内不会有根本性的改变，对此，应对燃料进行一定的预处理（如燃料脱硫、煤的液化和气化），以减少燃烧时产生大气污染物。

我国能源的平均利用率仅 30%，提高能源利用率的潜力很大。改进燃烧装置和燃烧技术（如改革炉灶、采用沸腾炉燃烧等）以提高燃烧效率和降低有害气体排放量。

（4）植树造林、绿化环境

植物具有美化环境、调节气候、截留粉尘、吸收大气中有害气体等功能，可以在大面积的范围内，长时间地、连续地净化大气。尤其是大气中污染物影响范围广、浓度比较低的情况下，植物净化是行之有效的方法。在城市和工业区有计划地、有选择地扩大绿地面积是大气污染综合防治具有长效能和多功能的措施。

（5）加强环境管理

加强环境管理是保证环境质量的重要措施，包括法律、法规和标准等，也包括必要的经济政策。

第二节　水体污染

一、水体污染概述

1. 水体的概念

水体（water body）是河流、湖泊、池塘、水库、沼泽、冰川、海洋以及地下水等的总称，

是被水覆盖地段的自然综合体。在环境学中，水体不仅包括水本身，还包括水中的悬浮物、溶解物质、胶体物质、底质(泥)和水生物等完整的生态系统或完整的自然综合体。水与水体是两个紧密联系又有区别的概念。从水体概念去研究水环境污染，才能得出全面、准确的认识。

水体按其类型可以分成陆地水体和海洋水体，而陆地水体又分地表水体和地下水体。一个沼泽、一条河流、甚至一滴水我们都可称之为水体。

水体所处环境不同使得水体中出现多种多样的生物群。自然环境是一个动态平衡体系，它对其中各种物质的变化具有一定的自动调节能力，经过体系内部一系列的连锁反应和相互作用，又会建立起新的平衡。水体也有这种在一定程度下自身调节和降低污染的能力，通常称之为水体的自净能力。但是，当进入水体的外来杂质含量超过了这种水体自净能力时，就会使水质恶化，造成水体污染。

2. 水体污染

水体污染(water body pollution)指排入水体的污染物在数量上超过了该物质在水体中的本底含量和自净能力即水体的环境容量，破坏了水中固有的生态系统，破坏了水体的功能及其在人类生活和生产中的作用，降低了水体的使用价值和功能的现象。

按照水体污染原因的不同可将水体污染源分为天然污染源和人为污染源；人为因素造成的水体污染主要来源于工业污染、生活污染和农业污染。

(1)工业污染源

工业企业的污染仍然是目前水污染的主要来源。这类废水成分极其复杂，它量大面广，有毒物质含量高，含污染物质多，在水中不易净化，处理也比较困难。由于悬浮物含量高，需氧量高，有机物一般难于降解，pH值变化幅度大等特性，对微生物易产生毒害作用。其水质特征及数量随工业类型而异，大致可分三大类：含无机物的废水，包括冶金、建材、无机化工等废水；含有机物的废水，包括食品、塑料、炼油、石油化工以及制革等废水；兼含无机物和有机物的废水，如炼焦、化肥、合成橡胶、制药、人造纤维等。

(2)生活污染源

随着人口的增长与集中，城市生活污水已成为一个重要污染源。生活污水包括厨房、洗涤、浴室用水以及粪便等，这部分污水大多通过城市下水道与部分工业废水混合后排入天然水域，有的还汇合城市降水形成的地表径流。由城市下水道排出的污水成分也极为复杂，其中大约99%以上的是水，杂质约占0.1%~1%。

生活污水中悬浮杂质有泥沙、矿物质、各种有机物、胶体和高分子物质(包括淀粉、糖、纤维素、脂肪、蛋白质、油类、洗涤剂等)；溶解物质则有各种含氮化合物、磷酸盐、硫酸盐、氯化物、尿素和其他有机物分解产物；还有大量的各种微生物如细菌、多种病原体，据统计，每毫升生活污水中含有几百万个细菌。污水呈弱碱性，pH约为7.2~7.8。

(3)农业污染源

农业用水量通常要比工业用水量大得多，但利用率很低，灌溉用水中的80%~90%要经过农田排水系统或其他途径排泄。随着农药、化肥使用量的日益增加，大量残留在土壤里、飘浮于大气中或溶解在水田内的农药和化肥，通过灌溉排水和降水径流的冲刷进入天然水体。

现代化农业和畜牧业的发展，特别是大型饲养场的增加，会使各类农业废弃物的排入量增加，给天然水体增加污染负荷。水土流失使大量泥沙及土壤有机质进入水体。

94

此外，大气环流中的各种污染物质的沉降如酸雨等，也是水体污染的来源。这些污染源造成了性质各异的水体污染，并产生性质各异的危害。

二、水体中主要污染物及危害

1. 水体中主要污染物的分类

废水中的污染物种类非常多，根据污染物的性质及对环境造成危害的不同，废水中的污染物可大致分为以下几个类别：

① 无机无毒物：主要包括颗粒状污染物，酸、碱、一般无机盐，氮、磷等植物营养物质；

② 无机有毒物：主要指各种重金属及其无机有毒化合物，如汞、镉、砷、铅、氰化物，氟化物等；

③ 有机无毒物：主要指无毒的和易溶解的有机物，如碳水化合物、脂肪、蛋白质等；

④ 有机有毒物：主要指有毒的和难溶解的有机物，如苯酚、多环芳烃、PCB、有机氯农药等。

2. 水体中主要污染物的危害

（1）颗粒状污染物

砂粒、土粒及矿渣一类的颗粒状污染物质，是无毒害作用的，一般它们和有机性颗粒状的污染物质混在一起统称悬浮物或悬浮固体。在污水中悬浮物可能处于三种状态：部分轻于水的悬浮物浮于水面，在水面形成浮渣；部分密度大于水的悬浮物沉于水底，又称为可沉固体；另一部分悬浮物由于相对密度接近于水，就在水中呈真正的悬浮状态。悬浮物的主要危害为：降低光的穿透能力，减少了水的光合作用并妨碍水体的自净作用；对鱼类产生危害，可能堵塞鱼鳃，导致鱼的死亡，制浆造纸废水中的纸浆对此最为明显；水中的悬浮物又可能是各种污染物的载体，它可能吸附一部分水中的污染物并随水流动迁移。

（2）酸、碱、一般无机盐

含酸工业废水主要来自酸洗废水、黏胶纤维和酸性造纸、制酸工业等；含碱废水主要来自造纸、化纤、制碱、制革及炼油废水。酸、碱污染使水体 pH 值发生变化，当 pH 值小于6.5 或大于 8.5 时，会破坏水体的缓冲作用，消灭或抑制细菌及微生物的生长，致使水体自净能力受阻，水生生物物种变异及鱼类减少，甚至绝迹。pH 值过低时，还可腐蚀桥梁、船舶、渔具以及水下金属设施等。

无机盐的增加能提高水的渗透压，对淡水生物、植物生长有不良影响。在盐碱化地区，地面水、地下水中的盐将进一步危害土壤质量。酸、碱、盐污染造成水的硬度的增长在某些地质条件下非常显著。

（3）氮、磷等植物营养物质

天然水体中过量的植物营养物质主要来自于农田施肥、农业废弃物、城市生活污水和某些工业废水。

水体中过量的磷和氮成为水中微生物和藻类的营养，使得藻类迅速生长，引起水中溶解氧大量减少，导致鱼虾等水生生物死亡，水质恶化。这种由于水体中植物营养物质过多蓄积而引起的污染，叫做水体的"富营养化"；这种现象在海湾出现叫做"赤潮"。水体"富营养化"带来的影响：

① 藻类在水体中占据的空间越来越大，使鱼类活动的空间越来越少；死亡、腐败的藻

类将沉积塘底。

② 藻类种类逐渐减少，并由以硅藻和绿藻为主转为以蓝藻为主，大多数蓝藻的细胞壁外面有胶质衣，不适于作鱼饵料，而其中有一些种属是有毒的。

③ 藻类过度生长繁殖，将造成水体中溶解氧的急剧变化，藻类的呼吸作用和死亡的藻类的分解作用消耗大量的氧，有可能在一定时间内使水体处于严重缺氧状态，严重影响鱼类生存。

另外，对于硝酸盐来说，其本身是无毒的。但是现在发现硝酸盐在人胃中可能还原为亚硝酸盐，亚硝酸盐与仲胺作用可生成亚硝胺，而亚硝胺则是致癌、致变异和致畸胎的所谓三致物质。此外，饮用水中硝酸盐过高还会在婴儿体内产生变性血色蛋白症，因此，国家规定饮用水中硝酸盐氮含量不得超过 10mg/L。

(4) 重金属

化石燃料的燃烧、采矿和冶炼是向环境释放重金属的最主要污染源，再通过废水、废气和废渣向环境中排放重金属。重金属与一般耗氧的有机物不同，在水体中不能为微生物所降解，只能产生各种形态之间的相互转化以及分散和富集，这个过程称之为重金属的迁移。重金属在水体中的迁移主要与沉淀、络合、螯合、吸附和氧化还原等作用有关。

从毒性和对生物体的危害方面来看，重金属污染的特点有以下几点：

① 在天然水体中只要有微量浓度即可产生毒性效应，一般重金属产生毒性的浓度范围大致在 1 ~ 10mg/L 之间，毒性较强的重金属如汞、镉等，产生毒性的浓度范围在 0.01 ~ 0.001mg/L 以下。

② 微生物不能降解重金属，相反地某些重金属有可能在微生物作用下转化为金属有机化合物，产生更大的毒性，如汞在厌氧微生物作用下，转化为毒性更大的有机汞(甲基汞、二甲基汞)而造成人体患水俣病。

③ 金属离子在水体中的转移、转化与水体的酸、碱条件有关，如六价铬在碱性条件下的转化能力强于酸性条件，在酸性条件下二价镉离子易于随水迁移，并易为植物吸收，人通过食用含有镉的植物果实而得病——骨痛病。

④ 地表水中的重金属可以通过生物的食物链，成千上万地富集，而达到相当高的浓度，如淡水鱼可富集汞 1000 倍、镉 3000 倍、砷 330 倍、铬 200 倍等；藻类对重金属的富集程度更为强烈，如富集汞可达 1000 倍、铬 4000 倍，这样重金属能够通过多种途径(食物、饮水、呼吸)进入人体，甚至遗传和母乳也是重金属侵入人体的途径。

⑤ 重金属进入人体后，能够和生理高分子物质如蛋白质和酶等发生强烈的相互作用，使它们失去活性，也可能累积在人体的某些器官中，造成慢性累积性中毒，最终产生危害。

(5) 非重金属的无机毒性物质

① 氰化物：水体中氰化物主要来源于电镀废水、焦炉和高炉的煤气洗涤冷却水、某些化工厂的含氰废水及金、银选矿废水等。

有机氰化物称为腈，是化工产品的原料，如丙烯腈(C_2H_3CN)是制造合成纤维聚丙烯腈的基本原料。有少数腈类化合物在水中能够离解为氰离子(CN^-)和氢氰酸(HCN)，因此，其毒性与无机氰化物同样强烈。

氰化物排入水体后有较强的自净作用，一是氰化物的挥发逸散。氰化物与水体中的 CO_2 作用生成氰化氢气体逸入大气，水体中的氰化物主要是通过这一途径而得到去除的，其数量可达 90% 以上。二是氰化物的氧化分解。氰化物与水中的溶解氧作用生成铵离子和碳酸根。

水体中氰化物的氧化作用是在微生物的促进作用下产生的，在一般天然水体条件下，由于微生物氧化作用所造成的氰自净量约占水体中氰总量的 10% 左右。在夏季温度较高，光照良好的最有利条件下，氰自净量可达 30% 左右，冬季由于阳光弱和气温低，这种净化作用显著减慢。

氰化物是剧毒物质，急性中毒抑制细胞呼吸，造成人体组织严重缺氧，人只要口服 0.3~0.5mg 就会致死。氰对许多生物有害，只要 0.1mg/L 就能杀死虫类；0.3mg/L 能杀死水体赖以自净的微生物。农作物对氰化物的耐受程度比水生生物为高，灌溉水中氰含量在 0.5mg/L 以下时，不会导致地下水中氰含量超过饮用水标准。

我国饮用水标准规定，氰化物含量不得超过 0.05mg/L，农业灌溉水质标准为不大于 0.5mg/L，渔业用水不大于 0.005mg/L。

② 砷：砷(As)是常见的污染物之一，对人体毒性作用也比较严重。工业生产中化工、有色冶金、炼焦、火电、造纸、制革等是含砷废水排放的主要来源，其中以冶金、化工排放砷量较高。

三价砷的毒性大大高于五价砷。对人体来说，亚砷酸盐的毒性作用比砷酸盐大 60 倍，因为亚砷酸盐能够和蛋白质中的硫基反应，而三甲基砷的毒性比亚砷酸盐更大。砷也是累积性中毒的毒物，当饮用水中砷含量大于 0.05mg/L 时，就会导致累积，近年来发现砷还是致癌元素(主要是皮肤癌)。

我国饮用水标准规定，砷含量不应大于 0.05mg/L，农田灌溉标准不大于 0.05mg/L，渔业用水不超过 0.05mg/L。

(6)有机无毒物(需氧有机物)

水体中的需氧污染物主要来自生活污水、牲畜污水以及屠宰、肉类加工、罐头等食品工业和制革、造纸、印染、焦化等工业废水。从排水量来看，生活污水是需氧污染物质的最主要来源。需氧有机物包括碳水化合物、蛋白质、脂肪等，它们易于生物降解，向稳定的无机物转化。在有氧条件下，由好氧微生物作用下进行转化，这一转化进程快，产物一般为 CO_2、H_2O 等稳定物质；在无氧条件下，则在厌氧微生物的作用下进行转化，这一进程较慢，而且分二阶段进行。首先在产酸菌的作用下，形成脂肪酸、醇等中间产物，继之在甲烷菌的作用下形成 H_2O、CH_4、CO_2 等稳定物质，同时放出硫化氢、硫醇等具有恶臭的气体。

在一般情况下，进行的都是好氧转化，由于好氧微生物的呼吸要消耗水中的溶解氧，因此这类物质在转化过程中都会消耗一定数量的氧，故称之为耗氧污染物或需氧污染物。

耗氧污染物对水体污染的危害主要在于对渔业水产资源的破坏。当水体中有机物浓度过高时，微生物消耗大量的氧，使水体中溶解氧浓度急剧下降，甚至耗尽，导致鱼类及其他水生生物死亡。当水中溶解氧消失时，水中厌氧菌大量繁殖，在厌氧菌的作用下有机物可能分解放出甲烷和硫化氢等有毒气体，更不适于鱼类生存。

(7)有机有毒物

这一类物质多属于人工合成的有机物质，如农药(DDT、六六六等有机氯农药)、醛、酮、酚以及聚氯联苯、芳香族氨基化合物、高分子合成聚合物(塑料、合成橡胶、人造纤维)、染料等。主要来源于石油化学工业的合成生产过程及有关的产品使用过程中的污水排放。

有机有毒物性质稳定，不易被微生物分解，所以又称难降解有机污染物。以有机氯农药为例，由于它们具有很强的化学稳定性，在自然环境中的半衰期为十几年到几十年。

它们都对人类健康产生危害，只是危害程度和作用方式不同。如聚氯联苯、联苯氨是较强的致癌物质，酚醛以及有机氯农药等达到一定浓度后，会危害人体健康及生物的生长繁殖。

虽然在某些条件下，好氧微生物也能够对其进行分解，但速度较慢。

有机有毒物质种类繁多，其中危害最大的有两类：有机氯化合物和多环有机化合物。

① 有机氯化合物：有机氯化合物被人们使用的有几千种，其中污染广泛，引起普遍注意的是多氯联苯(PCB)和有机氯农药。

多氯联苯是一种无色或淡黄色的黏稠液体，流入水体后，由于它只微溶于水(每升水中最多只溶 1mg)，所以大部分以浑浊状态存在，或吸附于微粒物质上；它具有脂溶性，能溶解于水面的油膜中；它的相对密度大于1，故除少量溶解于油膜中外，大部分会逐渐沉积水底。由于它化学性质稳定，不易氧化、水解并难于生化分解，所以多氯联苯可长期保存在水中。多氯联苯可通过水体中生物的食物链富集作用，在鱼类体内浓度累积到几万甚至几十万倍，从而污染供人食用的水产品。多氯联苯是一氯联苯、二氯联苯、三氯联苯等的混合物，它的毒性与它的成分有关，含氯原子愈多的组分，愈易在人体脂肪组织和器官中蓄积，愈不易排泄，毒性就愈大。其毒性主要表现：影响皮肤、神经、肝脏，破坏钙的代谢，导致骨骼、牙齿的损害，并有亚急性、慢性致癌和致遗传变异等可能性。

有机氯农药是疏水性亲油物质，能够为胶体颗粒和油粒所吸附并随其在水中扩散。水生生物对有机氯农药同样有很强的富集能力，在水生生物体内的有机氯农药含量可比水中的含量高几千到几百万倍，通过食物链进入人体，累积在脂肪含量高的组织中，达到一定浓度后，即将显示出对人体的毒害作用。

有机氯农药的污染是世界性的，从水体中的浮游生物到鱼类，从家禽、家畜到野生动物体内，几乎都可以测出有机氯农药。

② 多环有机化合物：多环有机化合物(系指含有多个苯环的有机化合物)一般具有很强的毒性。例如，多环芳烃可能有致遗传变异性，其中3，4-苯并芘和1，2-苯并蒽等具有强致癌性。多环芳烃存在于石油和煤焦油中，能够通过废油、含油废水、煤气站废水、柏油路面排水以及淋洗了空气中煤烟的雨水而径流入水体中，造成污染。

酚排入水体后严重影响水质及水产品的产量及质量。酚污染物主要来源于焦化、冶金、炼油、合成纤维、农药等工业企业的含酚废水。除工业含酚废水外，粪便和含氮有机物在分解过程中也产生少量酚类化合物，所以城市中排出的大量粪便污水也是水体中酚污染物的重要来源。水体中的酚浓度低时能够影响鱼类的回游繁殖，酚浓度为 0.1~0.2mg/L 时鱼肉有酚味，浓度高时引起鱼类大量死亡，甚至绝迹。一般来说，低浓度的酚能使蛋白质变性，高浓度酚能使蛋白质沉淀，对各种细胞都有直接危害。人类长期饮用受酚污染的水源，可能引起头昏、出疹、骚痒、贫血和各种神经系统症状。

(8)石油类污染物

近年以来，石油及油类制品对水体的污染比较突出。在石油开采、储运、炼制和使用过程中，排出的废油和含油废水使水体遭受污染；石油化工、机械制造行业排放的废水也含有各种油类。随着石油事业的迅速发展，油类物质对水体的污染愈来愈严重，在各类水体中以海洋受到油污染尤为严重。目前通过不同途径排入海洋的石油数量每年为几百万至一千万吨。

石油进入海洋后造成的危害是很明显的，不仅影响海洋生物的生长、降低海滨环境的使用价值、破坏海岸设施，还可能影响局部地区的水文气象条件和降低海洋的自净能力。

据实测，每滴石油在水面上能够形成 $0.25m^2$ 的油膜，每吨石油可能覆盖 $5×10^6m^2$ 的水面。油膜使大气与水面隔绝，破坏正常的复氧条件，将减少进入海水的氧的数量，从而降低海洋的自净能力。

油膜覆盖海面阻碍海水的蒸发，影响大气和海洋的热交换，改变海面的反射率和减少进入海洋表层的日光辐射，对局部地区的水文气象条件可能产生一定的影响。

海洋石油污染的最大危害是对海洋生物的影响。水中含油 $0.1~0.01ml/L$ 时对鱼类及水生生物就会产生有害影响。油膜和油块能粘住大量鱼卵和幼鱼，或使鱼卵死亡，更使破壳出来的幼鱼畸形，并使其丧失生活能力。因此，石油污染对幼鱼和鱼卵的危害最大。石油污染短期内对成鱼危害不明显，但石油对水域的慢性污染会使渔业受到较大的危害。同时，海洋石油污染还能使鱼虾类产生石油臭味，降低海产品的食用价值。

（9）其他污染物

随着科学技术的发展，新型能源的开发利用及工业的迅猛发展，能源的大量使用，特别是能源使用的浪费不仅促使"能源危机"的发展，而且加重了对环境的污染。如火电站和原子能发电站将大量的热废水（温度升高了的冷却水）排入水体造成热污染；原子能反应堆、原子能电站等排泄物又引起水体的放射性污染。

三、废水的水质指标

污水所含的污染物质千差万别，可以用分析和检测的方法对污水中的污染物质做出定性、定量的检测以反映污水的水质。污水的水质指标可分为物理、化学、生物三大类。

1. 污水的物理性指标

（1）水温

生活污水的年平均温度相差不大，一般在 $10~20℃$ 之间，许多工业排出的废水温度较高。水温升高影响水生生物的生存，水中的溶解氧随水温的升高而减小，加速了污水中好氧微生物的耗氧速度，导致水体处于缺氧和无氧状态，使水质恶化。城市污水的水温与城市排水管网的体制及生产污水所占的比例有关。一般来讲，污水生物处理的温度范围在 $5~40℃$。

（2）色度

色度是一项感官性指标。一般纯净的天然水是清澈透明的，即无色的。但带有金属化合物或有机化合物等有色污染物的污水则呈现出各种颜色。生活污水的颜色一般呈灰色，工业废水则由于工矿企业的性质不同，污水的色度差异较大，如印染、造纸等生产污水色度很高。

将有色污水用蒸馏水稀释后与参比水样对比，一直稀释到两水样色差一样，此时污水的稀释倍数即为其色度。

（3）臭味

臭味同色度一样也是一项感官性状指标。天然水是无嗅无味的，当水体受到污染后会产生异样的气味，影响水环境。不同盐分会给水带来不同的异味，如氯化钠带咸味，硫酸镁带苦味，硫酸钙略带甜味等。生活污水的臭味主要是由有机物腐败产生的气体造成的，来源于还原性硫和氮的化合物。工业废水的嗅味主要由挥发性化合物造成。

（4）固体物质

水中所有残渣的总和称为总固体（TS），其测定方法是将一定水样在 $105~110℃$ 烘箱中烘干至恒重，所得含量即为总固体量。总固体量主要是有机物、无机物及生物体三种组成。总固体包括溶解物质（DS）和悬浮固体物质（SS）。水样经过过滤后，滤液蒸干所得的固体即为溶解性固体（DS），滤渣脱水烘干后即是悬浮固体（SS）。悬浮固体是由有机物和无机物组成，根据其挥发性能，悬浮固体又可分为挥发性悬浮固体（VSS）和非挥发性悬浮固体（NVSS）两种。挥发性悬浮固体亦称灼烧减重，主要是污水中的有机质；非挥发性固体又称灰分，为无机质。生活污水中挥发性悬浮固体约占70%左右。

2. 污水的化学性指标

（1）无机物指标

① 植物营养元素。污水中的 N、P 为植物营养元素，从农作物生长角度看，植物营养元素是宝贵的物质，但过多的 N、P 进入天然水体却易导致富营养化。水体中 N、P 含量的高低与水体富营养化程度有密切关系，就污水对水体富营养化作用来说，磷的作用远大于氮。

② pH 值。主要是指水样的酸碱性。

③ 重金属。重金属主要是指汞、镉、铅、铬、镍，以及类金属砷等生物毒性显著的元素，也包括具有一定毒害性的一般重金属，如锌、铜、钴、锡等。

（2）有机物指标

生活污水和某些工业废水中所含的碳水化合物、蛋白质、脂肪等有机化合物在微生物作用下最终分解为简单的无机物质、二氧化碳和水等。这些有机物在分解过程中需要消耗大量的氧，故属耗氧污染物。当溶解氧消耗殆尽时，厌氧微生物和改变了代谢方式的兼性微生物在水中进行厌氧分解。这时，代谢产物中的硫化氢对生物有制毒作用，硫化氢、硫醇和氨等还能散发出刺鼻的恶臭，形成的硫化铁能使水色发黑，还出现底泥冒泡和泥片泛起，这就是水质腐败的现象，它严重影响环境卫生和水的使用价值，所以可以用氧化过程消耗的氧量作为有机物的指标。

污水的有机污染物的组成较复杂，现有技术难以分别测定各类有机物的含量，通常也没有必要。从水体有机污染物看，其主要危害是消耗水中溶解氧。在实际工作中一般采用生物化学需氧量（BOD）、化学需氧量（COD）、总有机碳（TOC）、总需氧量（TOD）等指标来反映污水中有机物的含量。

① 生物化学需氧量（Bochemical Oxygen Demand，BOD）：在一定条件下（水温20℃），好氧微生物将有机物氧化成无机物（主要是水、二氧化碳等）所消耗的溶解氧量，称为生物化学需氧量，单位为 mg/L。

在实际工作中常用 5 日生化需氧量（BOD_5）作为可生物降解有机物的综合浓度指标。五天的生化需氧量（BOD_5）约占总生化需氧量（BODu）的70%~80%，即测得 BOD_5 后，基本能折算出 BODu 的总量。

② 化学需氧量（Chemical Oxygen Demand，COD）：是用化学氧化剂氧化污水中有机污染物质，氧化成 CO_2 和 H_2O，测定其消耗的氧化剂量，单位为 mg/L。常用的氧化剂有两种，即重铬酸钾和高锰酸钾。以重铬酸钾作氧化剂时，测得的值称 COD_{Cr}，用高锰酸钾作氧化剂测得的值为 COD_{Mn}。

化学需氧量（COD）能反应出易于被微生物降解的有机物，同时又反映出难于被微生物降解的有机物，能较精确地表示污水中有机物的含量。

COD 的测试需要时间较短，一般需几个小时即可测得，较测得 BOD 方便。但只测得

COD 值，只能反映总有机物的含量，并不能判别易于被生物降解的有机物和难于被生物降解的有机物所占的比例，所以，在工程实际中，BOD_5 与 COD 要同时测试两项指标作为污水处理领域的重要指标。

另外，水质标准中规定的有机化学毒物有：挥发酚、苯并(α)芘、DDT、六六六等。

③ 总有机碳 (Total Organic Carbon，TOC)：TOC 的测定原理为将一定数量的水样，经过酸化后，注入含氧量已知的氧气流中，再通过铂作为触媒的燃烧管，在 900℃ 高温下燃烧，把有机物所含的碳氧化成二氧化碳，用红外线气体分析仪记录 CO_2 的数量，折算成含碳量即为总有机碳。在进入燃烧管之前，需用压缩空气吹脱经酸化水样中的无机碳酸盐，排除测试干扰，单位为 mg/L。

④ 总需氧量(Total Oxygen Demand，TOD)：有机物的主要组成元素为碳、氢、氧、氮、硫等，将其氧化后，分别产生 CO_2、H_2O、NO_2 和 SO_2 等物质，所消耗的氧量称为总需氧量，以 mg/L 表示。TOD 和 TOC 都是通过燃烧化学反应，测定原理相同，但有机物数量表示方法不同，TOC 是用含碳量表示，TOD 是用消耗的氧量表示。当在水质条件较稳定的污水，其测得的 BOD_5、COD、TOD 和 TOC 之间，数值上有下列排序：$TOD > COD_{cr} > BOD_U > BOD_5 > TOC$。

3. 污水的生物性指标

污水中生物污染物是指污水中能产生致病的微生物，以细菌和病毒为主。主要来自生活污水、制革污水、医院污水等含有病原菌、寄生虫卵及病毒的污水。污水中的绝大多数微生物是无害的，但有一部分能引起疾病，如肝炎、伤寒、霍乱、痢疾、脑炎、脊髓灰质炎、麻疹等。

(1)细菌总数

水中细菌总数反映了水体受细菌污染的程度。细菌总数不能说明污染的来源，必须结合大肠菌群数来判断水体污染的来源和安全程度。

(2)大肠菌群

水是传播肠道疾病的一种重要媒介，而大肠菌群被视为最基本的粪便传染指示菌群。大肠菌群的值可表明水样被粪便污染的程度，间接表明有肠道病菌(伤寒、痢疾、霍乱等)存在的可能性。

大肠菌群数是每升水样中含有的大肠菌群数目，以个/L 表示，大肠菌群指数是以查出一个大肠菌群所需的最少水样的水量，以 mL 表示。

四、水体污染的控制技术

废水处理按处理机理的不同可分为：物理法、化学法、物理化学法和生物化学法。

1. 废水的物理处理法

通过物理作用分离和去除废水中不溶解的呈悬浮状态的污染物(包括油膜、油珠)的方法。处理过程中，污染物的化学性质不发生变化。包括：均衡调节、过滤、沉淀、上浮、隔油池等。物理处理法的优点：设备大都较简单，操作方便，分离效果良好，故使用极为广泛。

(1)过滤

过滤(filtration)是去除废水中粗大的悬浮物和杂物，以保护后续处理设施能正常运行的一种预处理方法。

① 格栅。格栅是由一组平行的金属栅条制成的框架，斜置在废水流经的管道上或泵站集水池的进口处，或取水口进口端部，用以截留水中粗大的悬浮物和漂浮物，以免堵塞水泵

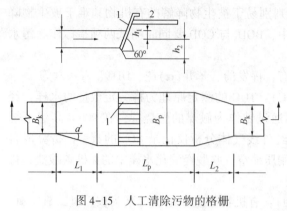

图 4-15　人工清除污物的格栅

及沉淀池的排泥管。

格栅通常是废水处理流程的第一道设施。格栅本身的水流阻力并不大，阻力主要产生于筛余物堵塞栅条。一般当格栅的水头损失达到 10~15cm H_2O 柱时就该清洗。截留在格栅上的污染物，可用手工清除或机械清除。目前，为了消除卫生条件恶劣的人工劳动，一般都改用机械自动清除式格栅。人工清除污物的格栅见图4-15。新设计的废水处理厂一般都采用粗、中两道格栅，甚至采用粗、中、细三道格栅。我国目前采用的机械格栅，栅条间距大都在 20mm 以上，多采用 50mm 左右。机械格栅的间距过小则易使耙齿卡在格栅间。机械格栅的倾斜度较人工格栅的大，一般为 60°~70°，采用电力系统或液压系统传动。齿耙用链条或钢丝绳拉动，移动速度一般为 2m/min 左右。

图 4-16 为履带式机械格栅的一种。格栅链条作回转循环转动，齿耙固定在链条上，并伸入栅隙间。这种格栅设有水下导向滑轮，利用链条的自重自由下滑，齿耙在移动过程中将格栅上截留的悬浮物清除掉。

② 筛网。筛网主要用于截留尺寸在数毫米至数十毫米的细碎悬浮态杂物，尤其适用于分离和回收废水中的纤维类悬浮物和动植物残体碎屑。这类污染物容易堵塞管道、孔洞或缠绕于水泵叶轮。用筛网分离具有简单、高效、运行费用低廉等优点。

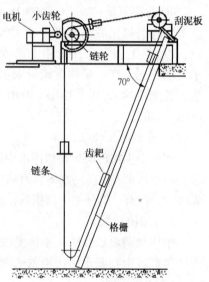

图 4-16　履带式机械格栅

筛网过滤装置很多，有振动筛网、水力筛网、转鼓式筛网、转盘式筛网、微滤机等。不论何种形式，其结构既要截留污物，又要便于卸料及清理筛面。

（2）沉淀

沉淀（sedimentation）是水处理中广泛应用的一种方法，主要用于去除粒径在 20~100μm 以上的可沉固体颗粒。它的形式很多，按池内水流方向可分为平流式、竖流式和辐流式三种。

① 平流式沉淀池：由进、出水口、水流部分和污泥斗三个部分组成。池体平面为矩形，水由进水渠通过均匀分布的进水孔流入池体，进水孔后设有挡板，使水流均匀地分布在整个池宽的横断面。沉淀池的出口设在池长的另一端，多采用溢流堰，以保证沉淀后的澄清水可沿池宽均匀地流入出水渠。堰前设浮渣槽和挡板以截留水面浮渣，水流部分是池的主体。池宽和池深要保证水流沿池的过水断面布水均匀，依设计流速缓慢而稳定地流过。池的长宽比一般不小于4，池的有效水深一般不超过 3m。污泥斗用来积聚沉淀下来的污泥，多设在池前部的池底以下，斗底有排泥管，定期排泥。

平流式沉淀池对冲击负荷和温度变化的适应能力较强，施工简单，构造简单，造价低，沉淀效果好，工作性能稳定，使用广泛，但占地面积较大，采用机械排泥时，机件设备和驱动件均浸于水中，易生锈，易腐蚀，适用于地下水位较高及地质较差的地区。若加设刮泥机或对比重较大沉渣采用机械排除，可提高沉淀池工作效率，如图 4-17 所示。

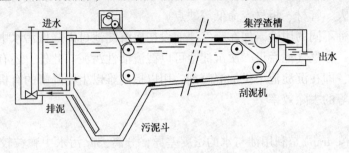

图 4-17　平流式沉淀池

② 竖流式沉淀池：池体平面为圆形或方形，废水由设在沉淀池中心的进水管自上而下排入池中，进水的出口下设伞形挡板，使废水在池中均匀分布，然后沿池的整个断面缓慢上升。悬浮物在重力作用下沉降入池底锥形污泥斗中，澄清水从池上端周围的溢流堰中排出。溢流堰前也可设浮渣槽和挡板，保证出水水质。这种池占地面积小，但深度大，池底为锥形，施工较困难，如图 4-18 所示。

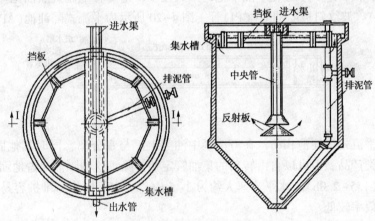

图 4-18　竖流式沉淀池

③ 辐流式沉淀池：池体平面多为圆形，也有方形的。直径较大而深度较小，直径为20～100m，池中心水深不大于 4m，周边水深不小于 1.5m。废水自池中心进水管入池，沿半径方向向池周缓慢流动。悬浮物在流动中沉降，并沿池底坡度进入污泥斗，澄清水从池周溢流入出水渠。辐流式沉淀池采用机械排泥，运行较好，设备较简单，排泥设备已有定型产品；但池水水流速度不稳定，机械排泥设备复杂，对施工质量要求较高，适用于地下水位较高的地区，如图 4-19 所示。

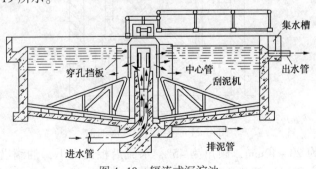

图 4-19　辐流式沉淀池

另外，还有斜板或斜管式沉淀池。主要就是在池中加设斜板或斜管，可以大大提高沉淀效率，缩短沉淀时间，减小沉淀池体积。但有斜板、斜管易结垢，长生物膜，产生浮渣，维修工作量大，管材、板材寿命低等缺点。

沉淀池有各种不同的用途。如在曝气池前设初次沉淀池可以降低污水中悬浮物含量，减轻生物处理负荷；在曝气池后设二次沉淀池可以截流活性污泥。此外，还有在二级处理后设置的化学沉淀池，即在沉淀池中投加混凝剂，用以提高难以生物降解的有机物、能被氧化的物质和产色物质等的去除效率。

（3）隔油

隔油池（grease trap）是利用油与水的密度差异，分离去除污水中颗粒较大的悬浮油的一种处理构筑物。石油工业和石油化学工业在生产过程中排出含大量油品的废水；煤的焦化和气化工业排出含高浓度焦油的废水；毛纺工业和肉品工业等排出含有较多油脂的废水。这些含油废水如排入水体会造成污染，灌溉农田会堵塞土壤孔隙，不利于作物生长。如对废水中的油品加以回收利用，则不仅可避免对环境的污染，又能获得可观的经济收益。

除油过程中，常采用隔油池去除浮油，再采用气浮法除去乳化油，然后根据需要再采取其他处理方法，使其进一步净化。隔油池的形式较多，主要有平流式隔油池（API）、平行板式隔油池（PPI）、波纹斜板隔油池（CPI）等。图4-20所示为平流式隔油池（API）。

图4-20　平流式隔油池

其构造与平流式沉淀池相仿，在澄清区中油类上浮与水分离，同时其他固体杂质沉淀。截留下来的油类产品，由可以自由转动的集油管定期排除。这种隔油池占地面积较大，水流停滞时间较长（1.5~2.0h），水平流速大约为2~5mm/s。由于操作与维护容易，使用比较广泛，但除油的效率较低。

若在平流式隔油池内安装许多倾斜的平行板，便成了平行板式隔油池（PPI），斜板的间距为100mm。这种隔油池的特点是油水分离迅速，占地面积小（只为API的1/2），但结构复杂，维护和清理都比较困难。若将PPI隔油池内的平行板改换成波纹斜板，就变成了波纹板隔油池（CPI），如图4-21所示。

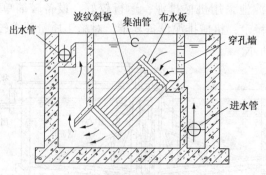

图4-21　波纹斜板式隔油池

其内板的间距为20~40mm，倾角为45°，水流沿板面向下，油滴沿板的下表面向上流动，汇集于集油区内用集油管排出，处理后的水从溢流堰排出。这种隔油池的分离效率更高，池内水的停留时间约为 30min，占地面积只有 PPI 式的 2/3。

2. 废水的化学处理法

废水化学处理法是利用化学反应来分离回收污水中的污染物，或是其转化为无害物质。属于化学处理法的有中和法、混凝法、氧化还原法、电解法、化学沉淀法等。

(1)中和法

中和(neutralization)就是利用酸碱的中和反应，调节废水的酸碱度(pH 值)，使其呈中性或接近中性或适宜于下步处理的 pH 值范围。如以生物处理而言，需将处理系统中废水的 pH 值维持在 6.5~8.5 之间，以确保最佳的生物活力。

酸碱废水的来源很广，化工厂、化学纤维厂、金属酸洗与电镀厂等及制酸或用酸过程中，都排出大量的酸性废水。有的含无机酸如硫酸、盐酸等，有的含有机酸如醋酸等，也有的是几种酸并存的情况。酸具有强腐蚀性，碱危害程度较小，但在排至水体或进入其他处理设施前，均须对酸碱废液先进行必要的回收，再对低浓度的酸碱废水进行适当地中和处理。常用的中和法有酸碱废水相互中和、投药中和和过滤中和等。

① 酸、碱废水(或废渣)中和法。酸碱废水的相互中和可根据当量定律定量计算：

$$N_a V_a = N_b \cdot V_b$$

式中，N_a、N_b 分别为酸碱的当量浓度；V_a、V_b 分别为酸碱溶液的体积。

中和过程中，酸碱双方的当量数恰好相等时称为中和反应的等当点。强酸、强碱的中和达到等当点时，由于所生成的强酸强碱盐不发生水解，因此等当点即中性点，溶液的 pH 值等于 7.0。但中和的一方若为弱酸或弱碱，由于中和过程中所生成的盐，在水中进行水解，因此，尽管达到等当点，但溶液并非中性，而根据生成盐的水解可能呈现酸性或碱性，pH 值的大小由所生成盐的水解度决定。

② 投药中和法。投药中和法是应用广泛的一种中和方法，图 4-22 所示为酸性废水的投药中和流程图。最常用的碱性药剂是石灰，有时也选用苛性钠、碳酸钠、石灰石或白云石等。选择碱性药剂时，不仅要考虑它本身的溶解性、反应速度、成本、二次污染、使用方便等因素，而且还要考虑中和产物的性状、数量及处理费用等因素。

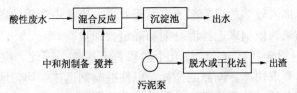

图 4-22　酸性废水的投药中和流程图

③ 过滤中和法。一般适用于处理含酸浓度较低(硫酸<20g/L，盐酸、硝酸<20g/L)的少量酸性废水，对含有大量悬浮物、油、重金属盐类和其他有毒物质的酸性废水不适用。

滤料可用石灰石或白云石，石灰石滤料反应速度比白云石快，但进水中硫酸允许浓度则较白云石滤料低。中和盐酸、硝酸废水，两者均可采用。中和含硫酸废水，采用白云石为宜。

(2)混凝法

混凝(coagulation)在废水处理中可以用于预处理、中间处理和深度处理的各个阶段。它除了除浊、除色之外，对高分子化合物、动植物纤维物质、部分有机物质、油类物质、微生物、某些表面活性物质、农药等有一定的清除作用，对汞、镉、铅等重金属也有一定的清除作用，所以它在废水处理中的应用十分广泛。

废水中的微小悬浮物和胶体粒子很难用沉淀方法除去，它们在水中能够长期保持分散的悬浮状态而不自然沉降，具有一定的稳定性。混凝法就是向水中加入混凝剂来破坏这些细小粒子的稳定性。首先使其互相接触而聚集在一起，然后形成絮状物并下沉分离的处理方法。前者称为凝聚，后者称为絮凝，一般将这两个过程通称为混凝。混凝法的设备费用低、处理效果好，操作管理简单。但要不断向废水中投加混凝剂，运行费用较高。图 4-23 为自动投药串级控制流程图。

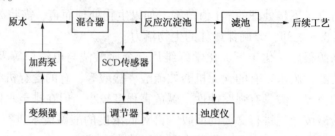

图 4-23　自动投药串级控制流程图

影响混凝效果的因素：

① 废水的 pH 值。水的 pH 值能影响颗粒表面的电荷和絮体的沉淀过程，它是一个很重要的参数。例如，以硫酸铝为混凝剂时，当 pH 值在 5.7~7.8 范围内时，形成带正电荷的离子和胶体，如 $Al(OH)^{2+}$、$Al(OH)^+$ 和 $Al(OH)_3$ 等，有较好的混凝效果。若 pH 值>8.2 时，则会使 $Al(OH)_3$ 胶体溶解，产生负离子，$Al(OH)^{3+}+OH^- \Longrightarrow AlO_2^-+2H_2O$，对含有负电荷胶体的废水则不起凝聚作用，影响处理效果。而用三价铁盐时，pH 值在 6.0~8.4 之间都有较好的处理效果。

② 水温。水温对混凝效果有明显的影响，无机盐类混凝剂的水解是吸热反应，水温低不利于水解进行，特别是硫酸铝，当水温低于 5℃时，水解速度极慢。同时水温低，黏度大，也不利于脱稳胶粒的相互絮凝，影响处理效果。这时可投加高分子助凝剂以改善处理效果，或用气浮法代替沉淀法作为后续处理过程。

③ 废水中杂质。例如天然水中含黏土类杂质为主，需投加混凝剂量较小，而废水中含大量的有机物时，需加入较多的混凝剂才有混凝效果。废水中杂质的影响较为复杂，实际应用时，还应以实验结果为依据来选择混凝剂和确定投加量。

④ 搅拌。搅拌对混合、反应、凝聚几个阶段都有影响，因此，搅拌一定要适度。一般在混凝剂混合阶段，要求快速、剧烈的搅拌，以使混凝剂迅速、均匀地扩散到全部水中，创造良好的水解和聚合条件，使胶体脱稳并借助颗粒的布朗运动和湍动的水流凝聚，此阶段不要求形成大的絮凝体。在混凝反应阶段，要求形成大而具有良好沉淀性能的絮凝体，此时过于激烈的搅拌反而会打碎已凝聚的絮状沉淀物，不利于混凝沉淀，所以此阶段搅拌的强度和水流速度应随絮凝体的结大而降低。

常用的混凝剂可分为无机混凝剂、有机混凝剂和高分子混凝剂三类。国内多采用铝、铁盐类无机混凝剂。有机和高分子混凝剂近年来也有很大发展，作用远比无机混凝剂优越，铝盐、铁盐和聚丙烯酰胺是常用的几种混凝剂。

有时当单用混凝剂不能取得较好的效果时，可以投加某种称为助凝剂的辅助药剂来调节、改善混凝条件，提高处理效果。助凝剂主要起到调整 pH 值、改善絮凝体结构、增强絮凝体的密实性和沉降性能，以提高混凝效果的作用。常用的助凝剂有 PAM、活化硅胶、骨胶、海藻酸钠、氯气、氧化钙等。

3. 废水的物理化学处理法

废水物理化学处理法是运用物理和化学的综合作用使废水得到净化的方法。它是由物理方法和化学方法组成的废水处理系统，或是包括物理过程和化学过程的单项处理方法，如浮选、吹脱、结晶、吸附、萃取、电解、电渗析、离子交换、反渗透等。

（1）浮选

浮选（floatation）用于处理废水中靠自然沉降，或上浮难以去除的浮油，或相对密度接近于1的悬浮颗粒。包括气泡产生、气泡与颗粒附着以及上浮分离等连续过程。浮选常用的方法有加压溶气浮选法、叶轮式浮选法和喷射式浮选法。

加压溶气浮选法是目前国内外最常采用的方法，可选择的基本流程有全流程溶气浮选法、部分溶气浮选法和部分回流溶气浮选法三种。全流程溶气浮选法是将全部废水用水泵加压，在溶气罐内空气溶解于废水中，然后通过减压阀将废水送入浮选池。其流程如图4-24所示。它的特点：

① 溶气量大，增加了油粒或悬浮颗粒与气泡的接触机会；

② 在处理水量相同的条件下，它较部分回流溶气浮选法所需的浮选池小；

③ 全部废水经过压力泵，所需的压力泵和溶气罐均较其他两种流程大，因此投资和运转动力消耗较大。

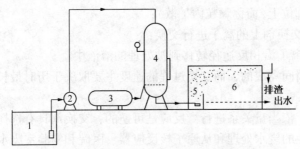

图4-24　全流程溶气气浮法

1—吸水井；2—水泵；3—空压机；4—压力容器罐；5—空气释放器；6—气浮池

部分溶气浮选法是取部分废水加压和溶气，其余废水直接进入浮选池并在浮选池中与溶气废水混合。它的特点是与全流程溶气浮选法所需的压力泵小，因此动力消耗低；浮选池的大小与全流程溶气浮选法相同，但较部分回流溶气浮选法小，比较适合处理含油量较低的污水。

部分回流溶气浮选法是取一部分处理后的水回流，回流水加压和溶气，减压后进入浮选池，与来自絮凝池的含油废水混合和浮选。它的特点是加压的水量少，动力消耗省；浮选过程中不促进乳化；矾花形成好，后絮凝也少；浮选池的容积较前两种流程大，如图4-25所示。

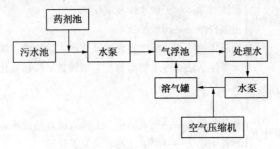

图4-25　部分回流溶气浮选法

（2）吸附

吸附（adsorption）处理法是利用多孔性固体（吸附剂）吸附废水中某种或几种污染物（吸附质），以回收或去除这些污染物，从而使废水得到净化的方法。吸附具有适应范围广、处理效果好、可回收有用物料、吸附剂可重复使用等优点，但对进水预处理要求较高，运转费用较高，系统庞大，操作较麻烦。

吸附分物理吸附和化学吸附。前者没选择性是放热过程，温度降低利于吸附；后者具选择性是吸热过程，温度升高利于吸附。吸附法单元操作分三步：

① 使废水和固体吸附剂接触，废水的污染物被吸附剂吸附；

② 将吸附有污染物的吸附剂与废水分离；

③ 进行吸附剂的再生或更新。

在实际的吸附过程中，物理吸附和化学吸附往往同时存在，难于明确区分。

（3）离子交换

离子交换（lon-exchange）处理法是借助于离子交换剂中的交换离子与废水中的离子进行交换而去除废水中有害离子的方法。其交换过程：

① 被处理溶液中的某离子迁移到附着在离子交换剂颗粒表面的液膜中；

② 该离子通过液膜扩散（简称膜扩散）进入颗粒中，并在颗粒的孔道中扩散而到达离子交换剂的交换基团的部位上（简称颗粒内扩散）；

③ 该离子与离子交换剂上的离子进行交换；

④ 被交换下来的离子沿相反途径转移到被处理的溶液中。

离子交换反应是瞬间完成的，而交换过程的速度主要取决于历时最长的膜扩散或颗粒内扩散。

离子交换的特点：依当量关系进行，反应是可逆的，交换剂具有选择性。该方法应用于各种金属表面加工产生的废水处理和从原子核反应器、医院和实验室废水中回收或去除放射性物质，具有广阔的前景。

4. 废水的生物化学处理法

废水生物处理是 19 世纪末出现的治理污水的技术，发展至今已成为世界各国处理城市生活污水和工业废水的主要手段。

生物化学处理法简称生化法，是利用自然环境中微生物的代谢作用来分解废水中的有机物和某些无机毒物（如氰化物、硫化物），使之转化为稳定、无害物质的一种水处理方法。

按微生物的代谢形式，生化法可分为好氧法和厌氧法两大类；按微生物的生长方式可分为悬浮生物法和生物膜法，现归纳如图 4-26 所示。

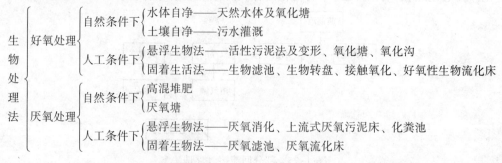

图 4-26 生物处理方法分类

（1）好氧生物处理法

废水好氧生物处理法（aerobic bioremediation）是利用好氧微生物分解废水中的有机污染物，使废水无害化的处理方法。其机理是当废水同微生物接触后，水中的可溶性有机物透过细菌的细胞壁和细胞膜而被吸收进入菌体内；胶体和悬浮性有机物则被吸附在菌体表面，由细菌的外酶分解为溶解性的物质后，也进入菌体内。这些有机物在菌体内通过分解代谢过程被氧化降解，产生的能量供细菌生命活动的需要，一部分氧化中间产物通过合成代谢成为新的细胞物质，使细菌得以生长繁殖。处理的最终产物是二氧化碳、水、氨、硫酸盐和磷酸盐等稳定的无机物。处理时，要供给微生物以充足的氧和各种必要的营养源如碳、氮、磷以及钾、镁、钙、硫、钠等元素；同时应控制微生物的生存条件，如 pH 值宜为 6.5~9，水温宜为 10~35℃等。主要方法有活性污泥法、生物滤池、生物转盘等。

① 活性污泥法。活性污泥法（activated sludge method）属于好氧生物处理法中应用非常广泛的一种处理方法。所谓活性污泥指的是一种人工培养的生物絮凝体，它是由具有活性的微生物群体（Ma）、微生物自身氧化的残留物质（Me）、原污水挟入的不能被微生物降解的惰性有机物质（Mi）、原污水挟入的无机物质（Mii）四部分组成。

传统的活性污泥法是由初次沉淀池、曝气池、二次沉淀池、供氧装置以及污泥回流设备等组成，其基本流程如图 4-27 所示。

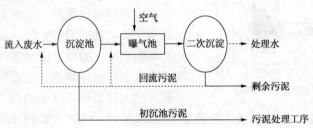

图 4-27　传统活性污泥法基本流程

从初沉池流出的废水与从二沉池底部流出的回流污泥混合后进入曝气池；从空气压缩机站送来的压缩空气，通过铺设在曝气池底部的空气扩散装置，以细小气泡的形式进入污水中，其目的是保持曝气池好氧条件，保证好氧微生物的正常生长和繁殖，同时使混合液处于剧烈搅动的状态，使活性污泥处于悬浮状态，使废水和活性污泥充分接触；废水中的可溶性有机物在曝气池内被活性污泥吸附、吸收和氧化分解，使废水得到净化。

二次沉淀的作用是将活性污泥与已被净化的水分离；浓缩活性污泥，使其以较高的浓度回流到曝气池。二沉池的污泥也可以部分回流至初沉池，以提高初沉效果。

传统活性污泥法的不足之处主要有：对水质变化的适应能力不强；所供的氧不能充分利用，因为在曝气池前端废水水质浓度高、污泥负荷高、需氧量大，而后端则相反。但空气往往沿池长均匀分布，这就造成前端供氧量不足，后端供氧量过剩的情况。因此，在处理同样水量时，与其他类型的活性污泥法相比，曝气池相对庞大，占地多，能耗费用高。

除传统活性污泥法外，还有阶段曝气活性污泥法、渐减曝气活性污泥法、吸附-再生活性污泥法、完全混合活性污泥法、序批式活性污泥法等。

② 生物膜法。生物膜法（biological film）是利用附着生长于某些固体物表面的微生物（即生物膜）进行有机污水处理的方法。生物膜是由高度密集的好氧菌、厌氧菌、兼性菌、真菌、原生动物以及藻类等组成的生态系统，其附着的固体介质称为滤料或载体。生物膜自滤料向外可分为厌气层、好气层、附着水层、运动水层。

生物膜法的原理：生物膜首先吸附附着水层有机物，由好气层的好气菌将其分解，再进入厌气层进行厌气分解，流动水层则将老化的生物膜冲掉以生长新的生物膜，如此往复以达到净化污水的目的。

与活性污泥法相比，生物膜法对水量、水质、水温变动适应性强；处理效果好并具良好硝化功能；污泥量小(约为活性污泥法的3/4)且易于固液分离；管理简便，基本建设投资和运行费用都较低。但处理效率和卫生条件较差，占地面积较大。

用生物膜法处理废水的构筑物有生物滤池、生物转盘和生物接触氧化池等。

a. 生物滤池一般是长方形或圆形，池内填有滤料，滤料层上为布水装置，滤料层下为排水系统。废水通过布水装置均匀洒到生物滤池表面，呈涓滴状流下，一部分废水呈薄膜状被吸附于滤料周围，成为附着水层；另一部分则呈薄膜流动状流过滤料，并从上层滤料向下层滤料逐层滴流，最后通过排水系统排出池外。生物滤池的构造如图4-28所示。

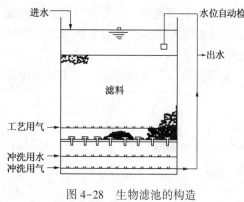

图4-28　生物滤池的构造

由于滤料间隙的空气不断地溶于水中，水层中保有比较充足的溶解氧；而流过的废水中所含的大量有机物质，可作为微生物的营养源，因此水层中需氧微生物能够大量生长繁殖。微生物的代谢作用使部分有机物质被氧化分解为简单的无机物，并释放出能量。这些能量一部分供微生物自身生长活动的需要，另一部分被转化合成为新的细胞物质。另外，废水通过滤池时，滤料截留了废水中的悬浮物质，并吸附了废水中的胶体物质，使大量繁殖的微生物有了栖息场所，从而在滤料表面逐渐生长起一层充满微生物及原生动物的"生物膜"。膜的外侧有附着水层，废水不断地从滤池上淋洒下来，就有一层废水不断沿生物膜上部表面流下，这部分废水为流动水层。流动水层和附着水层相接触，附着水层由于生物净化作用，所含有机物质浓度很低，流动水层通过传质作用把所含的有机物传递给附着水层，从而不断地得到净化。同时由于生物膜上的微生物的增殖，膜的厚度不断增加，当达到一定厚度时，生物膜层内由于得不到足够的氧，由需氧分解转变为厌氧分解，微生物逐渐衰亡、老化，使生物膜从滤料表面脱落，随水流至沉淀池。生物滤池的滤料上再生成新的生物膜，如此不断更新。

由于生物膜要不断更新，脱落的生物膜随水流出，因此必须在生物滤池后设置二次沉淀池。为保证生物滤池的正常工作，对含有较多悬浮物质和油脂等易于堵塞滤料的废水，须设置初次沉淀池、浮选池和隔油池等，以进行预处理。

选择合适的滤料十分重要。滤料必须机械强度好，耐腐蚀；表面积大，略呈粗糙，但又不影响水的均匀流动；滤料间应有一定的空隙，以免堵塞，并使空气流通；能就地取材，价格低廉。长期以来多以卵石、碎石、炉渣、焦炭等为滤料。近年来开始使用人工塑料滤料，如波形板和列管式滤料。这种滤料质量轻，强度高，耐腐蚀性能好，表面积和空隙率都较大。

b. 生物转盘是由固定在一横轴上的若干间距很近的圆盘组成。圆盘面生长有一层生物膜，作用与生物滤池中滤料相似。圆盘是用轻质耐腐蚀、坚固而不易挠折的材料，如泡沫聚氯乙烯、泡沫聚苯乙烯、硬聚氯乙烯、玻璃钢等材料制成。圆盘有约一半的面积浸在一个半圆形或矩形的水槽内。废水在槽中流过时，圆盘缓慢转动。圆盘的一部分浸入废水时，生物膜吸附废水中的有机物，使微生物获得营养。当转出水面时，生物膜又从大气中直接吸收氧气。如此循环反复，废水中的有机物在需氧微生物的作用下得到氧化分解。圆盘上的生物膜也会因老化不断地自行脱落，随水流出，在二次沉淀池中沉淀下来。生物转盘能处理高浓度废水，而不会发生堵塞现象。构造与生物转盘类似的还有生物转筒，主体装置是由固定在一横轴上的若干圆筒组成，圆筒中装填料，生物膜生长在填料表面。如图4-29为生物转盘示意图。

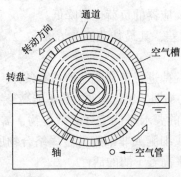

图 4-29　生物转盘示意图

（2）厌氧生物处理法

厌氧生物处理（biological anaerobic treatment）是在无氧的情况下，利用兼性菌和厌氧菌的代谢作用，分解有机物的一种生物处理法。是一种低成本的废水处理技术，它能在处理废水过程中回收能源。厌氧生化法不仅可用于处理有机污泥和高浓度有机废水，也用于处理中、低浓度有机废水，包括城市污水。

复杂有机物的厌氧消化过程要经历数个阶段，由不同的细菌群接替完成。根据复杂有机物在此过程中的物态及物性变化，可分为以下三个阶段。

第一阶段为水解阶段。废水中的不溶性大分子有机物（如蛋白质、多糖类、脂类等）经发酵细菌水解后，分别转化为氨基酸、葡萄糖和甘油等水溶性的小分子有机物。水解过程通常较缓慢，因此被认为是含高分子有机物或悬浮物废液厌氧降解的限速阶段。

第二阶段为产氢产乙酸阶段。在产氢产乙酸细菌的作用下，第一阶段产生的各种有机酸被分解转化成乙酸和 H_2，在降解奇数碳有机酸时还形成 CO_2，如：

$$CH_3CH_2CH_2CH_2COOH+2H_2O \longrightarrow CH_3CH_2COOH+CH_3COOH+2H_2$$

$$CH_3CH_2COOH+2H_2O \longrightarrow CH_3COOH+3H_2+CO_2$$

第三阶段为产甲烷阶段。产甲烷细菌将乙酸、乙酸盐、CO_2 和 H_2 等转化为甲烷。此过程由两组生理上不同的产甲烷菌完成，一组把氢和二氧化碳转化成甲院，另一组从乙酸或乙酸盐脱羧产生甲烷，前者约占总量的 1/3，后者约占 2/3，反应为：

$$4H_2+CO_2 \xrightarrow{\text{产甲烷菌}} CH_4+2H_2O$$

$$CH_3CHCOOH \xrightarrow{\text{产甲烷菌}} 2CH_4+2CO_2$$

$$CH_3COONH_4+H_2O \xrightarrow{\text{产甲烷菌}} CH_4+NH_4HCO_3$$

影响厌氧处理的因素：

① 温度。温度是影响微生物生命活动最重要的因素之一，其对厌氧微生物及厌氧消化的影响尤为显著。各种微生物都在一定的温度范围内生长，根据微生物生长的温度范围，习

111

惯上将微生物分为三类：嗜冷微生物，生长温度为 5~20℃；嗜温微生物，生长温度 20~42℃；嗜热微生物，生长温度 42~75℃。相应地厌氧废水处理也分为低温、中温和高温三类。这三类微生物在相应的适应温度范围内还存在最佳温度范围，当温度高于或低于最佳温度范围时其厌氧消化速率将明显降低。在工程运用中，中温工艺以 30~40℃最为常见，其最佳处理温度在 35~40℃；高温工艺以 50~60℃最为常见，最佳温度为 55℃。

在上述范围里，温度的微小波动(例如，1~3℃)对厌氧工艺不会有明显的影响，但如果温度下降幅度过大，则由于微生物活力下降，反应器的负荷也将降低。

② pH 值。产甲烷菌对 pH 值变化适应性很差，其最佳范围为 6.8~7.2，超出该范围厌氧消化细菌会受到抑制。

③ 氧化还原电位。绝对的厌氧环境是产甲烷菌进行正常活动的基本条件，产甲烷菌的最适氧化还原电位为 $-150~-400mV$，培养甲烷菌的初期，氧化还原电位不能高于 $-330mV$。

④ 营养。厌氧微生物对碳、氮等营养物质的要求略低于好氧微生物，需要补充专门的营养物质有钾、钠、钙等金属盐类，它们是形成细胞或非细胞的金属络合物所需的物质，同时也应加入镍、铝、钴、钼等微量金属，以提高若干酶的活性。

⑤ 有机负荷。在厌氧法中，有机负荷通常指容积有机负荷，简称容积负荷，即消化器单位有效容积每天接受的有机物量($kgCOD/m^3 \cdot d$)

有机负荷是影响厌氧消化效率的一个重要因素，直接影响产气量和处理效率。有机负荷值因工艺类型、运行条件、废水废物的种类及浓度而异。在通常的情况下，采用常规厌氧消化工艺，中温处理高浓度工业废水的有机负荷为 $2~3kgCOD/(m^3 \cdot d)$，在高温下为 $4~6kg COD/(m^3 \cdot d)$。上流式厌氧污泥床反应器、厌氧滤池、厌氧流化床等新型厌氧工艺的有机负荷在中温下为 $5~15 kg COD/(m^3 \cdot d)$，可高达 $30 kg COD/(m^3 \cdot d)$。

⑥ 有毒物质。有毒物质会对厌氧微生物产生不同程度的抑制，使厌氧消化过程受到影响甚至破坏，常见抑制性物质为硫化物、氨氮、重金属、氰化物及某些人工合成的有机物。

厌氧生物处理法包括：厌氧消化法、厌氧接触法、厌氧滤池、厌氧流化床等。

厌氧接触法是对普通污泥消化池的改进，工艺流程如图 4-30 所示，主要特点是在厌氧反应器后设沉淀池，使污泥回流，保证厌氧反应器内能够维持较高的污泥浓度，可达 5~10gMLVSS/L，大大降低反应器的水力停留时间，并使其具有一定的耐冲击负荷能力。

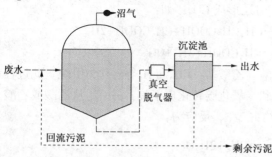

图 4-30 厌氧接触法工艺流程

该工艺存在的问题：

① 厌氧反应器排出的混合液中的污泥，由于附着大量的气泡，在沉淀池中易于上浮到水面而被出水带走；

② 进入沉淀池的污泥仍有产甲烷菌在活动，并产生沼气，使已沉下的污泥上翻，影响出水水质、降低回流污泥的浓度。

对此采取措施：

① 在反应器和沉淀池之间设脱气器，尽可能脱除沼气；

② 在反应器与沉淀池之间设冷却器，抑制产甲烷菌的活动；

③ 在沉淀池投加混凝剂；

④ 用超滤代替沉淀池。

厌氧生物滤池是装有填料的厌氧反应器，厌氧微生物以生物膜的形态生长在滤料的表面，废水通过淹没滤料，在生物膜的吸附和微生物的代谢以及滤料的截留三种作用下，废水中的有机污染物被去除。厌氧滤池有升流式、降流式和升流混合式三种，具体结构见图4-31。在升流式厌氧生物滤池中，废水由反应器底部进入，向上流动通过滤料层，微生物大部分以生物膜的形式附着在滤料表面，少部分以厌氧活性污泥的形式存在于滤料的间隙中，它的生物总量比降流式厌氧生物滤池高，因此效率高。但普通升流式生物滤池的主要缺点：底部易于堵塞；污泥沿深度分布不均匀。通过出水回流的方法可降低进水浓度，提高水流上升速度。

（3）厌氧生化法与好氧生化法相比具有下列优点

① 应用范围广。好氧法因供氧限制一般只适用于中、低浓度有机废水的处理，而厌氧法既适用于高浓度有机废水，又适用于中、低浓度有机废水。有些有机物对好氧生物处理法来说是难降解的，但对厌氧生物处理是可降解的，如固体有机物、着色剂和某些偶氮染料等。

② 能耗低。好氧法需要消耗大量能量供氧，曝气费用随着有机物浓度的增加而增大，而厌氧法不需要充氧，而且产生的沼气可作为能源。废水有机物达

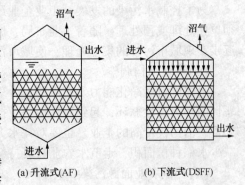

图 4-31　厌氧滤池反应器构造示意图

一定浓度后，沼气能量可以抵偿消耗能量。当原水 BOD_5 达到 1500mg/L 时，采用厌氧处理即有能量剩余。有机物浓度愈高，剩余能量愈多，一般厌氧法的动力消耗约为活性污泥法的1/10。

③ 负荷高。通常好氧法的有机容积负荷为 2～4kgBOD/m³·d，而厌氧法为 2～10kgCOD/m³·d，有时可高达 30 kg COD/(m³·d)。

④ 剩余污泥量少，且其浓缩性、脱水性良好。好氧法每去除 1kg COD 将产生 0.4~0.6 kg 生物量，而厌氧法去除 1kg COD 只产生 0.02~0.1kg 生物量，其剩余污泥量只有好氧法的 5~20%。同时，消化污泥在卫生学上和化学上都是稳定的。因此，剩余污泥处理和处置简单、运行费用低，甚至可作为肥料、饲料或饵料利用。

⑤ 氮、磷营养需要量较少。好氧法一般要求 BOD∶N∶P 为 100∶5∶1，而厌氧法的 BOD∶N∶P 为 100∶2.5∶0.5，对氮、磷缺乏的工业废水所需投加的营养盐量较少。

⑥ 厌氧处理过程有一定的杀菌作用，可以杀死废水和污泥中的寄生虫卵、病毒等。

⑦ 厌氧活性污泥可以长期储存，厌氧反应器可以季节性或间歇性运转。与好氧反应器相比，在停止运行一段时间后，能较迅速启动。

但是，厌氧生物处理法也存在下列缺点：

① 厌氧微生物增殖缓慢，因而厌氧设备启动和处理时间比好氧设备长；

② 处理后的出水水质差，往往需进一步处理才能达标排放。

五、水体污染的综合防治

20 世纪 60 年代以来，城市污水及工业废水的排放量快速增加，造成水体污染日益严重。其中，工业废水比例较大，大量有害有毒物质进入水体，虽然经过各种方法的处理得到了一定程度的净化，但处理成本高，能源消耗大，效果也不理想。因此，单纯采用对排放污水进行处理的方法，并不能从根本上解决水体污染的问题，而应采用综合防治技术，建立综合防治体系。

（1）减少耗水量

当前我国的水资源的利用，一方面感到水资源紧张，另一方面浪费又很严重。与工业发达国家相比，我国许多单位产品耗水量要高得多。耗水量大，不仅造成了水资源的浪费，而且是造成水环境污染的重要原因。

通过企业的技术改造，推行清洁生产，降低单位产品用水量，一水多用，提高水的重复利用率等。

（2）建立城市污水处理系统

为了控制水污染的发展，工业企业还必须积极治理水污染，尤其是有毒污染物的排放必须单独处理或预处理。随着工业布局、城市布局的调整和城市下水道管网的建设与完善，可逐步实现城市污水的集中处理，使城市污水处理与工业废水治理结合起来。

（3）产业结构调整

水体的自然净化能力是有限的，合理的工业布局可以充分利用自然环境的自然能力，变恶性循环为良性循环，起到发展经济，控制污染的作用。关、停、并、转那些耗水量大、污染重、治污代价高的企业。也要对耗水大的农业结构进行调整，特别是干旱、半干旱地区要减少水稻种植面积，走节水农业与可持续发展之路。

（4）控制农业面源污染

农业面源污染包括农村生活源、畜禽养殖业、水产养殖等的污染。要解决面源污染比工业污染和大中城市生活污水难度更大，需要通过综合防治和开展生态农业示范工程等措施进行控制。

（5）开发新水源

我国的工农业和生活用水的节约潜力不小，需要抓好节水工作，减少浪费，达到降低单位国民生产总值的用水量。南水北调工程的实施，对于缓解山东华北地区严重缺水有重要作用。修建水库、开采地下水、净化海水等可缓解日益紧张的用水压力，但修建水库、开采地下水时要充分考虑对生态环境和社会环境的影响。

（6）加强水资源的规划管理

水资源规划是区域规划、城市规划、工农业发展规划的主要组成部分，应与其他规划同时进行。

合理开发还必须根据水的供需状况，实行定额用水，并将地表水、地下水和污水资源统一开发利用，防止地表水源枯竭、地下水位下降，切实做到合理开发、综合利用、积极保护、科学管理。利用市场机制和经济杠杆作用，促进水资源的节约化，促进污水管理及其资源化，在管理上应从浓度管理逐步过渡到总量控制管理。

第三节　固体废物的处理与利用

一、概述

1. 固体废物的概念

固体废物（solid wastes）通常是指人类生产和生活活动产生的污染环境的固体和泥浆状废弃物质，包括从废水、废气中分离出来的固体颗粒物、生活垃圾等。实际上所谓的废物一般是指在某个系统内不可能再加工利用的部分物质。例如，植物的枯枝落叶，动物的骨骼及排泄物，人们生活中的各种垃圾，工业生产过程的排出物等，所有这些形形色色的物质统称为固体废物。但如果进一步分析，这些废物中有些属于有机物，经过适当处理可做优质肥料供植物生长，工业废物经过挑选加工可成为有用之物或可重新用作原料。这说明"废物"具有相对性，一种过程的废物，往往可以成为另一种过程的原料。因此，固体废物只能认为在某种特定条件下的一种习惯性称谓，是可以依据情况的变化而改变的。但有些特殊成分如含有放射性物质的放射性固体废物，含有汞、镉、铬、砷等毒性成分的重金属污染物等，因其危害性较大需加以特殊安全处置，防止环境污染。

2. 固体废物的来源、分类

固体废物主要来源于人类的生产和消费活动。人们在资源开发和产品制造过程中，必然有废物产生，任何产品经过使用和消费后，也都会变成废物。

固体废物有多种分类方法，按其化学性质可分为有机废物和无机废物；按其危害状况可分为有害废物和一般废物；按其形状则可分为固体的(颗粒状、粉状、块状)和泥状的(污泥)。通常为了便于管理，按其来源可分为矿业固体废物、工业固体废物、城市垃圾、农业废弃物和放射性固体。

固体废物的分类来源及主要组成见表4-6。

表4-6　固体废物的分类、来源和主要组成物

分　类	来　源	主　要　组　成　物
矿业废物	矿山、选冶	废矿石、尾矿、金属、废木砖瓦、石灰等
工业废物	冶金、交通、机械金属结构等工业	金属、矿渣、砂石、模型、陶瓷、边角料、涂料、管道绝热材料、粘接剂、废木、塑料、橡胶、烟尘等
	煤炭	煤矸石、木料、金属
	食品加工	肉类、谷类、果类、蔬菜、烟草
	橡胶、皮革、塑料等工业	橡胶皮革、塑料布、纤维、染料、金属等
	造纸、木材、印刷等工业	刨花、锯末、碎木、化学药剂、金属填料、塑料、木质素
	石油化工	化学药剂、金属、塑料、橡胶、陶瓷、沥青、油毡、石棉、涂料
	电器、仪器仪表等工业	金属、玻璃、木材、橡胶、塑料、化学药剂、研磨料、陶瓷、绝缘材料
	纺织服装业	布头、纤维、橡胶、塑料、金属
	建筑材料	金属、水泥、黏土、陶瓷、石膏、石棉、砂石、纸、纤维
	电力工业	炉渣、粉煤灰、烟尘
城市垃圾	居民生活	食物垃圾、纸屑、布料、木料、金属、玻璃、塑料陶瓷、燃料灰渣、碎砖瓦、废器具、粪便、杂品
	商业机关	管道等碎物体、沥青及其他建筑材料、废汽车、非电器、非器具、含有易燃、易爆、腐蚀性、放射性的废物以及居民生活所排放的各种废物
	市政维护、管理部门	碎砖瓦、树叶、死禽畜、金属、锅炉灰渣、污泥、脏土
农业废弃物	农林	稻草、秸秆、蔬菜、水果、果树枝条、糠秕、落叶、废塑料、人畜粪便、禽粪、农药
	水产	腐烂鱼、虾、贝壳、水产加工污水、污泥
放射性废物	核工业、核电站放射性医疗、科研单位	金属、含放射性废渣、粉尘、污泥、器具、劳保用品、建筑材料

3. 固体废物的危害

固体废物是环境的污染源，除了直接污染外，还经常以水、大气和土壤为媒介污染环境。其危害主要有：

① 侵占大量土地，污染土壤。堆放在城市郊区的垃圾侵占了大量农田，如不采取适当措施，便会造成污染。这些废弃物不仅占用土地，损伤地表，它们的渗出液含有毒物质渗入土壤后，会改变土壤结构，影响土壤中微生物的活动，妨碍植物根系生长或在植物机体内积累，从而使土壤被有害有毒化学物质、病原体、放射性物质等污染；而且，这种污染会随流水扩散，从而使被污染的土壤面积扩大。

② 严重污染空气。固体废物通过发出恶臭、毒气、微粒扩散、自燃、焚烧等方式污染大气。在大量垃圾露天堆放的场区，散发出刺鼻气味，老鼠成灾，蚊蝇孳生，有大量的氨、硫化物等污染物向大气释放；在粉煤炭及尾矿堆放场，如遇四级以上大风，灰尘可飞扬20~50m，其表面可剥离1~1.5cm，造成空气污染。

③ 严重污染水体。任意堆放或简易填埋的垃圾，其内所含的有害有毒物质可严重污染地表水和地下水。固体废弃物常直接倒入河流、湖泊、海洋，甚至许多国家把海洋投弃作为一种处理固体废弃物的主要方法，致使污染环境的事件屡有发生。

④ 垃圾爆炸、自燃等事故不断发生。由于简单的堆放，极易造成爆炸、自燃、塌方、泥石流等事故，给人民生命财产造成损失。

4. 固体废物的处理方法

固体废弃物的处理通常是指物理、化学、生物、物化及生化方法把固体废物转化为适于运输、储存、利用或处置的过程，固体废弃物处理的目标是无害化、减量化、资源化。其主要处理方法见表4-7。

表4-7　固体废弃物污染控制技术

类别	主要处理处置技术
过程控制技术（减量化）	原料能源的优化技术生产工艺的技术改造
处理处置技术（无害化）	分类法、填埋法、固化法、生物消化法、投弃海洋法、焚烧法
回收利用技术（资源化）	分类回收利用法、焚烧发电供热法、堆肥法、饲料法、沼气法、其他资源化技术

二、典型固体废物的处理与利用

1. 城市垃圾的处理与利用

世界上的垃圾处理方法很多，且因各国的具体情况不同而差异很大。目前，一些处理技术在世界各国研究成功并已应用，如填埋法、堆肥法、焚烧法、蚯蚓床法、热解法等。其中填埋法、焚烧法、堆肥法是最基本的方法。

（1）填埋法

填埋法（burial method）是一种非资源化利用技术。由于它处理成本低、工艺较简单、不需要大量的维护和运行人员等优点，目前被广泛采用。这项技术有三个关键点：

① 垃圾填埋场的选址是十分重要的。选址时要认真遵循的原则：远离生活区和水源地，

116

避开上风口和水源地上游，自然地理条件不适宜飘浮扩散和渗漏。

② 对填埋场需要进行严格的防渗漏处理，以免垃圾中的有害物在雨水或地表径流的冲刷下随水渗漏，污染地下水和相邻土壤。

③ 垃圾场表面覆土和排气管网设置。在垃圾填埋场使用到规定的期限后，应在其表面进行覆土绿化，可以作为绿地。在保证无危险和对人体无害的前提下，垃圾填埋场覆土后，也可作为某种功能的用地，如建高尔夫球场，但绝对不允许作建筑用地和农作物及果树栽培用地。城市生活垃圾中含有大量有机物，在填埋后由于发酵会产生气体，这些气体必须引出，否则会造成危害。因此，要根据垃圾的组分状况，设置合理的垃圾填埋场排气管网系统，在填埋场使用过程中同时进行施工。另外，在填埋场使用期满，表面覆土后，排气管网的出气口应设置在安全的位置和高度。

（2）堆肥法

堆肥法（compost methods）是最基本的一种生活垃圾资源化利用方法。堆肥技术是利用生物，对垃圾中的有机物进行发酵、降解，使之成为稳定的有机质，并利用发酵过程产生的温度杀死有害微生物以达到无害化卫生标准的垃圾处理技术。堆肥的主要原料是生活垃圾与粪便的混合物。堆肥生产的主要工艺过程是：生活垃圾→分类→破碎→发酵→烘干→磨粉→配料→造粒→干燥→包装→出厂。如果是生产一般堆肥，则在发酵工艺完成后，即可直接使用。如果生产有机复合肥，则在配料工艺需要添加一定配比的化肥，有机复合肥的有效肥力是一般堆肥的4~5倍。

（3）焚烧法

焚烧法（burning method）具有显著的减量化、处理快速、消灭病原菌等特点。从目前世界上发展的趋势来看，大多数人认为垃圾的焚烧法具有广阔的发展前景，是垃圾处理的必然发展趋势。然而该方法存在着较严重的大气污染问题，它排出的硫氧化物、氮氧化物、二噁英等对大气有着一定的威胁，尤其是对二噁英的争议很大。

1973年的石油危机，使人们认识到能源的重要性，垃圾作为"放错了地方的资源"应该以技术的方法谋求资源化而加以有效利用。

2. 化工固体废物的处理和利用

化工固体废物种类繁多，成分复杂，治理的方法和综合利用的工艺多种多样。

① 硫铁矿烧渣应根据其含铁量的不同确定其用途，铁含量高的应回炉炼铁；低铁、高硅酸盐的硫铁矿烧渣宜作水泥配料。

② 铬渣可代替石灰石作炼铁熔剂。在冶炼过程中铬成为金属进入铁组分中，可彻底消除六价铬浸出的危害；根据铬渣在高温下能还原成低价态无毒铬的原理，可将铬渣掺入煤中用于发电、用铬渣作玻璃着色剂或钙镁磷肥和铸石；还可利用碳对铬渣进行干法还原除毒。

电镀含铬废液应采用一步处理，除铬后的水达标排放，其污泥可用化学方法制成铬黄、柠檬黄等化工产品。

③ 烧碱盐泥可采用抽滤、沉淀过滤法进行处理，或用于制氧化镁等；含汞盐泥可用次氯酸钠氧化法、氯化-硫化-熔烧法进行处理，并回收金属汞。

④ 电石渣可制水泥或代替石灰作各种建筑材料、筑路材料等，还可用来生产氯酸钾等化工产品。

⑤ 其他化工废物，如磷渣可烧制磷酸，甲醇废触媒可生产锌-铜复合微肥，溶剂厂母液可生产二甲基甲酰胺等，染料废渣制硫酸铜等产品，胶片厂的废胶片和废液可回收银。

3. 石油工业固体废物处理与利用

石油工业固体废物与化工固体废物一样具有种类繁多，成分复杂的特点。对于石油工业固体废物的处理与利用，目前主要采取的技术措施有化学反应、物理分离、焚烧法和填埋法等。

（1）化学反应法

该方法主要利用废物的某些化学特性，使用相应的化学药剂进行废物性质的改善或回收某些有用成分。例如，可以用硫酸或二氧化碳中和法处理石油炼制业中的废碱液，并从中回收环烷酸及其盐类或粗酚、碳酸钠等；用硫酸中和化纤工业废液中的对苯二甲酸；用烧碱或纯碱中和废酸液；用氨吸收法处理废酸液生产硫酸铵；利用硝酸溶解法从废催化剂中回收银等。

（2）物理分离法

这个方法主要是利用废物中某些成分之间的物理特性的差异，从而达到分离目的。如用活性炭吸附法治理甲乙酮生产废酸；用热分解法从废酸液中回收硫酸；用蒸馏法从有机合成厂的有机氯化物废液中回收有机氯；从杂醇废液中回收甲醇等。

（3）填埋法

土地填埋是最终处理固体废物的一种较经济的方法，其实质是将固体废物铺成一定厚度的薄层，加以压实，并覆盖土壤。填埋仍是一个石油化工企业不可缺少的废弃物处理方法。

（4）焚烧法

石油化学固体废物大部分含有机物，因此焚烧可使废物的质量和体积减少80%以上，同时可使各种有害成分转化为无害物质，还可回收热能。目前我国石油化工企业已建立了数十个固体废物焚烧炉。

复习思考题

1. 简述大气圈的组成与结构，并说出各组分的特点。

2. 什么是大气污染？大气污染的来源及形成原因是什么？

3. 调查所在城市大气污染的主要来源？产生了哪些危害？采取了哪些处理措施？

4. 试述大气主要污染物及其来源。

5. 简述大气中粉尘的主要来源及危害，调查某个企业粉尘处理的情况，并说说不同除尘装置的特点。

6. 试述大气中 CO 的来源及其危害。

7. 除尘装置有哪些类型和性能指标？

8. 试比较各类除尘器的特点。

9. 气态污染物有哪些净化方法？

10. 主要的脱硫技术有哪些？

11. 催化反应中催化剂的催化作用是什么？

12. 含氮氧化物废气如何进行治理？

13. 如何减少和控制机动车污染物的排放？

14. 试分析硫氧化合物的生成机理及危害。

15. 试分析光化学烟雾的形成机理、危害及影响光化学烟雾形成的主要因素。

16. 如何防治大气污染？

17. 水资源开发利用中存在的问题是什么？

18. 什么是水体？什么是水体污染？举例说明水与水体的区别。

19. 水体污染的主要来源有哪些？各种污染源的特点是什么？

20. 水体中主要污染物质有哪些？其危害是什么？应如何检测？

21. COD 和 BOD 的作用有何异同？数值大小有何关系和意义？何谓富营养化？

22. 制定水质标准的意义是什么？常用的水质指标有哪些？

23. 废水的处理方法有哪些？各包含哪些处理方法？

24. 简述沉淀池的工作原理，并结合实际谈谈沉淀池的具体利用情况。

25. 什么是混凝？影响混凝的主要因素有哪些？

26. 画出加压溶气浮选法的流程图，并说明其工作原理。

27. 简述活性污泥法处理废水的生物化学原理。画出活性污泥处理法的流程图，并说说污泥回流的作用。

28. 厌氧生物处理法有什么优缺点？

29. 厌氧处理法分几个阶段？影响厌氧处理的主要因素有哪些？

30. 固体废物一般是指什么样的物质？固体废物对人类的生存环境会造成怎样的危害？

31. 固体废物的预处理有哪些常用的方法？固体废物的资源化利用有哪些途径？

32. 什么是固体废物的最终处置，最终处置分为哪几类？

33. 调查你所居住的城市垃圾的主要成分，并设计其处理方法。

34. 从个人自身角度考虑，举例说明在日常生活中，我们应如何减少固体废物的产生？如何对固体废物进行回收利用？

第五章　绿色化学与清洁生产

第一节　绿色化学概述

一、绿色化学

1. 绿色化学定义

传统的化学工业给环境带来的污染已十分严重，目前全世界每年产生的有害废物高达几亿吨，不仅给环境造成危害，而且严重威胁着人类的生存与健康。严峻的现实使得各国必须寻找一条不破坏环境、不危害人类生存的可持续发展的道路。化学工业能否生产出对环境无害的化学品，甚至开发出不产生废物的工艺，绿色化学的口号最早产生于化学工业非常发达的美国。1990 年，美国通过了一个"防止污染行动"的法令。1991 年后"绿色化学"由美国化学会（ACS）提出并成为美国环保署（EPA）的中心口号，并立即得到了全世界的积极响应。

绿色化学（green chemistry）按照美国《绿色化学》杂志的定义指出：在制造和应用化学产品时应有效利用（最好可再生）原料，消除废物和避免使用有毒的和危险的试剂和溶剂。

绿色化学是又称环境无害化学、环境友好化学、清洁化学。绿色化学的理想在于不再使用有毒、有害的物质，不再产生废物，不再处理废物。它是一门从源头上阻止污染的化学。

绿色化学是具有明确的社会需求和科学目标的新兴交叉学科，它涉及有机合成、催化、生物化学、分析化学等学科。绿色化学的最大特点在于它是在始端就采用实现污染预防的科学手段，因而过程和终端均为零排放或零污染，从根本上区别于"三废"处理的终端污染控制。

绿色化学是给化学家提出了一项新的挑战，绿色化学将使化学工业改变面貌，为子孙后代造福。1996 年，美国设立了"绿色化学挑战奖"，以表彰那些在绿色化学领域中做出杰出成就的企业和科学家。

世界上很多国家已把"化学的绿色化"作为新世纪化学进展的主要方向之一。绿色化学已成为当今国际化学化工研究的前沿，是 21 世纪化学化工科学发展的重要方向之一。

2. 绿色化学的特点及核心

绿色化学的主要特点：

① 充分利用资源和能源，采用无毒、无害的原料；

② 在无毒、无害的条件下进行反应，以减少废物向环境排放；

③ 提高原子的利用率，力图使所有作为原料的原子都被产品所消纳，实现"零排放"；

④ 生产出有利于环境保护、社区安全和人体健康的环境友好的产品。

其核心是利用化学原理从源头上减少和消除工业生产对环境的污染。按照绿色化学的原则，最理想的化工生产方式是反应物的原子全部转化为期望的最终产物，即绿色化学的原子经济性。

原子经济性（atom economy）这一概念最早是 1991 年美国 Stanford 大学的著名有机化学家 Trost（为此他曾获得了 1998 年度的"总统绿色化学挑战奖"的学术奖）提出的，即原料分子中究竟有百分之几的原子转化成了产物。理想的原子经济反应是原料分子中的原子百分之百地转变成产物，不产生副产物或废物，实现废物的"零排放"。他用原子利用率衡量反应的原子经济性，认为高效的有机合成应最大限度地利用原料分子的每一个原子，使之结合到目标分子中(如完全的加成反应：A+B ====C)，达到零排放。

在一般的有机合成反应中：A+B ====C(主反应)+D(副反应)反应产生的副产物 D 往往是废物，因此可成为环境的污染源。

传统的有机合成反应以产率来衡量反应的效率，有些反应尽管产率高但原子利用率很低，这和绿色化学的原子经济性有本质区别。绿色化学的原子经济性的反应有两个显著优点：一是最大限度地利用了原料，二是最大限度地减少了废物的排放。原子利用率的表达式：

$$原子利用率 = \frac{预期产物的式量}{反应物质的式量之和} \times 100\%$$

绿色化学不同于环境化学。环境化学是一门研究污染物的分布、存在形式、运行、迁移及其对环境影响的科学。绿色化学是研究污染的根源即污染的本质在哪里，它不是去对终端或过程污染进行控制或进行处理。绿色化学关注在现今科技手段和条件下能降低对人类健康和环境有负面影响的各个方面和各种类型的化学过程。绿色化学主张在通过化学转换获取新物质的过程中充分利用每个原子，具有"原子经济性"，因此它既能够充分利用资源，又能够实现防止污染。

二、绿色化学的原则和 5R 理论

近年来，绿色化学的研究主要是围绕化学反应、原料、催化剂、溶剂和产品的绿色化开展的，如图 5-1 所示。

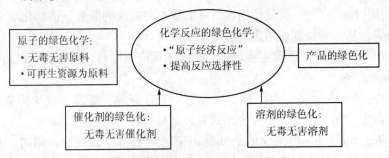

图 5-1　绿色化学研究的范围

P. T. Anastas 和 J. C. Waner 提出了绿色化学的 12 项原则，这也是目前绿色化学主要研究的 12 个方面。这些原则可作为实验化学家开发和评估一条合成路线、一个生产过程、一个化合物是不是绿色的指导方针和标准。

① 防止——防止产生废弃物要比产生后再去处理和净化好得多。

② 原子经济——设计合成方法时应最大限度地使所用的全部物料均转化到最终产品中。

③ 较少有危害性的合成反应——设计合成工艺只选用或生成对人体或环境毒性小、最好是无毒的物质。

④ 生成的化学产品是安全的——设计化学反应的生成物不仅具有所需的性能，还应具有最小的毒性。

⑤ 溶剂和辅料是较安全的——尽量不用辅料(如溶剂或析出剂)当不得已使用时，尽可能是无害的。

⑥ 能量的使用要讲效率——尽可能降低化学过程所需能量，还应考虑对环境的影响和经济效益。合成过程尽可能在常温、常压下操作。

⑦ 用可以回收的原料——只要技术上、经济上是可行的，原料应能回收而不是使之废弃。

⑧ 尽量减少派生物——应尽可能避免或减少多余的衍生反应(用于保护基团或取消保护和短暂改变物理、化学过程)，因为进行这些步骤需添加一些反应物，同时也会产生废弃物。

⑨ 催化作用——催化剂(尽可能是具选择性的)比符合化学计量数的反应物更占优势。

⑩ 要设计降解——按设计生产的生成物，当其有效作用完成后，可以分解为无害的降解产物，在环境中不继续存在。

⑪ 防止污染进程能进行实时分析——需要不断发展分析方法，分析方法应能真正实现在线监测，在有害物质形成前加以控制。

⑫ 防止事故发生——在化学过程中，反应物(包括其特定形态)的选择应着眼于使包括释放、爆炸、着火等化学事故的可能性降至最低，化学事故的隐患最小。

从科学观点看，绿色化学是对传统化学思维方式的创新和发展；从经济观点看，绿色化学为我们提供合理利用资源和能源、降低生产成本、符合经济持续发展的原理和方法；从环境观点看，绿色化学是从源头上消除污染，保护环境的新科学和新技术方法。

为了更明确地表述绿色化学在资源使用上的要求，人们又提出了 5R 理论：

① 减量(Reduction)——减量是从省资源少污染角度提出的。减少用量、在保持产量的情况下如何减少原料用量，有效途径之一是提高转化率、减少损失率，减少"三废"排放量。

② 重复使用(Reuse)——重复使用这是降低成本和减废的需要。诸如化学工业过程中的催化剂、载体等，从一开始就应考虑有重复使用的设计。

③ 回收(Recycling)——回收主要包括：回收未反应的原料、副产物、助溶剂、催化剂、稳定剂等非反应试剂。

④ 再生(Regeneration)——再生是变废为宝，节省资源、能源、减少污染的有效途径。它要求化工产品生产在工艺设计中应考虑到有关原材料的再生利用。

⑤ 拒用(Rejection)——拒绝使用是杜绝污染的最根本办法，它是指对一些无法替代，又无法回收、再生和重复使用的毒副作用、污染作用明显的原料，拒绝在化学过程中使用。

三、绿色化学研究的进展

1. 开发"原子经济性"反应

近年来，开发原子经济性反应已成为绿色化学研究的热点之一。例如，环氧丙烷是生产聚氨酯塑料的重要原料，传统上主要采用二步反应的氯醇法，不仅使用可能带来危险的氯气，而且还产生大量污染环境的含氯化钙废水，国内外均在开发钛硅分子筛上催化氧化丙烯制环氧丙烷的原子经济反应新方法。此外，针对钛硅分子筛催化反应体系，开发降低钛硅分子筛合成成本的技术，开发与反应匹配的工艺和反应器仍是今后努力的方向。

对于已在工业上应用的原子经济反应，也还需要从环境保护和技术经济等方面继续研究和改进。若要实现反应的高原子经济性，就要通过开发新的反应途径、用催化反应代替化学计量反应等手段，如：1997 年的新合成路线奖的获得者 BCH 公司开发了一种合成布洛芬的新工艺(布洛芬是一种广泛使用的非类固醇类的镇静、止痛药物)，传统生产工艺包括 6 步化学计量反应，原子的有效利用率低于40%，新工艺采用3步催化反应，原子的有效利用率达80%，如果再考虑副产物乙酸的回收利用，则原子利用率达到99%。

又如：在已有的原子经济反应烯烃氢甲酰化反应中，虽然反应已经是理想的，但是原用的油溶性均相铑络合催化剂与产品分离比较复杂，或者原用的钴催化剂运转过程中仍有废催化剂产生，因此对这类原子经济反应的催化剂仍有改进的余地。所以近年来开发水溶性均相络合物催化剂已成为一个重要的研究领域。由于水溶性均相络合物催化剂与油相产品分离比较容易。再加上以水为溶剂，避免了使用挥发性有机溶剂，所以开发水溶性均相络合催化剂也已成为国际上的研究热点。除水溶性铑-膦络合物已成功用于丙烯氢甲酰化生产外，近年来水溶性铑-膦、钌-膦、钯-膦络合物在加氢二聚、选择性加氢、C—C键偶联等方面也已获得重大进展，C_6以上烯烃氢甲酰化制备高碳醛、醇的两相催化体系的新技术国外正在积极研究。

2. 采用无毒、无害的原料

为了人类健康和环境安全，需要用无毒无害的原料代替有毒有害的原料生产所需的化工产品。例如，Monsanto公司以无毒无害的二乙醇胺为原料，经过催化脱氢，开发了安全生产氨基二乙酸钠的工艺，改变了过去的以氨、甲醛和氢氰酸为原料的二步合成路线，并因此获得了1996年美国总统绿色化学挑战奖中的新合成路线奖。另外，国外还开发了由异丁烯生产甲基丙烯酸甲酯的新合成路线，取代了以丙酮和氢氰酸为原料的丙酮氰醇法。

在代替剧毒的光气作原料生产有机化工原料方面。Riley等报道了工业上已开发成功一种由胺类和二氧化碳生产异氰酸酯的新技术。在特殊的反应体系中采用一氧化碳直接羰化有机胺生产异氰酸酯的工业化技术也由Manzer开发成功。Tundo报道了用二氧化碳代替光气生产碳酸二甲酯的新方法。Komiya研究开发了在固态熔融的状态下，采用双酚A和碳酸二甲酯聚合生产聚碳酸酯的新技术，它取代了常规的光气合成路线，并同时实现了两个绿色化学目标。一是不使用有毒有害的原料，二是由于反应在熔融状态下进行，不使用作为溶剂的可疑的致癌物甲基氯化物。

3. 提高烃类氧化反应的选择性

烃类选择性氧化在石油化工中占有极其重要的地位。据统计，用催化过程生产的各类有机化学品中，催化选择氧化生产的产品约占25%。烃类选择性氧化为强放热反应，目的产物大多是热力学上不稳定的中间化合物，在反应条件下很容易被进一步深度氧化为二氧化碳和水，其选择性是各类催化反应中最低的。这不仅造成资源浪费和环境污染，而且给产品的分离和纯化带来很大困难，使投资和生产成本大幅度上升。所以，控制氧化反应深度，提高目的产物的选择性始终是烃类选择氧化研究中最具挑战性的难题。

早在40年代，Lewis等就提出烃类晶格氧选择氧化的概念，即用可还原的金属氧化物的晶格氧作为烃类氧化的氧化剂，按还原-氧化(redox)模式，采用循环流化床提升管反应器，在提升管反应器中烃分子与催化剂的晶格氧反应生成氧化产物，失去晶格氧的催化剂被输送到再生器中用空气氧化到初始高价态，然后送入提升管反应器中再进行反应。这样，反应是在没有气相氧分子的条件下进行的，可避免气相和减少表面的深度氧化反应，从而提高反应的选择性，而且因不受爆炸极限的限制可提高原料浓度，使反应产物容易分离回收，是控制氧化深度、节约资源和保护环境的绿色化学工艺。

根据上述还原-氧化模式，国外一家公司已开发成功丁烷晶格氧氧化制顺酐的提升管再生工艺，建成第一套工业装置。氧化反应选择性大幅度提高，顺酐收率由原有工艺50%

（mol）提高到 72%（mol），未反应的丁烷可循环利用，被誉为绿色化学反应过程。此外，间二甲苯晶格氧氨氧化制间苯二腈也有一套工业装置。在 Mn、Cd、Tl、Pd 等变价金属氧化物上，通过甲烷、空气周期切换操作，实现了甲烷氧化偶联制乙烯新反应。由于晶格氧氧化具有潜在的优点，近年来已成为选择氧化研究中的前沿。工业上重要的邻二甲苯氧化制苯酐、丙烯和丙烷氧化制丙烯腈均可进行晶格氧氧化反应的探索。关于晶格氧氧化的研究与开发，一方面要根据不同的烃类氧化反应，开发选择性好、载氧能力强、耐磨强度好的新催化材料；另一方面要根据催化剂的反应特点，开发相应的反应器及其工艺。

4. 采用无毒、无害的催化剂

目前烃类的烷基化反应一般使用氢氟酸、硫酸、三氯化铝等液体酸催化剂，这些液体催化剂的共同缺点是对设备的腐蚀严重、对人身危害和产生废渣、污染环境。为了保护环境，多年来国外正从分子筛、杂多酸、超强酸等新催化材料中大力开发固体酸烷基化催化剂。其中采用新型分子筛催化剂的乙苯液相烃化技术引人注目，这种催化剂选择性很高，乙苯质量收率超过 99.6%，而且催化剂寿命长。另外，国外已开发几种丙烯和苯烃化异丙苯的工艺，采用大孔硅铝磷酸盐沸石、MCM-22 和 MCM-56 新型沸石和 Y 型沸石或用高度脱铝的丝光沸石和 β 沸石催化剂，代替了原用的固体磷酸或三氯化铝催化剂。还有一种生产线型烷基苯的固体酸催化剂替代了氢氟酸催化剂，改善了生产环境，已工业化。在固体酸烷基化的研究中，还应进一步提高催化剂的选择性，以降低产品中的杂质含量；提高催化剂的稳定性，以延长运转周期；降低原料中的苯烯比，以提高经济效益。

异丁烷与丁烯的烷基化是炼油工业中提供高辛烷值组分的一项重要工艺，近年新配方汽油的出现，限制汽油中芳烃和烯烃含量更增添了该工艺的重要性。目前这种工艺主要使用氢氟酸或硫酸为催化剂，有些公司开发了一种负载型磺酸盐/SiO_2 催化剂和固体酸催化的异丁烷/丁烯烷基化新工艺。

5. 采用无毒、无害的溶剂、助剂

大量与化工生产相关的污染问题，不仅来源于原料和产品，而且来源于制造过程中使用的物质，最常见的是反应介质、配方和分离中所用的溶剂。当前广泛使用的溶剂是挥发性有机化合物，使用过程中有的会破坏臭氧层，有的会危害人体健康，因此，需要限制这类溶剂的使用。采用无毒无害的溶剂代替挥发性有机化合物溶剂已成为绿色化学的重要研究方向。

在无毒无害溶剂的研究中，最活跃的研究项目是开发超临界流体（SCF），特别是超临界二氧化碳作溶剂。超临界二氧化碳是指温度和压力均在其临界点（311℃、7477.79kPa）以上的二氧化碳流体。它通常具有液体的密度，因而有常规液态溶剂的溶解度；在相同条件下，它又具有气体的黏度，因而又具有很高的传质速度。而且，由于具有很大的可压缩性，流体的密度、溶剂溶解度和黏度等性能均可由压力和温度的变化来调节。超临界二氧化碳的最大优点是无毒、不可燃、价廉等。

在超临界二氧化碳用于反应溶剂研究方面，Tanko 提供了经典的自由基反应在这一新的溶剂体系中如何作用的基础和知识。他以烷基芳烃的溴化反应为模型体系，发现在超临界流体中的自由基卤化反应的收率和选择性等同或在某些情况下优于常规体系下的反应。

North Carolina 大学 DeSimone 的实验室广泛研究了在超临界流体中的聚合反应，指出采用一些不同的单体能够合成出多种聚合物，对于甲基丙烯酸的聚合，超临界流体比常规的有机卤化物溶剂有显著的优越性。1997 年的学术奖授予 J. M. DeSimone 教授，奖励他设计了一类表面活性剂，这种表面活性剂是亲二氧化碳的物质，可以产生亲二氧化碳和亲溶质的两性作用，从而使得二氧化碳可广泛地作为溶剂使用以代替含卤素的常规有机溶剂。

此外，Tumas 及其合作者详细研究了环氧化合物的聚合、烯烃氧化和不对称加氢等。与常规溶剂体系相比，上述反应没有经历中间物，尤其在不对称加氢反应上表现出优异的性能。

除采用超临界溶剂外，还有研究水或近临界水作为溶剂以及有机溶剂/水相界面反应。以水为介质的有机合成反应是环境友好合成反应的一个重要组成部分，水相中的有机反应，操作简便、安全，没有有机溶剂的易燃、易爆等问题，资源丰富、成本低、无污染。虽然水是潜在的环境友好的反应介质，但以水为介质必然引出许多新问题，如有机底物在水中的疏水作用，反应底物和试剂在水中的稳定性，水中大量存在的氢键对反应的影响，有可能改变反应的机理等，因此，水相有机合成反应的研究成为有机合成化学一个活跃的研究领域。2001 年美国"总统绿色化学挑战奖"的学术奖授予我国在美学者李朝军教授，也表明水相有机反应的研究正在受到越来越多的关注。李朝军教授在设计和发展水中和空气中进行过渡金属介入和催化有机反应方面取得了一系列引人瞩目的创新成果，水相催化反应在药物合成、精细化学品合成以及高聚物的合成等方面都有广阔的应用前景，为传统上只能在惰性气体和有机溶剂中进行的有机合成反应开辟了崭新的领域。

6. 利用可再生的资源合成化学品

利用可再生的生物原料代替当前广泛使用的不可再生的石油，是一个具有重大意义的长远发展方向。1996 年美国"总统绿色化学挑战奖"的学术奖授予 TaxaA& M 大学 M. Holtzapp 教授，就是由于其开发了一系列技术，把废生物质转化成动物饲料、工业化学品和燃料。著名化学家 Chi-Huey Wong 以在酶促反应所取得的引人注目的创新成就获得了 2000 年美国"总统绿色化学挑战奖"。

生物质主要由淀粉及纤维素等组成，前者易于转化为葡萄糖，而后者则由于结晶及与木质素共生等原因，通过纤维素酶等转化为葡萄糖，难度较大。Frost 报道以葡萄糖为原料，通过酶反应可制得己二酸、邻苯二酚和对苯二酚等，尤其是不需要从传统的苯开始来制造作为尼龙原料的己二酸取得了显著进展。由于苯是已知的致癌物质，以经济和技术上可行的方式，从合成大量的有机原料中去除苯是具有竞争力的绿色化学目标。

另外，Gross 首创了利用生物或农业废物如多糖类制造新型聚合物的工作。由于其同时解决了多个环保问题，因此引起人们的特别兴趣。其优越性在于聚合物原料单体实现了无害化；生物催化转化方法优于常规的聚合方法；Gross 的聚合物还具有生物降解功能。

虽然，对于某些生物催化剂是否会导致污染还没有明确的结论，但总地来说，生物转化非常符合绿色化学的要求，具有高效、高选择性和清洁生产的特点，反应产物单纯，易分离纯化，可避免使用贵金属和有机溶剂，能源消耗低，可以合成一些化学方法难以合成的化合物。

7. 环境友好产品

随着环境保护成为现代社会的共识，社会越来越需要环境友好的产品，各国政府制定的标准，对产品在这方面的质量要求也不断提高。为了减小由汽车尾气中一氧化碳以及烃类引发的臭氧破坏和光化学烟雾等空气污染，美国政府逐步推广使用新配方汽油，它要求限制汽油的蒸气压和苯的含量，还将逐步限制芳烃和烯烃含量，要求在汽油中加入含氧化合物（如甲基叔丁基醚、甲基叔戊基醚）。这种新配方汽油质量要求的提高，已推动了有关炼油技术的发展。再如，1996 年美国"总统绿色化学挑战奖"的安全化学品设计奖，授予了

Rohm&Haas 公司，由于其开发成功一种环境友好的海洋生物防垢剂，用于阻止海洋船底污物的形成。中小企业奖授予了 Donlar 公司，因其开发了两个高效工艺以生产热聚天冬氨酸，它是一种代替丙烯酸的可生物降解产品。

柴油是另一类重要的石油炼制产品。对环境友好柴油，美国要求硫含量不大于 0.05%，芳烃含量不大于 20%，同时十六烷值不低于 40；瑞典对一些柴油要求更严。为达到上述目的，一是要有性能优异的深度加氢脱硫催化剂；二是要开发低压的深度脱硫/芳烃饱和工艺。国外在这方面的研究已有进展。

此外，保护大气臭氧层的氟氯烃代用品已在开始使用，防止"白色污染"的生物降解塑料也在使用。

第二节　清洁生产概述

一、清洁生产的产生与发展

清洁生产（clearer production）的起源来自于 1960 的美国化学行业的污染预防审计。1974 年美国 3M 公司曾经推行的实行污染预防有回报"3P（Pollution Prevention Pays）"计划中，出现清洁生产思想。

而"清洁生产"概念的出现，最早可追溯到 1976 年。当年欧共体在巴黎举行了"无废工艺和无废生产国际研讨会"，会上提出"消除造成污染的根源"的思想；1979 年 4 月欧共体理事会宣布推行清洁生产政策；1984 年、1985 年、1987 年欧共体环境事务委员会三次拨款支持建立清洁生产示范工程。

1989 年 5 月联合国环境署工业与环境规划活动中心（UNEP IE/PAC）根据 UNEP 理事会会议的决议，制定了《清洁生产计划》，在全球范围内推进清洁生产。这一计划主要包括 5 个方面的内容。

① 建立国际清洁生产信息交换中心，收集世界范围内关于清洁生产的新闻和重大事件、案例研究、有关文献的摘要、专家名单等信息资料。

② 组建两类工作组。一类是制革、造纸、纺织、金属表面加工等行业清洁生产工作组；另一类是清洁生产政策及战略、数据网络、教育等业务工作组。

③ 编写、出版《清洁生产通讯》、培训教材、手册等。

④ 面向政界、工业界、学术界人士，以提高清洁生产意识，教育公众，推动行动，帮助制订清洁生产计划。

⑤ 组织技术支持。特别是在发展中国家，协助联系有关专家，建立示范工程等。

1990 年 9 月在英国坎特伯雷举办了"首届促进清洁生产高级研讨会"正式推出了清洁生产的定义。会上提出了一系列建议，如支持世界不同地区发起和制订国家级的清洁生产计划，支持创办国家的清洁生产中心，进一步与有关国际组织等结成网络等。此后，这一高级国际研讨会每两年召开一次，定期评估清洁生产的进展，并交流经验，发现问题，提出新的目标，以全力推进清洁生产的发展。

1992 年 6 月在巴西里约热内卢召开了"联合国环境与发展大会"，在推行可持续发展战略的《里约环境与发展宣言》中，确认了"地球的整体性和相互依存性"，"环境保护工作应是发展进程中的一个整体组成部分"，"各国应当减少和消除不能持续的生产和消费方式"。清洁生产被作为实施可持续发展战略的关键措施正式写入大会通过的实施可持续发展战略行动纲领《21世纪议程》中。号召工业提高能效，开展清洁技术，更新替代对环境有害的产品和原料，推动实现工业可持续发展。自此，在联合国的大力推动下，清洁生产逐渐为各国企业和政府所认可，清洁生产进入了一个快速发展时期。

1998年10月韩国汉城第五次国际清洁生产高级研讨会上，出台了《国际清洁生产宣言》，包括13个国家的部长及其他高级代表和9位公司领导人在内的64位签署者共同签署了该《宣言》，参加这次会议的还有国际机构、商会、学术机构和专业协会等组织的代表。《国际清洁生产宣言》的主要目的是提高公共部门和私有部门中关键决策者对清洁生产战略的理解及该战略在他们中间的形象，它也将激励对清洁生产咨询服务的更广泛的需求。《国际清洁生产宣言》是对作为一种环境管理战略的清洁生产公开的承诺。

2000年10月，第六届清洁生产国际高级研讨会在加拿大蒙特利尔市召开，对清洁生产进行了全面系统的总结，并将清洁生产形象地概括为技术革新的推动者、改善企业管理的催化剂、工业运动模式的革新者、连接工业化和可持续发展的桥梁。从这层意义上，可以认为清洁生产是可持续发展战略引导下的一场新的工业革命，是21世纪工业生产发展的主要方向。

我国早在20世纪70年代初提出了"预防为主，防治结合，综合治理，化害为利"十六字环境保护方针，其内容一定程度上体现了清洁生产的思想。

20世纪90年代提出的《中国环境与发展十大对策》中强调了清洁生产。

1993年10月第二次全国工业污染防治会议将大力推行清洁生产、实现经济持续发展作为实现工业污染防治的重要任务。

1994年3月，国务院常务会议讨论通过了《中国21世纪议程——中国21世纪人口、环境与发展白皮书》，专门设立了"开展清洁生产和生产绿色产品"这一领域。

1995年5月国家经贸委发布了《关于实施清洁生产示范试点的通知》。

1996年8月，国务院颁布了《关于环境保护若干问题的决定》，明确规定所有大、中、小型新建、扩建、改建和技术改造项目，要提高技术起点，采用能耗物耗小、污染物排放量少的清洁生产工艺。

1997年4月中国国家环保总局发布了《关于推行清洁生产的若干意见》。要求地方环境保护主管部门将清洁生产纳入已有的环境管理政策中，以便更深入地促进清洁生产。

1998在联合国环境规划署召开的清洁生产研讨会上，我国在《国际清洁生产宣言》上签字，自此我国清洁生产策略融入到国际清洁生产大环境中来。

1999年，全国人大环境与资源保护委员会将《清洁生产法》的制定列入立法计划。

1999年5月，国家经贸委发布了《关于实施清洁生产示范试点的通知》，选择北京、上海等10个试点城市和石化、冶金等5个试点行业开展清洁生产示范和试点。与此同时，陕西、辽宁、江苏、山西、沈阳等许多省市也制订和颁布了地方性的清洁生产政策和法规。

2002年6月29日全国人大常委会通过《中华人民共和国清洁生产促进法》，表明清洁生产现已成为我国工业污染防治工作战略转变的重要内容，成为我国实现可持续发展战略的重要措施和手段。

2004年8月16日为全面推行清洁生产，规范清洁生产审核行为，根据《中华人民共和国清洁生产促进法》和国务院有关部门的职责分工，国家发展和改革委员会、国家环境保护总局制定并审议通过了《清洁生产审核暂行办法》。

我国专门成立了中国国家清洁生产中心、化工部清洁生产中心及部分省市的清洁生产指导中心，逐步建立和健全了企业清洁生产审计制度。随着科学技术和国民经济的发展，我国的清洁生产水平将会不断地提高。清洁生产对推动我国可持续发展及环境保护发挥着很大的作用。

二、清洁生产的定义

《中华人民共和国清洁生产促进法》中规定：所谓清洁生产是指不断采取改进设计，使用清洁的能源和原料，采用先进的工艺技术与设备，改善管理、综合利用，从源头消减污染、提高资源利用效率，减少或者避免生产、服务和使用过程中污染物的产生和排放，以减轻或者消除对人类健康和环境的危害。

联合国环境规划署在 1989 年正式提出清洁生产的定义，1996 年联合国环境规划署在总结了各国开展的污染预防活动并加以分析提高后，又对清洁生产重新进行定义，不仅对生产过程与产品，对服务也提出了要求，要求将环境因素纳入产品的设计和所提供的服务中。这种对服务的要求，补充和强调了对产品的最终处理。其定义如下：

清洁生产是一种新的创造性思想，该思想将整体预防的环境战略持续应用于生产过程、产品和服务中，以增加生态效率和减少人类及环境的风险。

对生产过程，要求节约原材料和能源，淘汰有毒原材料，减少所有废弃物的数量和毒性。

对产品，要求减少从原材料提炼到产品最终处置的全生命周期的不利影响。

对服务，要求将环境因素纳入设计和所提供的服务中。

清洁生产的定义包含了两个全过程控制：生产全过程和产品生命周期全过程。

对生产过程而言，清洁生产包括节约原材料和能源，淘汰有毒有害的原材料，并在全部排放物和废物离开生产过程以前，尽最大可能减少它们的排放量和毒性。对产品而言，清洁生产旨在减少产品整个生命周期过程中从原料的提取到产品的最终处置对人类和环境的影响。

简单地说，清洁生产就是在工业活动中使用更少的自然资源，产生最少的废物，而不是在废物产生和污染物排放后再加以处理和处置。本质上是一种同时具有技术可行性与经济合理性、富有生态效率的工业生产新模式。

三、国外清洁生产现状及发展趋势

在发达国家，清洁生产已经普遍成为企业的自觉行为和自身需求。一方面企业的社会责任和社会形象在现代国际商业领域与企业竞争力息息相关，促使企业按照一定的标准或规范进行内部管理。因此，近年来发达国家中通过 ISO 14001 认证的机构数量急剧增加，说明越来越多的企业不仅注重产品质量，而且开始注重生产过程、产品和服务环境效应；另一方面，清洁生产能够为企业带来实际的利益，美国、澳大利亚、荷兰、丹麦等发达国家在清洁生产立法、组织机构建设、科学研究、信息交换、示范项目和推广等领域已取得明显成就。

荷兰在技术评价组织（NOTA）的倡导和组织下，主持开展了荷兰工业公司预防工业排放物和废物产生示范项目，并取得了较大成功；示范项目证实了推行清洁生产技术可以削减 30%~60% 的废物，95% 的煤灰料被回收，不仅大大减少了污染物的排放，给公司带来很大的经济效益，同时，社会名声得到改善，企业和产品有了好的信誉度。

丹麦政府和环保局颁布了环境法，对促进清洁生产提出具体规定，并制定了环境和发展行动计划，自1986年以来，已开展了250多个清洁工艺项目；丹麦政府还拨出专款用于支持工业企业进行清洁生产示范工程。

法国政府为防治或减少废物的产生，制订了采用"清洁工艺"生产生态产品及回收利用和综合利用废物等一系列政策。法国环境部还设立了专门机构从事这一工作，每年给清洁生产示范工程补贴10%的投资，给科研的资助高达50%。法国从1980年起还设立了无污染工厂的奥斯卡奖金，奖励在采用无废工艺方面做出成绩的企业。

德国于1991年和1996年先后颁布了《包装废弃物处理法》和《循环经济是工艺，以此为出发点，引进生命周期分析，以确定在产品寿命周期(包括制造、运输、使用和处置)中的哪一个阶段有可能削减或替代原材料投入和最有效，并以最低费用消除污染物和废物运行费的给予财政补贴和资助。法国制订法令规定到2003年必须有85%的包装废弃物得到循环使用。

"在英国，税收优惠政策是导致风力发电增长的原因。自1995年以来，经合组织国家的政府开始把它们的环境战略针对产品而不是工艺，以此为出发点，引进生命周期分析，以确定在产品寿命周期(包括制造、运输、使用和处置)中的哪一个阶段有可能削减或替代原材料投入和最有效并以最低费用消除污染物和废物。这一战略刺激和引导生产商、制造商和政府政策制定者，去寻找更富有想像力的途径，来实现清洁生产。"

加拿大政府为废物管理确定了新的方向，他们制订了资源和能源保护技术的开发与示范规则，其目的是促进开展减少废物、循环利用以及回收利用废物的工作，促进清洁生产工作的开展。近年来，加拿大开展了"3R"(Reduce、Reuse、Recycle)运动，加拿大不列颠哥伦比亚省在全省动员开展"3R"运动，这个运动的范围相当广泛，从省制订大的计划到民间组织自发的活动，形式多种多样。

美国已有26个州相继通过了要求实行污染预防或废物减量化的法规，13个州的立法要求工业设施呈报污染预防计划，并将废物减量计划作为发放废物处理、处置、运输许可证的必要条件。污染预防已经形成一套完整的法规、政策、计算和实施体系。

澳大利亚一家最大的生产纱线的企业，原工艺每生产1kg纱线需要使用250 L的水和3kg化学药剂，必须支付高额的排污费，该企业自1992年以来进行了清洁生产技术的调查，通过新技术的应用，投资15万美元对原工艺进行了50项改良，其后3年所获得的总回报达到110万美元；澳大利亚一家铸造企业每年使用的铸造用沙有3500t成为固体废弃物，该企业投资32.5万美元引进清洁生产技术进行铸造用沙的再加工和回用，每年减少购买新沙的费用7.5万美元以及排放废沙的费用4.8万美元；加拿大林业和纸浆造纸行业是GNP的主要贡献者，也是最大的劳动力雇佣部门，1970年起通过立法、技术革新等方法推行清洁生产，自1970年第一个制浆造纸法规实施以来，该行业的生产能力提高了约20%，污染负荷却减少了约90%。

日本政府从1990年起开始重视循环经济的建设，1991年制定了《再生资源利用促进法》，确立了促进汽车及家电等的循环利用的判定标准以及事先评估、信息提供等体系。1993年制定了《环境基本法》，1994年政府又根据该基本法制定了《环境基本计划》，决定将循环政策作为环境政策的长期目标之一来实施，并把实现低环境负荷的可持续发展的经济社会体系作为目标。2000年，日本制定了基于"生产者责任延伸制度"的《推进循环型社会形成基本法》以及《建筑材料循环利用法》、《食品循环利用法》、《绿色采购法》等，修订了《再生资源利用促进法》并更名为《资源有效利用促进法》，修订了1970年制定的《废弃物处理法》，加强了控制废弃物的产生以及不正当处理的措施。因此，2000年被定位为日本的"循环型社会元年"。2002年，日本又制定了《汽车循环利用法》，使日本成为世界上具有最先进的循环经济法规体系的国家。在此基础上，政府又于2003年3月制定了建设循环型社会的长期指导方针《推进循环型社会形成基本计划》。

日本政府试图通过以引导为主的方式，也就是说使环境保护行动能够增加企业的经济效益以及企业的信誉和评价，而不是采用强制的方式来推动循环经济的发展。因此，许多日本企业开发了支持循环经济的关键技术，一方面增加企业的竞争力；另一方面为应付未来可能出现的环境贸易壁垒作技术储备。欧美的许多发达国家也都加大了在这一方面的技术开发力度，这些动态都是非常值得我国政府以及企业关注的。

因此，发达国家不仅将清洁生产的理念作为企业内部的行为，而且扩展到全社会。其表现形式主要在两个方面：一方面是循环经济(3R：Reuse、Reduce、Recycle)的理念正在通过政府的立法行为而逐渐成为全社会的行为准则；另一方面是通过建立新的国际贸易秩序，设立国际贸易的绿色壁垒，强制性地推广清洁生产的理念，一是可以提高本国产品的国际竞争力，二是可以限制发展中国家产品的进口。这样，在重视环境保护的名义下，技术落后、仍在走着"先污染后治理"老路的发展中国家不得不付出沉重的代价，尽管发达国家在过去也走过这样的路。

UNEP长期以来致力于帮助发展中国家发展清洁生产，已经在世界范围内以发展中国家为主，通过技术和经济援助、人员交流等方式帮助建立了26个国家清洁生产中心，发达国家的企业在发展中国家投资建设的工厂也采取了能够获得经济利益的清洁生产工艺，从而促进了这些国家清洁生产的发展

四、我国清洁生产发展及存在的问题

中国是国际上公认的清洁生产搞得最好的发展中国家，1980年我国的清洁生产开始萌芽，1992年在第一次国际清洁生产研讨会上，中国提出了"中国清洁生产行动计划（草案)"。国家有关部门和地方政府为清洁生产在中国的推广和实施做了大量工作，取得了显著成效。自1993年世界银行技术援助项目"推动中国的清洁生产"实施以来，重点在组织机构、宣传培训、清洁生产审核示范以及政策研究等能力建设方面开展了清洁生产的推动工作，实施了一批中美、中加、中挪、亚行等双边或多边合作项目。1995年，在联合国工业发展组织(UNIDO)和联合国环境规划署的支持下成立了中国国家清洁生产中心。

中国在推行清洁生产的过程中十分重视示范企业的作用，在大多数省、市、自治区都启动了清洁生产示范项目，建立了400多个清洁生产示范、试点企业，涉及化学、轻工、建材、冶金、石化、电力、飞机制造、医药、采矿、电子、烟草、机械、纺织印染及交通等行业，减少了约20%的污染物排放，数百家企业通过了清洁生产审核。《中华人民共和国清洁生产促进法》于2003年1月1日开始实施后，清洁生产工作受到了更为广泛的关注。2003年12月，国务院办公厅转发了国家发改委等11个部门提出的《关于加快推行清洁生产意见》，要求"加快推行清洁生产，提高资源利用效率，减少污染物的产生和排放，保护环境，增强企业竞争力，促进经济社会可持续发展"。该《意见》系统地阐述了我国今后加快推行清洁生产的政策和措施，指出"清洁生产是对传统发展模式的根本变革，是走新型工业化道路、实现可持续发展战略的必然选择，也是适应我国加入世界贸易组织、应对绿色贸易壁

垒、增强企业竞争力的重要措施"，要求充分发挥市场在资源配置中的基础性作用，坚持以企业为主体，政府指导与推动，强化政策引导和激励，逐步形成企业自觉实施清洁生产的机制。2004年8月，国家发改委和国家环保总局联合发布了《清洁生产审核暂行办法》，该办法于2004年10月1日起施行，不仅倡导企业自觉进行清洁生产审核，而且规定对严重影响环境的企业要进行强制性清洁生产审核。

生态工业园模式是在企业内部推行清洁生产技术的基础上开展企业间协作，以增强企业解决资源和环境问题的新型工业组织形态，在我国受到了政府的大力支持和推广。这种模式通过园内企业之间的副产物和废物的交换、能量和废水的逐级利用、基础设施的共享来实现园区在经济效益和环境效益方面的协调发展。为推进我国生态工业及生态工业园区的发展，国家环境保护总局从1999年开始启动生态工业示范园区建设试点工作，在全国确立了八大示范区。

虽然，我国在推行清洁生产过程中取得了很大进展。但是，我们要清醒地看到，在清洁生产推广中仍然存在着许多问题。

（1）认识问题

目前，一些地方环保部门还远未认识到清洁生产对环保工作的重要意义，没有将清洁生产工作作为环保工作的重要措施来抓，对于环保部门在推行清洁生产中的角色和定位不是很清晰，没有真正履行指导、监督和实施的职责。在具体工作中，许多地方环保部门也常常认为清洁生产是经济部门的事，紧紧抱住传统的末端治理措施，缺乏创新。因此，提高各级环保部门对清洁生产和环保工作关系的认识，已成为深化清洁生产推进工作的当务之急。

（2）措施不力

部分地方环保部门在推进清洁生产方面措施不力。《清洁生产促进法》已颁布实施两年了，相当一部分环保部门没有依法公布严重污染企业名单，没有抓强制性清洁生产审核，也没有充分利用国家关于清洁生产的鼓励政策和优惠措施。环保部门应在排污费征收和污染治理资金的使用上向实施清洁生产和清洁生产审核的企业实行倾斜。

（3）缺乏相关清洁生产标准和审核指南

清洁生产的实施、推进应有相应的管理、技术文件作为指导。《清洁生产促进法》已经于2003年1月1日开始实施，但还缺乏一些配套的具体指导文件。另外，深入开展清洁生产工作的一个制约条件是缺乏详细、分类指导的行业清洁生产标准和审核指南。虽然科技司已发动各行业和地方清洁生产中心、企业拿出了一批标准，并已出台了三行业清洁生产标准，但由于部门协调、经费等问题，标准后期的调研、专家论证和修改工作目前进展较慢。

（4）人员培训和机构建设不到位

虽然到目前为止，全国已组织了近600个不同类型的清洁生产培训班，共有2万多人接受了培训，建立了近40个行业或地方的清洁生产中心，但还远远不能适应今后大规模开展清洁生产审核工作的需要。

（5）清洁生产技术信息交流不畅

清洁生产的实施，最终的关键还是技术的开发和采用。因此，国际社会一直注重清洁生产技术的信息交流。1995年以来，国家清洁生产中心发起成立了全国清洁生产网络，宣传和推广清洁生产思想、方法和技术，传递国内外清洁生产信息资料。但由于缺乏专门的清洁生产工作经费，加之人员不足，不能及时翻译、分析国际上大量的相关技术和管理信息，不能完全反映最新的技术发展水平，特别是对于清洁生产技术本身的传播、交流不够。随着我国清洁生产工作的进一步推进，清洁生产信息工作存在较大的差距，已成为制约清洁生产向纵深发展的重要因素。

五、清洁生产的目标

对于实现经济可持续发展对资源和环境的要求来说，清洁生产谋求达到两个目标：

① 通过资源的综合利用，短缺资源的代用，二次能源的利用，以及节能、降耗、节水，合理利用自然资源，减缓资源的耗竭；

② 减少废物和污染物的排放，促进工业产品的生产、消耗过程与环境相融，降低工业活动对人类和环境的风险。

六、清洁生产的内容

清洁生产是从全方位、多角度的途径去实现"清洁的生产"的，与末端治理相比，它具有十分丰富的内涵。清洁生产的内容可归纳为清洁的原料与能源、清洁的生产过程、清洁的产品以及贯穿于清洁生产的全过程控制和产品的生命周期全过程控制。其主要内容包括：

1. 清洁的原料与能源

① 节约原料和能源，少用昂贵和稀缺的原料；

② 尽量利用二次资源作原料；

③ 常规能源的清洁利用；

④ 可再生能源的利用；

⑤ 新能源的开发与利用；

⑥ 节能技术进步和改造。

2. 清洁的生产过程

① 用无污染、少污染的产品替代毒性大、污染重的产品；

② 用无污染、少污染的能源和原材料替代毒性大、污染重的能源和原材料；

③ 用消耗少、效率高、无污染、少污染的工艺、设备替代消耗高、效率低、产污量大、污染重的工艺、设备；

④ 最大限度地利用能源和原材料，实现物料最大限度的厂内循环；

⑤ 强化企业管理，减少跑、冒、滴、漏和物料流失；

⑥ 对必须排放的污染物，采用低费用、高效能的净化处理设备和"三废"综合利用的措施，进行最终的处理和处置。

3. 清洁的产品

① 产品在使用过程中以及使用后不会危害人体健康和生态环境；

② 产品易于回收，复用和再生；

③ 产品具有合理包装；

④ 产品具有合理的使用功能和使用寿命；

⑤ 产品报废后易处置、易降解。

4. 清洁生产两个"全过程"控制

① 产品的生命周期全过程控制。即从原材料加工、提炼到产品产出、产品使用直到报废处置的各个环节采取必要的措施，实现产品整个生命周期资源和能源消耗的最小化。

② 生产的全过程控制。即从产品开发、规划、设计、建设、生产到运营管理的全过程，

采取措施，提高效率，防止生态破坏和污染的发生。

在实施清洁生产的过程中，应把握好五项基本原则，即环境影响最小化原则、资源消耗减量化原则，优先使用再生资源原则、循环利用原则及原料和产品无害化原则。

清洁生产的最大特点是持续不断地改进。清洁生产是一个相对的、动态的概念。所谓清洁的工艺技术、生产过程和清洁产品是和现有的工艺和产品相比较而言的。推行清洁生产，本身是一个不断完善的过程，随着社会经济发展和科学技术的进步，需要适时地提出新的目标，争取达到更高的水平。

第三节　实现清洁生产的措施

一、实现清洁生产的七个方向

1. 资源的综合利用

资源的综合利用是推行清洁生产的首要方向。如果原料中的所有组分通过工业加工过程的转化都能变成产品，这就实现了清洁生产的主要目标。应该指出的是，这里所说的综合利用，有别于所谓的"三废的综合利用"，这里是指并未转化为废料的物料，通过综合利用，就可以消除废料的产生。资源的综合利用，也包括资源节约利用的含义，物尽其用意味着没有浪费。资源综合利用，不但可增加产品的生产，同时也可减少原料费用，降低工业污染及其处置费用，提高工业生产的经济效益，是全过程的关键。因此，有些国家已经将资源综合利用定为国策。资源综合利用的全过程包括：

(1)综合勘探

资源的综合勘探要求对资源进行全面、正确的鉴别，考虑其中所有的组分。

(2)综合评价

以矿藏为例，不但要评价矿藏本身的特点，如矿区地点、储量、品位、矿物组成、矿物学和岩相学特点、成矿特点等；还要评价矿藏的开发方案、选矿方案、加工工艺、产品形式等，同时要评价矿区所在地交通、动力、水源、环境、经济发展特点、相关资源状况等，综合评价的结果应当储存在全国性的资源数据库内。

(3)综合开发

首先是在宏观决策层上，从生态——经济大系统的整体优化出发，从实施可持续发展战略的要求出发，规划资源的合理配置和合理投向，在使资源发挥最大效益的前提下，组织资源的综合开发。其次在资源开采、收集、富集和储运的各个环节中要考虑资源的综合性，避免有价组分遭到损失。对于矿产资源来说，随着品位的下降，选矿的重要性更加突出。开发矿产应因地制宜地组织复垦，保护受到破坏的土地资源。

(4)综合利用

首先要对原料的每个组分列出清单，明确目前有用和将来有用的组分，制定利用的方案。对于目前有用的组分考察它们的利用效益；对于目前无用的组分，应将其列入科技开发的计划，以期尽早找到合适的用途。在原料的利用过程中应对每一个组分都建立物料平衡，掌握它们在生产过程中的流向。

2. 改革工艺和设备

科学技术的发展，为推行清洁生产提供了无限的可能性。改革工艺和设备可考虑如下方案：

（1）简化流程

减少工序和设备是削减污染排放的有效措施。

（2）变间歇操作为连续操作

这样可减少开车、停车的次数，保持生产过程的稳定状态，从而提高成品率减少废料量。

（3）装置大型化

提高单套设备的生产能力，不但可强化生产过程，还可降低物耗和能耗。

（4）适当改变工艺条件

必要的预处理或适当工序调整，往往也能收到减废的效果。例如，在硝酸生产中，适当提高氨氧化压力，可明显降低吸收尾气中的氮氧化物含量。

（5）改变原料

原料是不同工艺方案的出发点，原料改变往往引起整个工艺路线的改变。

① 利用可再生原料。例如，用农作物生产乙醇；通过建造速生林，将木材转变为成型燃料和液体燃料；从油料作物中提起烃类和油脂；将农业废弃物作为有机合成的原料等；

② 改变原料配方，革除其中有毒有害物质的组分或辅料；

③ 保证原料质量，采用精料；

④ 对原料进行适当预处理。例如，含砷矿石的预处理可以防止砷进入熔炼主工艺；

⑤ 利用废料作为原料。如利用铝含量高的燃煤飞灰作为生产氧化铝的原料。

（6）配备自动控制装置实现过程的优化控制

利用先进生产技术，配备自动控制装置，实现过程的优化控制。

（7）换用高效设备

改善设备布局和管线。例如，顺流设备改为逆流设备；优选设备材料，提高可靠性、耐用性；提高设备的密闭性，减少泄漏；设备的结构、安装和布置更便于维修；采用节能的泵、风机、搅拌装置。

（8）开发利用最新科技成果的全新工艺

对老装置进行技术改造，采用最新科技成果的新工艺。

3. 组织厂内的物料循环

"组织厂内物料循环"被美国环保局作为与"源削减"并列的实现废料排放最少化的两大基本方向之一。在这里强调的是企业层次上的物料再循环，实际上，物料再循环作为宏观仿生的一个重要内容，可以在不同的层次上进行，如工序、流程、车间、企业乃至地区，考虑再循环的范围越大，则实现的机会越多。

厂内物料再循环可分为如下几种情况：

① 将流失的物料回收后作为原料返回原工序中。例如，造纸废水中回收纸浆；印染废水中回收跑、冒、滴、漏的物料等。

② 将生产过程中生成的废料经过适当处理后作为原料或原料替代物返回原生产流程中。例如，铜电解精炼中的废电解液，经处理后提出其中的铜再返回到电解精炼流程中；鞣革废液除去固体夹杂物，用碱性溶液沉淀成氢氧化铬，再用硫酸溶解后重新用于鞣革。

③ 将生产过程中生成的废液经过适当的处理后作为原料返用于本厂其他生产过程中。例如，某一生产过程中产出的废水经过适当的处理后，可用于本厂另一生产过程。再如发酵

134

过程中产出的 CO_2 可作为制造饮料的原料。有色熔炼尾气中的 SO_2 可用作硫酸车间的原料。值得指出的是，后两个例子中所说的"废料"本是原料中所含的组分，只是相对于主要产品而言的，其实是一种副产品。

4. 加强管理

在企业管理中要突出清洁生产的目标，从着重于末端处理向全过程控制倾斜，使环境管理落实到企业中的各个层次，分解到生产过程的各个环节，贯穿于企业的全面经济活动之中，与企业的计划管理、生产管理、财务管理、建设管理等专业管理紧密结合起来。

5. 改革产品体系

在当前科学技术迅猛发展的形势下，产品的更新换代速度越来越快，新产品不断问世。人们开始认识到，工业污染不但发生在生产产品的过程中，也会发生在产品的使用过程中，有些产品使用后废弃、分散在环境之中，也会造成始料未及的危害。例如，低效率的工业锅炉，在使用过程中不但浪费燃料，还排出大量的烟尘，本身就是一个污染源。不少电器产品用作绝缘材料的多氯联苯，虽然具有优良的电器性能，但是属于强致癌物质，对人体健康会造成严重的威胁。作为冷冻剂、喷雾剂和清洗剂的氟氯烃是破坏臭氧层的主要人造物质之一，已被"蒙特利尔协定书"所限制生产和限期禁用。

6. 必要的末端处理

在推行清洁生产所进行的全过程控制中同样包括必要的末端处理。清洁生产本身是一个相对的概念，一个理想的模式，在目前的技术水平和经济发展水平条件下，实现完全彻底的无废生产，还是比较罕见的，废料的产生和排放有时还难以避免。因此，还需要对它们进行必要的处理和处置，使其对环境的危害降至最低。此处的末端处理与传统概念中的末端处理相比具有以下一些区别：

① 末端处理只是一种采取其他预防措施之后的最后把关措施，而不应像以往那样处于实际上优先考虑地位。

② 厂内的末端处理可作为送往厂外集中处理的预处理措施。例如，工业废水经预处理后送往污水处理厂，废渣送往集中的废料填埋场等。在这种情况下，厂内末端处理的目标不再是达标排放，而只需要处理到集中处理设施可以接纳的程度。

③ 末端处理应重视从废物中回收有用的组分。如焚烧废渣回收热量，有机废水通过厌氧发酵，使其中的有机质转化成甲烷等。

④ 末端处理并不排斥继续开展推行清洁生产的活动，以期逐步缩小末端处理的规模，乃至最终以全过程控制措施完全代替末端处理。现阶段"必要的"末端处理，并不是一成不变的，随着技术水平和管理水平的提高，有可能变成"不必要"而被革除。

7. 组织区域内的清洁生产

创建清洁生产的基本原则是按生态原则组织生产，实现物料的闭合循环。所谓按生态原则组织生产，就是地域性地将各个专业化生产（群落）有机地联合成一个综合生产体系（生态系统）。由于工业生产有明显的层次性，所以在不同层次上都有可能实现物料的闭合循环。一般希望在尽量低的层次上完全闭合，这样物料的运输路程缩短，额外的处理要求低，经济代价小。但是为了达到综合利用原料的目的，往往需要跨行业、跨地区的共同协作。随着层次的提高，物料闭合的可能性也相应扩大。在地区范围内削减和消除废料是实现清洁生产的重要途径之一。为此，可采取如下的具体措施：

① 围绕优势资源的开发利用，实现生产力的科学配置，组织工业链，建立优化的产业

结构体系。

②从当地自然条件及环境出发进行科学的区划，根据产业特点及物料的流向合理布局。

③统一考虑区域的能源供应，开发和利用清洁能源。

④建立供水、用水、排水、净化的一体化管理体制，进行城市污水集中处理并组织回用。

⑤组织跨行业的厂外物料循环，特别是大吨位固体废料的二次资源化。

⑥生活垃圾的有效管理和利用。

⑦合理利用环境容量，以环境条件作为经济发展的一个制约性因素，控制发展的速度和规模。

⑧建立区域环境质量监测和管理系统，重大事故应急处理系统。

⑨组织清洁生产的科技开发和装备供应。

二、实施清洁生产的作用和意义

清洁生产是一种全新的发展战略，它借助于各种相关理论和技术，在产品的整个生命周期的各个环节采取"预防"措施，通过将生产技术、生产过程、经营管理及产品等方面与物流、能量、信息等要素有机结合起来，并优化运行方式，从而实现最小的环境影响、最少的资源、能源使用，最佳的管理模式以及最优化的经济增长水平。更重要的是，环境作为经济的载体，良好的环境可更好地支撑经济的发展，并为社会经济活动提供所必须的资源和能源，从而实现经济的可持续发展。

（1）开展清洁生产是实现可持续发展战略的需要

1992年6月在巴西里约热内卢召开的联合国环境与发展大会上通过了《21世纪议程》。该议程制定了可持续发展的重大行动计划，并将清洁生产看作是实现可持续发展的关键因素，号召工业提高能效，开发更清洁的技术，更新、替代对环境有害的产品和原材料，实现环境、资源的保护和有效管理。清洁生产是可持续发展的最有意义的行动，是工业生产实现可持续发展的惟一途径。

（2）开展清洁生产是控制环境污染的有效手段

清洁生产彻底改变了过去被动的、滞后的污染控制手段，强调在污染产生之前就予以削减，即在产品及其生产过程并在服务中减少污染物的产生和对环境的不利影响。这一主动行动，经近几年国内外的许多实践证明，具有效率高、可带来经济效益、容易为企业接受等特点，因而实行清洁生产将是控制环境污染的一项有效手段。

（3）开展清洁生产可大大减轻末端治理的负担

末端治理作为目前国内外控制污染最重要的手段，为保护环境起到了极为重要的作用。然而，随着工业化发展速度的加快，末端治理这一污染控制模式的种种弊端逐渐显露出来。首先，末端治理设施投资大、运行费用高，造成企业成本上升，经济效益下降；第二，末端治理存在污染物转移等问题，不能彻底解决环境污染；第三，末端治理未涉及资源的有效利用，不能制止自然资源的浪费。据美国环保局统计，1990年美国用于三废处理的费用高达1200亿美元，占GDP的2.8%，成为国家的一个严重负担。我国近几年用于三废处理的费用一直仅占GDP的0.6%~0.7%左右，已使大部分城市和企业不堪重负。

清洁生产从根本上扬弃了末端治理的弊端，它通过生产全过程控制，减少甚至消除污染物的产生和排放。这样，不仅可以减少末端治理设施的建设投资，也减少了其日常运转费用，大大减轻了工业企业的负担。

（4）开展清洁生产是提高企业市场竞争力的最佳途径

实现经济、社会和环境效益的统一，提高企业的市场竞争力，是企业的根本要求和最终归宿。开展清洁生产的本质在于实行污染预防和全过程控制，它将给企业带来不可估量的经济、社会和环境效益。

清洁生产是一个系统工程，一方面它提倡通过工艺改造、设备更新、废弃物回收利用等途径，实现"节能、降耗、减污、增效"，从而降低生产成本，提高企业的综合效益，另一方面它强调提高企业的管理水平，提高包括管理人员、工程技术人员、操作工人在内的所有员工在经济观念、环境意识、参与管理意识、技术水平、职业道德等方面的素质。同时，清洁生产还可有效改善操作工人的劳动环境和操作条件，减轻生产过程对员工健康的影响，为企业树立良好的社会形象，促使公众对其产品的支持，提高企业的市场竞争力。

复习思考题

1. 绿色化学的定义及主要特点是什么？
2. 什么是原子经济性？理想的原子经济性是什么？
3. 举例说明如何开发原子经济性反应？
4. 简述绿色化学的原则与 5R 理论。
5. 在无毒无害溶剂的研究中，最活跃的研究项目及其主要内容是什么？
6. 什么是绿色化工？调查我国绿色化工开展的情况。
7. 什么是绿色产品及其基本特征？
8. 绿色产品的生命环节主要包括哪几个方面？
9. 由于各国确定的产品类别各不相同，规定的绿色产品的标准也有所差别。德国的绿色产品共分为哪几个基本类型？
10. 什么是清洁生产？简述清洁生产的产生与发展。
11. 论述我国清洁生产发展的现状及存在的问题。
12. 简述清洁生产的原则、内容及实现途径。
13. 为什么说要发展绿色化学意味着要从过去的污染环境的化工生产转变为安全的、清洁的生产。

第六章　清洁生产审核

第一节　清洁生产审核概述

一、清洁生产审核定义及目的

1. 清洁生产审核定义

根据《中华人民共和国清洁生产促进法》所称清洁生产审核，是指按照一定程序，对生产和服务过程进行调查和诊断，找出能耗高、物耗高、污染重的原因，提出减少有毒有害物料的使用、产生，降低能耗、物耗以及废物产生的方案，进而选定技术经济及环境可行的清洁生产方案的过程。

清洁生产审核对象是组织。清洁生产审核工作是组织实行清洁生产的重要前提，也是组织实施清洁生产的关键和核心，同时也是支持和帮助组织有效开展预防性清洁生产活动的重要手段和工具。

2. 清洁生产审核目的

清洁生产审核是对现在的和计划进行的产品生产和服务实行预防污染的分析和评估。在实行预防污染分析和评估的过程中，制定并实施减少能源、资源和原材料使用，消除或减少产品和生产过程中有毒物质的使用，减少各种废弃物排放的数量及其毒性的方案。

所以通过清洁生产审核，可以达到以下目的：

① 获得有关单元操作、原材料、产品、用水、能源和废物的资料及有关数据；

② 确定废物的来源、数量以及类型，确定废物削减的目标，制定经济有效的削减废物产生的对策；

③ 提高组织对由削减废弃物获得效益的认识和知识；

④ 获得单元操作的最优工艺和技术参数；

⑤ 判定组织效率低的瓶颈部位和管理不善的地方；

⑥ 提高组织经济效益、产品和服务质量。

⑦ 提高职工的职业素质、环保意识和生产技能。

二、清洁生产审核原则和思路

1. 清洁生产审核原则

一是以企业为主体。清洁生产审核的对象是企业，是围绕企业开展的，离开了企业，所有工作都无法开展。

二是自愿审核与强制审核相结合。对污染物排放达到国家和地方规定的排放标准以及总量控制指标的企业，可按照自愿的原则开展清洁生产审核；而对于污染物排放超过国家和地方规定的标准或者总量控制指标的企业，以及使用有毒、有害原料进行生产或者在生产中排放有毒、有害物质的企业，应依法强制实施清洁生产审核。

三是企业自主审核与外部协助审核相结合。

四是因地制宜、注重实效、逐步开展。不同地区、不同行业的企业在实施清洁生产审核时，应结合本地实际情况，因地制宜地开展工作。

2. 清洁生产审核思路

在通常情况下，一个组织的生产过程如图6-1所示。企业在进行清洁生产审核时，应全面了解废弃物在哪里产生？为什么会产生废弃物？如何消除这些废弃物？因此，企业在进行清洁生产审核过程中应考虑以下八个方面：

（1）原辅材料和能源

原辅材料本身所具有的特性（如毒性、降解性）在一定程度上决定了产品及其生产过程的环境危害程度，选择对环境无害的原辅材料是清洁生产所要考虑的重要方面。同样，作为动力基础的能源，在使用过程中也会直接或间接地产生废物，通过节约能源、使用二次能源和清洁能源等有利于减少污染物的产生。

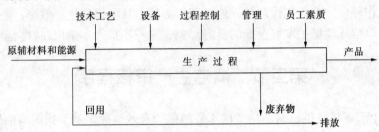

图6-1　生产过程示意图

（2）技术工艺

生产过程的技术工艺水平基本上决定了废物的产生和状态，先进而有效的技术可以提高原辅材料的利用效率，减少废物产生量。因此，结合技术改造预防污染是实现清洁生产的一条重要途径。

（3）设备

设备作为技术工艺的具体体现，在生产过程中也具有重要作用，设备的适用性及其维护、保养情况等均会影响废物的产生。

（4）过程控制

过程控制对生产过程是极为重要的，反应参数是否处于受控制状态并达到优化水平或工艺要求，对产品产率和优质品率有直接的影响，同时也对废物产生量有重要的影响。

（5）产品

产品性能、种类和结构等要求决定了生产过程，产品的变化往往要求生产过程做相应的改变和调整，因此会影响废物的产生情况。另外产品的包装、储运等也会对生产过程及其废物的产生造成影响。

（6）废物

废物本身所具有的特性直接关系到它是否在现场被利用和循环使用。

（7）管理

加强管理是企业发展的永恒主题，管理的水平直接影响废物的产生情况。

（8）员工

职工素质和积极性的提高也是有效控制生产过程和废物产生的重要因素。

三、清洁生产审核的作用

清洁生产审核的作用表现在以下七个方面：

① 通过清洁生产审核，进一步促进清洁生产。工业企业的核心是质量、品种、品牌、效益和环境保护，为实现这一目标，并积极贯彻可持续发展战略，就必须大力推行清洁生产，这是实现工业企业健康发展、改粗放经营为集约型经营、改善环境面貌的根本途径；

② 提高原材料、能源的利用效率，节约能源、资源和原材料，降低成本，有利于建设资源节约型社会；

③ 有利于进一步加强本单位的环境管理，提高企业及其产品的市场竞争力；

④ 促进技术进步，产业升级；

⑤ 提高职工的素质，增强其环境意识，提高其保护环境的主动性和责任感；

⑥ 改善操作环境，美化工作环境，愉悦职工心情，从而提高生产效率；

⑦ 树立本单位环境保护友好企业的良好形象，进一步扩大本单位在社会上的影响。

第二节　清洁生产审核程序

实施清洁生产审核是推行清洁生产的重要组成和有效途径。基于我国清洁生产审核示范项目的经验，根据国外有关废物最小化评价和废物排放审核方法与实施的经验，国家清洁生产中心确定了我国的清洁生产审核程序，该程序包括 7 个阶段、35 个步骤，见表 6-1。

表 6-1　清洁生产审核程序

审 核 步 骤	工作内容及成果
筹划与组织	① 取得企业最高层领导的支持和参与
	② 建立一个有权威的审核小组
	③ 制定审核工作计划
	④ 广泛开展宣传教育活动
预评估	① 进行现状调研
	② 进行现场考察
	③ 评价产污状况
	④ 确定审核重点
	⑤ 设置清洁生产目标
	⑥ 提出和实施无费/低费方案
评估	① 准备审核重点资料
	② 实测输入输出物流
	③ 建立物料平衡
	④ 分析废弃物产生原因
	⑤ 提出和实施无费/低费方案
方案的产生与筛选	① 备选方案的产生
	② 分类汇总方案
	③ 方案筛选
	④ 研制方案
	⑤ 继续实施无费/低费方案
	⑥ 核定并汇总无费/低费方案实施效果
	⑦ 编写清洁生产中期审核报告

审 核 步 骤	工作内容及成果
方案可行性分析	① 进行市场调查 ② 进行技术评估 ③ 进行环境评估 ④ 进行经济评估 ⑤ 推荐可实施方案
方案实施	① 组织无费/低费方案的实施 ② 汇总已实施的无费/低费方案的成果 ③ 验证已实施的中/高费方案的成果 ④ 分析总结已实施方案对企业的影响
持续清洁生产	① 建立和完善清洁生产组织 ② 建立和完善清洁生产管理制度 ③ 制定持续清洁生产计划 ④ 编写清洁生产审核报告

一、策划与组织

策划与组织是企业开展清洁生产审核工作的第一个阶段。其目的是通过宣传动员使企业领导和职工对清洁生产有一个初步的、比较正确的认识，消除思想观念上的障碍，了解企业清洁生产审核的工作内容、要求及工作程序，便于清洁生产审计工作的顺利开展。

1. 取得企业领导的支持和参与

清洁生产审核是一项综合性很强的工作，涉及企业的多个部门，而且随着审核工作的不断深入、审核工作侧重点也会发生变化，参与审核的工作部门和人员也需及时调整。因此，只有取得企业高层领导的支持和参与，才能更好地协调企业各个部门的工作并有效提高全体职工积极参与的热情，才能使审核工作顺利地实施。

为了取得领导的支持和参与，可以从以下几个方面入手：

① 介绍国家推行清洁生产的方针以及对清洁生产审计工作的要求；

② 宣传清洁生产与传统的"末端治理"的区别；

③ 介绍其他企业开展清洁生产审核取得的成果；

④ 了解清洁生产审核可能给企业带来的好处。

不论是在经济效益、环境效益和无形资产的提高还是在推动技术进步等方面都会带来巨大的好处，从而增强企业的市场竞争能力，也是企业高层领导支持和参与清洁生产审核的动力和重要前提。

2. 组建审核小组

要想顺利地实施清洁生产审核必须在企业内部建立一个有权威的审核小组。审核小组组长是审核小组的核心，最好由企业高层领导、主管企业生产技术、环保的厂长或总工程师等担任；一般组长应具备的条件：

① 具备企业的生产、工艺、管理与新技术的知识和经验；

② 掌握污染防治的原则和技术，并熟悉有关的环保法规；

③ 了解审核工作程序，熟悉审核小组成员情况，具备领导和组织工作的才能并善于和

其他部门合作等。

审计小组人数根据企业实际情况而定，一般应由3~5名成员组成，应具备的条件：

① 具备企业清洁生产审计的知识或工作经验；

② 掌握企业的生产、工艺、管理等方面的情况以及新技术信息；

③ 熟悉企业的废弃物产生、治理和管理情况以及国家和地区环保法规和政策等；

④ 具有宣传、组织工作能力和经验。

审计小组成立后应明确人员的责任及职责分工，如有必要，审核小组的成员在确定审核重点的前后应及时调整。审核小组必须有一位成员来自本企业的财务部门，该成员不一定全时制投入审计，但要了解审核的全部过程，准确计算企业清洁生产审计的投入和收益，并将其详细单独立账，不宜中途换人。中小型企业和不具备清洁生产审计技能的大型企业，其审计工作要取得外部专家的支持。如果审计工作有外部专家的帮助和指导，本企业的审计小组还应负责与外部专家的联络、研究外部专家的建议并尽量吸收其有用的意见。

审核小组应明确以下任务：制定工作计划，开展宣传教育，确定审核重点和目标，组织和实施审计工作，编写审核报告，总结经验并提出持续清洁生产的建议。

3. 制定审核工作计划

为了使清洁生产审核有步骤、有计划地实施，一定要制定出一个比较详细的审核工作计划。按照审核程序的要求和工厂车间的具体情况，将审核工作的序号、内容、进度、责任、参与部门、人员及各阶段应产出的工作成果等进行一一排定。表6-2为某企业清洁生产审核工作计划。

表6-2　某企业清洁生产审核工作计划

步骤	主要内容	天数	启动日期	完成日期
准备阶段				
1	领导决策			
2	组建工作小组			
3	制定工作计划	5	03~19	03~23
4	宣传、动员和培训	10	03~26	04~06
5	物质准备			
审计阶段				
1	公司现状分析	10	04~09	04~20
2	确定审核对象	2	04~23	04~24
3	设置清洁生产目标	4	04~25	04~30
4	编制审核对象工艺流程图	5	05~07	05~11
5	测算物料和能量平衡	5	05~21	05~25
6	分析物料和能量损失原因	4	05~28	05~31
制定方案阶段				
1	介绍物料和能量平衡	2	06~01	06~04
2	提出方案	4	06~05	06~08
3	分类方案	4	06~11	06~14
4	优选方案	5	06~15	06~21
5	可行性分析	5	06~22	06~28

步骤	主要内容	天数	启动日期	完成日期
6	选定方案	1	06~29	06~29
实施方案阶段				
1	制定实施计划	7	07~2	07~10
2	组织实施			
3	评估实施效果			
4	制定后续工作计划			
5	清洁生产报告的编写、印刷	25	07~11	08~14

4. 开展宣传教育活动

高层领导的支持和参与固然十分重要,没有中层干部和操作工人的实施,清洁生产审核仍很难取得重大成果。仅当全厂上下都将清洁生产思想自觉地转化为指导本岗位生产操作实践的行动时,清洁生产审计才能顺利持久地开展下去。也只有这样,清洁生产审核才能给企业带来更大的经济和环境效益,推动企业技术进步,更大程度地支持企业高层领导的管理工作。

宣传可采用下列方式:利用企业现行各种例会,下达开展清洁生产审计的正式文件,内部广播、电视、录象、黑板报,组织报告会、研讨班、培训班,开展各种咨询等。

宣传教育内容一般为:

① 技术发展、清洁生产以及清洁生产审计的概念;

② 清洁生产和末端治理的内容及其利与弊;

③ 国内外企业清洁生产审计的成功实例;

④ 清洁生产审计中的障碍及其克服的可能性;

⑤ 清洁生产审计工作的内容与要求;

⑥ 本企业鼓励清洁生产审计的各种措施;

⑦ 本企业各部门已取得的审计效果,它们的具体做法等。

宣传教育的内容要随审计工作阶段的变化而作相应调整。同时,注意了解、收集在实施清洁生产审核过程中的各种障碍,包括思想观念障碍、技术障碍、资金和物资障碍以及政策法规障碍。其中,思想观念障碍是最常遇到的,也是最主要的障碍,要花大力气研究讨论克服的办法。表6-3列出企业清洁生产审计中常见的一些障碍及解决办法。

表6-3 企业清洁生产审计常见障碍及解决办法

障碍类型	障碍表现	解决办法
思想观念障碍	清洁生产审计无非是过去环保管理办法的老调重弹	讲透清洁生产审计与过去的污染预防政策、八项管理制度、污染物流失总量管理、三分治理七分管理之间的关系
	中国的企业真有清洁生产潜力吗	用事实说明中国大部分企业的巨大清洁生产潜力、中央号召"两个转变"的现实意义
	没有资金、不更新设备,一切都是空谈	用国内外实例讲明无/低费方案巨大而现实的经济与环境效益,阐明无/低费方案与设备更新方案的关系,强调企业清洁生产审计的核心思想是"从我做起、从现在做起"
	清洁生产审计工作比较复杂,是否会影响生产	讲清审计的工作量和它可能带来的各种效益之间的关系
	企业内各部门独立性强,协调困难	由厂长直接参与、由各主要部门领导与技术骨干组成审计小组,授予审计小组相应职权

障碍类型	障碍表现	解决办法
技术障碍	缺乏清洁生产审计技能	聘请并充分向外部清洁生产审计专家咨询、参加培训班、学习有关资料等
	不了解清洁生产工艺	聘请并充分向外部清洁生产工艺专家咨询
资金物资障碍	没有进行清洁生产审计的资金	企业内部挖潜，与当地环保、工业、经贸等部门协调解决部分资金问题，先筹集审计所需资金，再由审计效益中拨还
	缺乏物料平衡现场实测的计量设备	积极向企业高层领导汇报
	缺乏资金实施需较大投资的清洁生产工艺	由无/低费方案的效益中积累资金（企业财务要为清洁生产的投入和效益专门建账）
政策法规障碍	实施清洁生产无现行的具体的政策法规	用清洁生产优于末端治理的成功经验促进国家和地方尽快制定相关的政策与法规
	实施清洁生产与现行的环境管理制度中的规定有矛盾	用清洁生产优于末端治理的成功经验促进国家和地方尽快制定相关的政策与法规

二、预评估

本阶段的主要工作是通过对企业现状进行全面的调查分析，摸清企业污染现状及企业的产污排污状况并通过定性比较或定量分析，确定出审核重点，并针对审核重点设置清洁生产目标。

1. 进行现状调研

本阶段搜集的资料是全厂的和宏观的，包括现状调查、现场考察、评价产污、排污状况三部分。

（1）现状调查应从以下四个方面入手

① 企业概况。企业发展简史、规模、组织结构、人员构成、产值、利税以及所处的地理、地质条件、水文、气象条件、生态环境状况等。

② 企业生产状况。企业原材料利用、水资源和能源消耗、产品生产、设备维护以及企业的主要工艺流程并要求标出主要原辅料、水、能源及废弃物的流入、流出和去向。

③ 企业的环境保护状况。主要污染源及其排放情况，包括状态、数量、毒性等；主要污染源的治理现状，包括处理方法、效果、问题及单位废弃物的年处理费等；三废的循环/综合利用情况，包括方法、效果、效益以及存在问题；企业涉及的有关环保法规与要求，如排污许可证，区域总量控制，行业排放标准等。

④ 企业的管理状况。包括从原料采购和库存、生产及操作、直到产品出厂的全面管理水平。

（2）现场考察

随着企业生产的发展，原有的一些生产工艺、装置设备、管路和管线可能已做过多次调整，有的进行了更新，有的被淘汰废弃。而在原有的图纸、说明书、设备清单及有关手册上可能都无法反映出来了。导致实际生产操作和工艺参数的控制等与原始设计及规程有所不同。因此，需要进行现场考察，以便对现状调研的结果加以核实和修正，并发现生产中的问题。同时，通过现场考察，在全厂范围内发现明显的无/低费清洁生产方案。

主要现场考察内容包括：

① 核查分析有关设计资料和图纸，工艺流程图及其说明，物料衡算、能（热）量衡算的情况，设备与管线的选型与布置等。

② 对整个生产过程进行实地考察，即从原料开始，逐一考察原料库、生产车间、成品库，直到三废处理设施。

③ 查阅岗位记录、生产报表（月平均及年平均统计报表）、原料及成品库存记录、废弃物报表、监测报表等。

④ 重点考察各产污排污环节，水耗和（或）能耗大的环节，设备事故多发的环节或部位。

⑤ 实际生产管理状况，如岗位责任制执行情况，工人技术水平及实际操作状况，车间技术人员及工人的清洁生产意识等。

⑥ 与工人和工程技术人员座谈，听取意见和建议，发现关键问题和部位，同时征集无/低费方案。

（3）评价产污、排污状况

在现状调研、现场考察以及专家咨询的基础上，汇总国内外同类企业的生产、消耗、产污、排污及管理水平等情况，与本企业的各项指标进行列表对照；初步分析本企业的产污原因，产污排污的理论值与实际状况之间的差距，评价企业的产污排污状况是否合理以及企业执行国家及当地环保法规及行业排放标准的情况，包括达标情况、缴纳排污费及处罚情况等；对企业在现有原料、工艺、产品、设备及管理水平下，其产污排污状况的真实性、合理性及有关数据的可信度，予以初步评价。

2. 确定审核重点

通过前面三步的工作，已基本探明了企业现存的问题及薄弱环节，可从中确定出本轮审核的重点。审核重点的确定，应结合企业的实际综合考虑。对于工艺复杂的大中型企业，一般先要确定备选审核重点然后从中确定审核重点。对工艺简单、产品单一的中小企业，可不必经过备选审核重点阶段，而依据定性分析，直接确定审核重点。

（1）确定备选审核重点

企业生产通常由若干单元操作构成。单元操作指具有物料的输入、加工和输出功能完成某一特定工艺过程的一个或多个工序或工艺设备。原则上，所有单元操作均可作为潜在的审核重点。根据企业的实际情况及具体的条件备选审核重点可以是企业的某一生产线、某一车间、某个工段，也可以是某个操作单元。一般是审核小组根据所掌握的资料，列出企业的主要问题，从中选出 3~5 个问题和环节作为被选审核重点，并将数据整理汇总，列成表加以说明。表 6-4 为一备选审核重点情况汇总表。

表 6-4　备选审核重点情况汇总表

序号	备选审核重点	废物量			原料消耗		水耗		能耗		费用小计	环保费用						管理水平
		水	气	渣	总量	费用	总量	费用	总量	费用		厂内末端处理费	厂外处理费	排污费	罚款	其他	小计	

对于污染严重的环节或部位，消耗大的环节或部位，环境及公众压力大的环节或问题，有明显的清洁生产机会，应优先考虑作为备选审核重点。

（2）确定审核重点

采用一定方法，把备选审核重点排序，从中确定本轮审核的重点。同时，也为今后的清洁生产审核提供优选名单。本轮审核重点的数量取决于企业的实际情况，一般一次选择一个审核重点。

确定审核重点的方案有很多种，可以用简单比较法、权重总和计分排序法、打分法、投票法、头脑风暴法等。常用的是简单比较法和权重总和计分排序法。简单比较法是根据各备选重点的废弃物排放量和毒性及消耗等情况进行对比、分析和讨论，通常污染最严重、消耗最大、清洁生产机会最显明的部位定为第一轮审核重点。表6-5是用简单比较法确定审核重点的评议表。简单比较一般只能提供本轮审核的重点，难以为今后的清洁生产提供足够的依据。

权重总和计分排序法则是针对工艺复杂，产品品种和原材料多样的企业，往往难以通过定性比较确定出重点，为提高决策的科学性和客观性，而采用的半定量分析方法。

根据我国清洁生产的实践及专家讨论结果，在筛选审核重点时，通常考虑下述几个因素，对各因素的重要程度，即权重值(W)，可参照以下数值：

废弃物量：$W=10$；

主要消耗：$W=7\sim9$；

环保费用：$W=7\sim9$；

市场发展潜力：$W=4\sim6$；

车间积极性：$W=1\sim3$。

表6-5　简单比较法确定审核重点表

因素\备选	原料消耗	水耗	能耗	废水	废气	废渣	……	综合
1								优
2								良
3								中等
4								一般
5								差

表6-6为某厂权重总和计分排序法确定审核重点表。

表6-6　某厂权重总和计分排序法确定审核重点表

因　　素	权重值 $W(1\sim10)$	一车间 评分(R)	一车间 $R\times W$	二车间 评分(R)	二车间 $R\times W$	三车间 评分(R)	三车间 $R\times W$
废弃物量	10	10	100	6	60	4	40
主要消耗	9	5	45	10	90	8	72
环保费用	8	10	80	4	34	1	8
废弃物毒性	7	4	28	10	70	5	35
市场发展潜力	5	6	30	10	50	8	40
车间积极性	2	5	10	10	20	7	14
总分 $\Sigma R\times W$			293		322		209
排序			2		1		3

应注意的是：

①上述权重值仅为一个范围，实际审核时每个因素必须确定一个数值，一旦确定，在整个审核过程中不得改动。

②可根据企业实际情况确定权重因素。

③统计废弃物量时，应选取企业最主要的污染形式，而不是把水、气、渣累计起来。

审核小组或有关专家，根据收集的信息，结合有关环保要求及企业发展规划，对每个备选重点，就上述各因素，按备选审核重点情况汇总表提供的数据或信息打分，分值(R)从1至10，以最高者为满分(10分)。将打分与权重值相乘($R×W$)，并求所有乘积之和($\Sigma R×W$)，即为该备选重点总得分，再按总分排序，最高者即为本次审核重点。

3. 设置清洁生产目标

设置定量化的硬性指标，才能使清洁生产真正落实，并能据此检验与考核，达到通过清洁生产预防污染的目的。

设置清洁生产目标应根据本企业的历史最高水平，外部的环境管理要求(达标排放，限期治理等)以及国内外同行业、类似规模、工艺或技术装备的厂家的水平而确定。其具有时限性，可分为近期目标(审核工作期间)和中远期目标(1~3年)，见表6-7。

表6-7 某矿业公司清洁生产审核目标

序号	项目	短期目标	长期目标
1	物耗	回收利用粉精矿 30000t/a	
2	能耗	削减选矿车间电耗 5%	
3	水耗	削减新水耗量 8%	
4	环境	削减废水排放量 5% 尾矿坝干坡段扬尘抑制 50% 削减尾矿排放量 $3×10^4$t/a	实现选矿尾矿综合利用率 100%，最终达到无尾排放的目标
5	经济	预计经济效益可达 655 万元	

4. 提出和实施无费/低费方案

预评估过程中，在全厂范围内各个环节发现的问题，有相当部分可迅速采取措施解决。对这些无需投资或投资很少，容易在短期(如审核期间)见效的措施，称为无/低费方案。对于预评估阶段的无/低费方案，是针对全厂的，是通过座谈、咨询、现场查看、散发清洁生产建议表等形式获得的方案，而不必对生产过程作深入分析。目的是贯彻清洁生产边审核边实施的原则，以及时取得成效，滚动式地推进审核工作。

常见无/低费方案可包括：

(1) 原辅料及能源

采购量与需求相匹配；加强原料质量(如纯度、水分等)的控制；根据生产操作调整包装的大小及形式等。

(2) 技术工艺

改进备料方法；增加捕集装置，减少物料或成品损失；改用易于处理处置的清洗剂等。

(3) 过程控制

选择在最佳配料比下进行生产；增加检测计量仪表；校准检测计量仪表；改善过程控制及在线监控；调整优化反应的参数，如温度、压力等。

（4）设备

改进并加强设备定期检查和维护，减少跑冒滴漏；及时修补完善输热、输汽管线的隔热保温等。

（5）产品

改进包装及其标志或说明；加强库存管理等。

（6）管理

清扫地面时改用干扫法或拖地法，以取代水冲洗法；减少物料溅落并及时收集；严格岗位责任制及操作规程等。

（7）废弃物

冷凝液的循环利用；现场分类收集可回收的物料与废弃物；余热利用；清污分流等。

（8）员工

加强员工技术与环保意识的培训；采用各种形式的精神与物质激励措施等。表 6-8 为某矿山企业无费/低费方案实施情况。

表 6-8　无费/低费方案实施情况

方案类型	内　　容	实施时间	投资/元	环境效益
废物	细碎除尘器恢复运营	8 月	3000	减少破碎粉尘外排
	10000m³ 循环水池的清澈	4 月	10000	提高循环水系统能力和水质
管理	跳汰机进水阀维修	6 月	—	减少生产用水的泄漏
	加强精矿粉外发时的管理	已实施	—	减少精矿粉的流失
职工	加强培训	在进行	—	提高职工的清洁生产意识

三、评估

评估是企业清洁生产审核工作的第三阶段。目的是通过审核重点的物料平衡，发现物料流失的环节，找出废弃物产生的原因，查找物料储运、生产运行、管理以及废弃物排放等方面存在的问题，寻找与国内外先进水平的差距，为清洁生产方案的产生提供依据。

1. 准备审核重点资料

（1）收集资料

① 工艺资料：工艺流程图；工艺设计的物料、热量平衡数据；工艺操作手册和说明；设备技术规范和运行维护记录；管道系统布局图；车间内平面布置图。

② 原材料和产品及生产管理资料：产品的组成及月、年度产量表；物料消耗统计表；产品和原材料库存记录；原料进厂检验记录；能源费用；车间成本费用报告；生产进度表。

③ 废弃物资料：年度废弃物排放报告；废弃物（水、气、渣）分析报告；废弃物管理、处理和处置费用；排污费；废弃物处理设施运行和维护费。

④ 国内外同行业资料：国内外同行业单位产品原辅料消耗情况（审核重点）；国内外同行业单位产品排污情况（审核重点）；列表与本企业情况比较。

⑤ 现场调查：补充验证已有数据。主要包括不同操作周期的取样、化验；现场提问；现场考察、记录。

（2）编制审核重点的工艺流程图

为了更充分和较全面地对审核重点进行实测和分析，首先应掌握审核重点的工艺过程和输入、输出物流情况。图6-2为某审核重点工艺流程图。

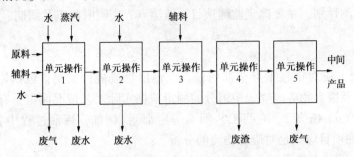

图6-2　审核重点工艺流程图

（3）编制单元操作工艺流程图和功能说明表

由于审核重点包含多个操作单元，审核重点流程图难以反映各单元操作的具体情况时，为了全面反映各个单元操作的具体情况，应在审核重点工艺流程图的基础上，分别编制各单元操作的工艺流程图(标明进出单元操作的输入、输出物流)和功能说明表。图6-3为对应图6-2单元操作1的工艺流程示意图。

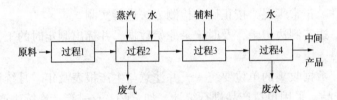

图6-3　单元操作1的工艺流程示意图

表6-9为某啤酒厂审核重点(酿造车间)各单元操作功能说明表。

表6-9　单元操作功能说明表

单元操作名称	功　能　简　介
粉　碎	将原辅料粉碎成粉、粒，以利于糖化过程物质分解
糖　化	利用麦芽所含酶，将原料中高分子物质分解制成麦汁
麦汁过滤	将糖化醪中原料溶出物质与麦糖分开，得到澄清麦汁
麦汁煮沸	灭菌、灭酶、蒸出多余水分，使麦汁浓缩至要求浓度
旋流澄清	使麦汁静置，分离出热凝固物
冷　却	析出冷凝固物，使麦汁吸氧、降到发酵所需温度
麦汁发酵	添加酵母，发酵麦汁成酒液
过　滤	去除残存酵母及杂质，得到清亮透明的酒液

（4）编制工艺设备流程图

工艺设备流程图主要是为实测和分析服务。与工艺流程图主要强调工艺过程不同，它强调的是设备和进出设备的物流。设备流程图要求按工艺流程，分别标明重点设备输入、输出物流及监测点。

2．实测输入、输出物流

为在评估阶段对审核重点做更深入更细致的物料平衡和废弃物产生原因分析，必须实测审核重点的输入、输出物流。

（1）准备及要求

制定现场实测计划，主要确定监测项目、监测点、实测时间以及周期，并校验监测仪器和计量器具。

具体要求如下：

① 监测项目。应对审核重点全部的输入、输出物流进行实测，包括原料、辅料、水、产品、中间产品及废弃物等。物流中组分的测定根据实际工艺情况而定，有些工艺应测（例如，电镀液中的 Cu、Cr 等），有些工艺则不一定都测（例如，炼油过程中各类烃的具体含量），原则是监测项目应满足对废弃物流的分析。

② 监测点。监测点的设置须满足物料衡算的要求，即主要的物流进出口要监测，但对因工艺条件所限无法监测的某些中间过程，可用理论计算数值代替。

③ 实测时间和周期。对周期性（间歇）生产的企业，按正常一个生产周期（即一次配料由投入到产品产出为一个生产周期）进行逐个工序的实测，而且至少实测三个周期。对于连续生产的企业，应连续（跟班）监测 72h。

输入、输出物流的实测注意同步性，即在同一生产周期内完成相应的输入和输出物流的实测。

④ 实测的条件。正常工况，按正确的检测方法进行实测。

⑤ 现场记录。边实测边记录，及时记录原始数据，并标出测定时的工艺条件（温度、压力等）。

⑥ 数据单位。数据收集的单位要统一，并注意与生产报表及年、月统计表的可比性。

间歇操作的产品，采用单位产品进行统计，如：t/t、t/m 等，连续生产的产品，可用单位时间产量进行统计，如：t/a、t/月、t/d 等。

（2）实测

① 确定审核重点的输入与输出。图 6-4 为审核重点的输入与输出示意图。

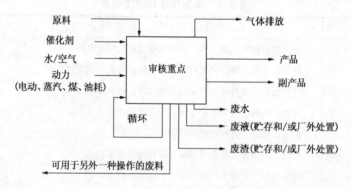

图 6-4　审核重点的输入与输出示意图

② 实测审核重点的各个单元操作输入和输出物流。实测所有投入生产输入物的数量、组分（应有利于废物流分析）以及实测时的工艺条件。包括进入生产过程的原料、辅料、水、汽以及中间产品、循环利用物等。

实测所有排出单元操作或某台设备、某一管线的排出物的数量、组分（应有利于废物流分析）以及实测时的工艺条件。包括产品、中间产品、副产品、循环利用物以及废弃物（废气、废渣、废水等）。

150

（3）汇总数据

① 汇总各单元操作数据，见表6-10。

表6-10　各单元操作数据汇总

单元操作	输入物					输出物					去向
	名称	数量	成分			名称	数量	成分			
			名称	浓度	数量			名称	浓度	数量	
单元操作1											
单元操作2											
单元操作3											

注：1. 数量按单位产品的量或单位时间的量填写。
　　2. 成分指输入和输出物中含有的贵重成分或(和)对环境有毒有害成分。

② 汇总审核重点数据。在单元操作数据的基础上，将审核重点的输入和输出数据汇总成表，使其更加清楚明了，见表6-11。对于输入、输出物料不能采用简单加和的方法，可根据组分的特点自行编制类似表格。

表6-11　审核重点输入、输出数据汇总(单位：　　)

输入物	数量	输出物	数量
原料1		产品	
原料2		副产品	
辅料1		废水	
辅料2		废气	
水		废渣	
……		……	
合计		合计	

3. 建立物料平衡

进行物料平衡的目的，旨在准确地判断审核重点的废弃物流，定量地确定废弃物的数量、成分以及去向，从而发现过去无组织排放或未被注意的物料流失，并为产生和研制清洁生产方案提供科学依据。

从理论上讲，物料平衡应满足以下公式：输入＝输出。

（1）进行预平衡测算

根据物料平衡原理和实测结果，考察输入、输出物流的总量和主要组分达到的平衡情况。一般说来，如果输入总量与输出总量之间的偏差在5%以内，则可以用物料平衡的结果进行随后的有关评估与分析，但对于贵重原料、有毒成分等的平衡偏差应更小或应满足行业要求；反之，则须检查造成较大偏差的原因，可能是实测数据不准或存在无组织物料排放等情况，这种情况下应重新实测或补充监测。

（2）编制物料平衡图

物料平衡图是针对审核重点编制的，即用图解的方式将预平衡测算结果标示出来。但在此之前须编制审核重点的物料流程图，即把各单元操作的输入、输出标在审核重点的工艺流程图上。当审核重点涉及贵重原料和有毒成分时，物料平衡图应标明其成分和数量，或每一成分单独编制物料平衡图。

物料流程图以单元操作为基本单位，各单元操作用方框图表示，输入画在左边，主要的产品、副产品和中间产品按流程标示，而其他输出则画在右边。

物料平衡图以审核重点的整体为单位，输入画在左边，主要的产品、副产品和中间产品标在右边、气体排放物标在上边，循环和回用物料标在左下角，其他输出则标在下边，见图6-5所示。

从严格意义上说，水平衡是物料平衡的一部分。水若参与反应，则是物料的一部分，但在许多情况下，它并不直接参与反应，而是作为清洗和冷却之用。在这种情况下当审核重点的耗水量较大时，为了了解耗水过程，寻找减少水耗的方法，应另外编制水平衡图。

有时，审核重点的水平衡并不能全面反映问题，或水耗在全厂占有重要地位，可考虑就全厂编制一个水平衡图。

（3）阐述物料平衡结果

在实测输入、输出物流及物料平衡的基础上，寻找废弃物及其产生部位，阐述物料平衡结果，对审核重点的生产过程作出评估。主要内容如下：

① 物料平衡的偏差；

② 实际原料利用率；

③ 物料流失部位（无组织排放）及其他废弃物产生环节和产生部位；

④ 废弃物（包括流失的物料）的种类、数量和所占比例以及对生产和环境的影响部位。

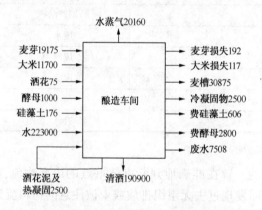

图6-5　审核重点物料平衡图

4. 分析废弃物产生原因

针对每一个物料流失和废弃物产生部位的每一种物料和废弃物进行分析，找出它们产生的原因。分析可从影响生产过程的八个方面来进行。

（1）原辅料和能源

原辅料指生产中主要原料和辅助用料（包括添加剂、催化剂、水等）；能源指维持正常生产所用的动力源（包括电、煤、蒸汽、油等）。因原辅料及能源而导致产生废弃物主要有以下几个方面的原因：

① 原辅料不纯或（和）未净化；

② 原辅料储存、发放、运输的流失；

③ 原辅料的投入量和（或）配比的不合理；

④ 原辅料及能源的超定额消耗；

⑤ 有毒、有害原辅料的使用；

⑥ 未利用清洁能源和二次资源。

（2）技术工艺

因技术工艺而导致产生废弃物有以下几个方面的原因：

① 技术工艺落后，原料转化率低；

② 设备布置不合理，无效传输线路过长；

③ 反应及转化步骤过长；

④ 连续生产能力差；

⑤ 工艺条件要求过严；

⑥ 生产稳定性差；

⑦ 需使用对环境有害的物料。

（3）设备

因设备而导致产生废弃物有以下几个方面原因：

① 设备破旧、漏损；

② 设备自动化控制水平低；

③ 有关设备之间配置不合理；

④ 主体设备和公用设施不匹配；

⑤ 设备缺乏有效维护和保养；

⑥ 设备的功能不能满足工艺要求。

（4）过程控制

因过程控制而导致产生废弃物主要有以下几个方面原因：

① 计量检测、分析仪表不齐全或监测精度达不到要求；

② 某些工艺参数(例如，温度、压力、流量、浓度等)未能得到有效控制；

③ 过程控制水平不能满足技术工艺要求。

（5）产品

产品包括审核重点内生产的产品、中间产品、副产品和循环利用物。因产品而导致产生废弃物主要有以下几个方面原因：

① 产品储存和搬运中的破损、漏失；

② 产品的转化率低于国内外先进水平；

③ 不利于环境的产品规格和包装。

（6）废弃物

因废弃物本身具有的特性而未加利用，导致产生废弃物主要有以下几个方面原因：

① 对可利用废弃物未进行再用和循环使用；

② 废弃物的物理化学性状不利于后续的处理和处置；

③ 单位产品废弃物产生量高于国内外先进水平。

（7）管理

因管理而导致产生废弃物主要有以下几个方面的原因：

① 有利于清洁生产的管理条例，岗位操作规程等未能得到有效执行；

② 现行的管理制度不能满足清洁生产的需要。

（8）员工

因员工而导致产生废弃物主要有以下几个方面原因：

① 员工的素质不能满足生产需求；

② 缺乏对员工主动参与清洁生产的激励措施。

5. 提出和实施无/低费方案

主要针对审核重点，根据废弃物产生原因分析，提出并实施无/低费方案。

四、方案产生和筛选

方案产生和筛选是企业进行清洁生产审核工作的第四个阶段。本阶段的目的是通过方案的产生、筛选、研制，为下一阶段的可行性分析提供足够的中/高费清洁生产方案。本阶段的工作重点是根据评估阶段的结果，制定审核重点的清洁生产方案；在分类汇总基础上（包括已产生的非审核重点的清洁生产方案，主要是无/低费方案），经过筛选确定出两个以上中/高费方案供下一阶段进行可行性分析；同时对已实施的无/低费方案进行实施效果核定与汇总；最后编写清洁生产中期审核报告。

1. 产生方案

清洁生产方案的数量、质量和可实施性直接关系到企业清洁生产审核的成效，是审核过程的一个关键环节，因而为了全面系统地产生方案可以通过以下方法产生方案。

① 在全厂范围内利用各种渠道和多种形式，进行宣传动员，鼓励全体员工提出清洁生产方案或合理化建议；

② 通过物料平衡和针对废弃物产生原因分析产生方案，这样所产生的方案具有很强的针对性；

③ 广泛收集国内外同行业先进技术，并以此为基础，结合本企业的实际情况，制定清洁生产方案；

④ 借助于外部力量，组织行业专家进行技术咨询，产生方案。

2. 方案汇总和分类

① 对所有的清洁生产方案，不论已实施的还是未实施的，不论是属于审核重点的还是不属审核重点的，均按八个方面填写备选方案汇总表，并简述其原理和实施后的预期效果，见表 6-12。

表 6-12　方案汇总表

方案类型	方案标号	方案名称	方案简介	预计投资	预计效果	
					环境效益	经济效益
原辅料和能源替代						
技术工艺改造						
设备维护和更新						
过程优化控制						
产品更新或改进						
废物回收利用和循环使用						
加强管理						
员工素质的提高及积极性的激励						

② 各项方案进行初步分析和分类，将其分为无/低费用方案，初步可行的中/高费用方案和不可行方案三类。

154

3. 方案筛选

筛选方案是对征集到的初步可行的中/高费用清洁生产方案进行全面分析、划分和归类，通过权重加和排序法，优选出 3~5 个技术水平高、实施难度大且解决问题的紧迫性高的重点方案，供可行性分析，对无/低费用方案立即实施。表 6-13 为某企业清洁生产方案优选评估表，通过汇总、分析计算，按总得分排定次序。

表 6-13　清洁生产方案优选评估表

权重因素	权重 (1~10)	方案序号及得分								
		14	15	17	26	31	32	33	37	41
减少环境危害	10	60	50	60	50	40	60	90	80	90
经济可行	8	64	64	56	72	48	72	32	64	64
技术可行	8	72	72	64	80	48	72	48	72	72
易于实施	6	36	30	24	36	42	36	30	42	42
节约能源	5	5	10	10	50	10	30	35	25	30
发展前景	4	36	40	32	36	28	32	32	36	36
总分		273	266	246	324	216	314	267	319	334
排序		5	7	8	2	9	4	6	3	1

4. 研制方案

经过筛选得出的初步可行的中/高费清洁生产方案，因为投资额较大，而且一般对生产工艺过程有一定程度的影响，因而需要进一步研制，主要是进行一些工程化分析，从而提供两个以上方案供下一阶段作可行性分析。

① 方案的研制内容包括以下四个方面。

a. 方案的工艺流程详图；

b. 方案的主要设备清单；

c. 方案的费用和效益估算；

d. 编写方案说明。

对每一个初步可行的中/高费清洁生产方案均应编写方案说明，主要包括技术原理、主要设备、主要的技术及经济指标、可能的环境影响等。

② 一般说来，筛选出来的每一个中/高费方案进行研制和细化时都应考虑以下几个原则。

a. 系统性：考察每个单元操作在一个新的生产工艺流程中所处的层次、地位和作用，以及与其他单元操作的关系，从而确定新方案对其他生产过程的影响，并综合考虑经济效益和环境效果。

b. 闭合性：尽量使工艺流程对生产过程中的载体，例如水、溶剂等，实现闭路循环。

c. 无害性：清洁生产工艺应该是无害（或至少是少害）的生态工艺，要求不污染（或轻污染）空气、水体和地表土壤；不危害操作工人和附近居民的健康；不损坏风景区、休憩地的美学价值；生产的产品要提高其环保性，使用可降解原材料和包装材料。

d. 合理性：合理性旨在合理利用原料，优化产品的设计和结构，降低能耗和物耗，减少劳动量和劳动强度等。

5. 继续实施无/低费方案

实施经筛选确定的可行的无/低费方案。

6. 核定并汇总无/低费方案实施效果

对已实施的无/低费方案，包括在预评估和评估阶段所实施的无/低费方案，应及时核定其效果并进行汇总分析。核定及汇总内容包括方案序号、名称、实施时间、投资、运行费、经济效益和环境效果。

7. 编写清洁生产中期审核报告

清洁生产中期审核报告在方案产生和筛选工作完成之后进行，是对前面所有工作的总结。

五、可行性分析

清洁生产方案要得到实施，首先技术上要具有先进性、适用性、可操作性和可实施性。其次清洁生产方案应具有显著的环境效益，达到节能、降耗、减污的目标。而且清洁生产方案还应具有明显的经济效益。所以，本阶段的目标是对筛选出来的中/高费清洁生产进行技术、环境、经济的可行性分析和比较，从中选择和推荐最佳的可行方案。

1. 进行市场调查

通过对市场需求调查和预测，对原来方案中的技术途径和生产规模可能会做相应调整。在进行技术、环境、经济评估之前，要确定方案的技术途径。每一方案应包括2~3种不同的技术途径，以供选择，内容应包括：方案技术工艺流程详图；方案实施途径及要点；主要设备清单及配套设施要求；方案所达到的技术经济指标；可产生的环境、经济效益预测；方案的投资总费用。

2. 进行技术可行性分析

① 方案设计中采用的工艺路线、技术设备在经济合理的条件下的先进性、适用性；

② 与国家的技术政策和能源政策的相符性；

③ 技术引进或设备进口符合我国国情、引进技术后要有消化吸收能力；

④ 资源利用率和技术途径合理；

⑤ 技术设备操作上的安全、可靠；

⑥ 技术成熟(例如国内有实施的先例)。

表6-14为方案技术可行性分析表。

表6-14 方案技术可行性分析表

项　目	分　析　内　容	项　目	分　析　内　容
技术先进性		对生产能力影响	
成熟程度		对生产管理影响	
安全可靠性		资源的利用率	
应用实例介绍		安装设备的要求	
对产品质量影响		运行操作及培训要求	

3. 进行环境可行性分析

该项是可行性评估的中心，应包括以下几个方面：

① 资源的消耗与资源可永续利用要求的关系；

② 生产中废弃物排放量的变化；

③ 污染物组分毒性及其降解情况；

④ 污染物的二次污染；

⑤ 操作环境对人员健康的影响；

⑥ 废弃物的复用、循环利用和再生回收。

表 6-15 为方案的环境评估表。

表 6-15　方案的环境评估表

项　　目	参　　数	目前情况	实施后情况预测	变化情况
废水	COD			
	BOD			
	SS			
	其他			
	废水排放量			
	二次污染			
废气	SO$_2$			
	NO$_2$			
	TSP			
	其他			
	废气排放量			
	二次污染			
固体废物	废渣			
	污泥			
	生活垃圾			
	建筑垃圾			
	其他			
	固废再利用			
	二次污染			
噪声				
能源	电			
	煤			
	蒸汽			
水资源	新鲜水使用等			

4. 进行经济可行性分析

经济评估是对清洁生产方案进行综合性的全面经济分析，是将拟选方案的实施成本与可取得各种经济效益进行比较，确立方案实施后的盈利能力，从中选出投资最少、经济效益最佳的方案，为投资决策提供科学依据。

(1) 清洁生产经济效益的统计方法

经济效益统计方法包括直接收益和间接收益两方面。

① 直接收益：

a. 成本的降低。包括设备维护费用的减少、原辅材料消耗费用的减少、能源消耗费用的减少、原材料替代引起费用的减少、废品减少引起费用的减少、人员变化引起的费用的减少。

b. 销售的增加。包括增加产量的收益、回收产品的收益、优质产品和绿色产品的增值。

c. 其他收益。包括提高企业声誉、扩大市场占有率等。

② 间接收益：

a. 环境方面的收益。包括减少废弃物处理/处置费用、减少排污罚款/事故的收费。

b. 废物的回收利用获益。包括循环利用收益、再生回收收益。

c. 其他。包括职工健康改善，减少医疗费用等。

（2）经济评估方法

主要采用现金流量分析和财务动态获利性分析方法。

（3）经济评估指标及其计算

① 总投资费用(I)：

$$总投资费用(I) = 投资汇总 - 各项补贴$$

② 年净现金流量(F)：指一年内现金流入和现金流出的代数和。

$$年净现金流量(F) = 销售收入 - 经营成本 - 各类税 + 年折旧费$$
$$= 年净利润 + 年折旧费$$

③ 投资偿还期(N)：

指项目投产后，以项目获得的年净现金流量来回收项目建设总投资所需年限。

$$投资偿还期(N) = I/F$$

④ 净现值(NPV)：

指在项目寿命周期内(或折旧年限内)，将每年的净现金流量按规定的贴现率折现到计算期初的基年(一般为投资期初)现值之和。

$$NPV = \sum_{j=1}^{n} \frac{F}{1 + i^{j}} - I$$

式中　i——贴现率，%；

　　　n——项目寿命周期，年；

　　　j——年份。

⑤ 净现值率($NPVR$)：为单位投资额所得到的净收益现值。

$$NPVR = (NPV/I) \times 100\%$$

⑥ 内部收益率(IRR)：

在整个项目寿命期内(或折旧年限内)，累计逐年现金流入的总额等于现金流出的总额，即投资项目在计算期内，使净现值为"零"的贴现率。

（4）经济评估准则

① 投资偿还期(N)应小于定额投资偿还期(视项目不同而定)。

定额投资偿还期一般由各个工业部门结合企业生产特点，在总结过去建设经验统计资料基础上，统一确定的回收期限，有的也是根据贷款条件而定。一般：

中费项目：$N < 2 \sim 3$ 年

较高费项目：$N < 5$ 年

高费项目：$N < 10$ 年

投资偿还期小于定额偿还期，项目投资方案可接受。

② 净现值为正值：$NPV \geq 0$，

当项目的净现值大于或等于零时(即为正值)则认为此项目投资可行；如净现值为负值，

就说明该项目投资收益率低于贴现率，则应放弃此项目投资；在两个以上投资方案进行选择时，则应选择净现值为最大的方案。

③ 净现值率最大。在比较两个以上投资方案时，不仅要考虑项目的净现值大小，而且要求选择净现值率为最大的方案。

④ 内部收益率(IRR)应大于基准收益率或银行贷款利率：$IRR \geq i_0$。

内部收益率(IRR)是项目投资的最高盈利率，也是项目投资所能支付贷款的最高临界利率，如果贷款利率高于内部收益率，则项目投资就会造成亏损。因此，内部收益率反映了实际投资效益，可用以确定能接受投资方案的最低条件。

5. 推荐可实施方案

汇总列表比较各投资方案的技术、环境、经济评估结果，确定最佳可行的推荐方案。

六、方案实施

通过推荐方案(经分析可行的中/高费最佳可行方案)的实施，使企业实现技术进步，获得显著的经济和环境效益；通过评估已实施的清洁生产方案成果，激励企业推行清洁生产。而本阶段的工作重点是总结前几个审核阶段已实施的清洁生产方案的成果，统筹规划推荐方案的实施。

1. 组织方案实施

推荐方案经过可行性分析，在具体实施前还需要周密准备。

(1) 统筹规划

其主要的内容有：筹措资金；设计；征地、现场开发；申请施工许可；兴建厂房；设备的选型、调研、设计、加工或订货；落实配套公共设施；设备安装；组织操作、维修、管理班子；制订各项规程；人员培训；原辅料准备；应急计划(突发情况或障碍)；施工与企业正常生产的协调；试运行与验收；正常运行与生产。

(2) 筹措资金

① 资金的来源。企业内部自筹资金：企业内部资金包括两个部分，一是现有资金；二是通过实施清洁生产无/低费方案，逐步积累资金，为实施中/高费方案作好准备。

企业外部资金包括：国内借贷资金，如国内银行贷款等；国外借贷资金，如世界银行贷款等；其他资金来源，如国际合作项目赠款、环保资金返回款、政府财政专项拨款、发行股票和债券融资等。

② 合理安排有限的资金。若同时有数个方案需要投资实施时，则要考虑如何合理有效地利用有限的资金。

在方案可分别实施，且不影响生产的条件下，可以对方案实施顺序进行优化，先实施某个或某几个方案，然后利用方案实施后的收益作为其他方案的启动资金，使方案滚动实施。

(3) 实施方案

推荐方案的立项、设计、施工、验收等，按照国家、地方或部门的有关规定执行。无/低费方案的实施过程也要符合企业的管理和项目的组织、实施程序。

2. 汇总已实施的无/低费方案的成果

已实施的无/低费方案的成果有两个主要方面：环境效益和经济效益。

通过调研、实测和计算，分别对比各项环境指标，包括物耗、水耗、电耗等资源消耗指标以及废水量、废气量、固废量等废弃物产生指标在方案实施前后的变化，从而获得无/低费方案实施后的环境效果；分别对比产值、原材料费用、能源费用、公共设施费用、水费、污染控制费用、维修费、税金以及净利润等经济指标在方案实施前后的变化，从而获得无/低费方案实施后的经济效益，最后对本轮清洁生产审核中无/低费方案的实施情况作一阶段性总结。

3. 评价已实施的中/高费方案的成果

对已实施的中/高费方案成果，进行技术、环境、经济和综合评价。

（1）技术评价

主要评价各项技术指标是否达到原设计要求，若没有达到要求，如何改进等。

（2）环境评价

环境评价主要对中/高费方案实施前后各项环境指标进行追踪并与方案的设计值相比较，考察方案的环境效果以及企业环境形象的改善。

通过方案实施前后的数字，可以获得方案的环境效益，又通过方案的设计值与方案实施后的实际值的对比，即方案理论值与实际值进行对比，可以分析两者差距，相应地可对方案进行完善。

（3）经济评价

经济评价是评价中/高费清洁生产方案实施效果的重要手段。分别对比产值、原材料费用、能源费用、公共设施费用、水费、污染控制费用、维修费、税金和净利润等经济指标，在方案实施前后的变化以及实际值与设计值的差距，从而获得中高/费方案实施后所产生的经济效益情况。

（4）综合评价

通过对每一中/高费清洁生产方案进行技术、环境、经济三方面的分别评价，可以对已实施的各个方案成功与否作出综合、全面的评价结论。

4. 分析总结已实施方案对企业的影响

无/低费和中/高费清洁生产方案经过征集、设计、实施等环节，使企业面貌有了改观，有必要进行阶段性总结，以巩固清洁生产成果。

（1）汇总环境效益和经济效益

将已实施的无/低费和中/高费清洁生产方案成果汇总成表，内容包括实施时间、投资运行费、经济效益和环境效果，并进行分析。

（2）对比各项单位产品指标

虽然可以定性地从技术工艺水平、过程控制水平、企业管理水平、员工素质等众多方面考察清洁生产带给企业的变化，但最有说服力、最能体现清洁生产效益的是考察审核前后企业各项单位产品指标的变化情况。

通过定性、定量分析，企业可以从中体会清洁生产的优势，总结经验以利于在企业内推行清洁生产；另一方面也要利用以上方法，从定性、定量两方面与国内外同类型企业的先进水平进行对比，寻找差距，分析原因以利改进，从而在深层次上寻求清洁生产机会。

（3）宣传清洁生产成果

在总结已实施的无/低费和中/高费方案清洁生产成果的基础上，组织宣传材料，在企业内广为宣传，为继续推行清洁生产打好基础。

七、持续清洁生产

持续清洁生产是企业清洁生产审核的最后一个阶段，目的是使清洁生产工作在企业内长期、持续地推行下去。重点是建立推行和管理清洁生产工作的组织机构、建立促进实施清洁生产的管理制度、制定持续清洁生产计划以及编写清洁生产审核报告。

1. 建立和完善清洁生产组织

清洁生产是一个动态的、相对的概念，是一个连续的过程，因而须有一个固定的机构、稳定的工作人员来组织和协调这方面工作，以巩固已取得的清洁生产成果，并使清洁生产工作持续地开展下去。

（1）明确任务

企业清洁生产组织机构的任务有以下四个方面：

① 组织协调并监督实施本次审核提出的清洁生产方案；

② 经常性地组织对企业职工的清洁生产教育和培训；

③ 选择下一轮清洁生产审核重点，并启动新的清洁生产审核；

④ 负责清洁生产活动的日常管理。

（2）落实归属

清洁生产机构要想到应有的作用，及时完成任务，必须落实其归属问题。企业的规模、类型和现有机构等千差万别，因而清洁生产机构的归属也有多种形式，各企业可根据自身的实际情况具体掌握。可考虑以下几种形式：

① 单独设立清洁生产办公室，直接归属厂长领导；

② 在环保部门中设立清洁生产机构；

③ 在管理部门或技术部门中设立清洁生产机构。

不论是以何种形式设立的清洁生产机构，企业的高层领导要有专人直接领导该机构的工作，因为清洁生产涉及生产、环保、技术、管理等各个部门，必须有高层领导的协调才能有效地开展工作。

（3）确定专人负责

为避免清洁生产机构流于形式、确定专人负责是很有必要的。该职员须具备以下能力：

① 熟练掌握清洁生产审核知识；

② 熟悉企业的环保情况；

③ 了解企业的生产和技术情况；

④ 较强的工作协调能力；

⑤ 较强的工作责任心和敬业精神。

2. 建立和完善清洁生产管理制度

清洁生产管理制度包括把审核成果纳入企业的日常管理轨道，建立激励机制和保证稳定的清洁生产资金来源。

（1）把审核成果纳入企业的日常管理

把清洁生产的审核成果及时纳入企业的日常管理轨道，是巩固清洁生产成效、防止走过场的重要手段，特别是通过清洁生产审核产生的一些无/低费方案，如何使它们形成制度显得尤为重要。

① 把清洁生产审核提出的加强管理的措施文件化，形成制度；

② 把清洁生产审核提出的岗位操作改进措施，写入岗位的操作规程，并要求严格遵照执行；

③ 把清洁生产审核提出的工艺过程控制的改进措施，写入企业的技术规范。

（2）建立和完善清洁生产激励机制

在奖金、工资分配，提升、降级、上岗、下岗、表彰、批评等诸多方面，充分与清洁生产挂钩，建立清洁生产激励机制，以调动全体职工参与清洁生产的积极性。

（3）保证稳定的清洁生产资金来源

清洁生产的资金来源可以有多种渠道，例如贷款、集资等，但是清洁生产管理制度的一项重要作用是保证实施清洁生产所产生的经济效益，全部或部分地用于清洁生产和清洁生产审核，以持续滚动地推进清洁生产。建议企业财务对清洁生产的投资和效益单独建账。

3. 制定持续清洁生产计划

清洁生产并非一朝一夕就可完成，因而应制定持续清洁生产计划，使清洁生产有组织、有计划地在企业中进行下去。持续清洁生产计划应包括：

① 清洁生产审核工作计划：指下一轮的清洁生产审核。

② 清洁生产方案的实施计划：指经本轮审核提出的可行的无/低费方案和通过可行性分析的中/高费方案。

③ 清洁生产新技术的研究与开发计划：根据本轮审核发现的问题，研究与开发新的清洁生产技术。

④ 企业职工的清洁生产培训计划。

4. 编制清洁生产审核报告

（1）编制清洁生产审核报告的目的

总结本轮企业清洁生产审核成果，汇总分析各项调查、实测结果，寻找废弃物产生原因和清洁生产机会，实施并评估清洁生产方案，建立和完善持续推行清洁生产机制。

（2）编制清洁生产审核报告的时间

在本轮审核全部完成之时进行。

（3）编制清洁生产审核报告的要求

① 清洁生产审核报告编写章节应基本符合国家环保总局编制的《企业清洁生产审核手册》要求，包括企业概况、上一轮清洁生产审核成果简介、持续清洁生产审核工作策划、审核重点确定与目标设定、持续清洁生产方案产生与分析、方案实施、持续清洁生产成果汇总、下一步清洁生产打算等内容；

② 围绕节能降耗减污增效基本目标，重点分析企业资源、能源消耗和废弃物产生的种类、数量、产生原因、治理现状，对主要生产工艺设备使用状况有较完整的描述和评价；

③ 审核报告必须如实反映持续清洁生产审核前后绩效指标对比，并有量化依据；

④ 下一步清洁生产打算，要针对企业实际情况提出进一步的建议和措施。

复习思考题

1. 什么是清洁生产审核？清洁生产审核的目的是什么？
2. 清洁生产审核的原则和思路是什么？
3. 清洁生产审核的程序有哪些？如何确立生产审核重点？
4. 清洁生产审核过程中存在哪些障碍？应如何解决？

5. 对于中/高费清洁生产方案应如何加以实施？
6. 为什么要持续不断地开展清洁生产？
7. 清洁生产审核小组有哪些成员组成？各有什么作用？
8. 如何开展预评估工作？为什么要进行现场考察？
9. 通过什么方法进行方案的产生与筛选？
10. 从哪些方面进行方案可行性分析？为什么？
11. 对已实施的中/高费方案的成果应该进行哪几方面的评价？
12. 清洁生产中/高费方案实施其资金来源有哪些？
13. 为什么要建立和完善清洁生产组织？
14. 清洁生产审核工作的第四个阶段的主要目的是什么？
15. 分析废弃物产生原因应从哪几个方面进行？
16. 建立物料平衡的目的是什么？
17. 为什么要确定审核重点的输入与输出？
18. 确定审核重点方案的方法有哪些？其主要方法是什么？
19. 进行清洁生产审核为什么要开展宣传教育活动？
20. 编制清洁生产审核报告有哪些要求？

第七章　生命周期评价

一、产品生命周期理论概述

1. 产品生命周期

产品生命周期理论是美国哈佛大学教授蒙德·费农(Raymond Vernon)1966年在其《产品周期中的国际投资与国际贸易》一文中首次提出的。

产品生命周期(product life cycle),简称PLC,是产品的市场寿命,即一种新产品从开始进入市场到被市场淘汰的整个过程。费农认为:产品生命是指市上的营销生命,产品和人的生命一样,要经历形成、成长、成熟、衰退这样的周期,就产品而言,也就是要经历一个开发、引进、成长、成熟、衰退的阶段。而这个周期在不同的技术水平的国家里,发生的时间和过程是不一样的,期间存在一个较大的差距和时差,正是这一时差,表现为不同国家在技术上的差距,它反映了同一产品在不同国家市场上的竞争地位的差异,从而决定了国际贸易和国际投资的变化。为了便于区分,费农把这些国家依次分成创新国(一般为最发达国家)、一般发达国家、发展中国家。

费农把产品技术发展分成三个阶段,如图7-1所示。

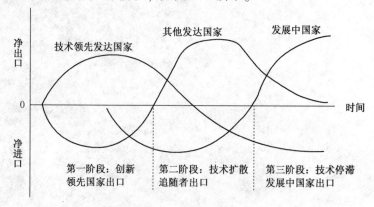

图7-1　产品(技术)的生命周期

第一阶段为新生期:对生产要素的要求是科学技术人才和大量的研究开发投资;产品性质是知识和资本密集型的;拥有科学技术人才和资本充裕的发达国家具有优势。

第二阶段是成长期:技术已经成熟,对生产要素的要求是大量的资本,以进行大规模生产;产品性质是资本密集型的;大多数其他发达国家具有优势,并取代创新国而成为主要生产和出口国。

第三阶段成熟期:产品已经标准化,广泛普及于市场。对生产要素的要求是低成本的劳动力;产品性质成为劳动密集型的;劳动充裕的发展中国家具有优势。

产品生命周期理论开始于研究产品进入市场后的销售变化规律。后来,同一词汇被经济学家用以释义以产品国内外循环所表征的国际经济技术交往关系的演变。20世纪90年代,产品生命周期又赋予了满足可持续发展要求的产品研制开发新模式的内涵。由此可见,"产品生命周期"是一个多义的理论概念，它反映了随着人们认识的升华而日趋完善的产品观和发展观。

可持续发展的产品生命周期的研究思想源于60年代末。基于可持续发展要求，R. Zust等人将产品的生命周期划分为以下四个阶段：产品开发、产品制造、产品使用和最后产品的处置。

即从环境观点出发，从可持续产品的研制、开发、生产直至消费为研究对象的产品生命周期理论。具体地说，它是指以"满足当代人需要而又不损害未来各代人需要"的可持续发展观为指导，以环境与生态保护为基准，应用产业生态学或生态经济学的系统方法来覆盖产品生命周期(从摇篮到坟墓)及其能量和物质的代谢系统(再生系统)的内涵和运行过程。

2. 基于产品生命周期的企业可持续发展

现代企业不再只是人们从事经济活动的基本单位，更是人们从事生态活动的基本单位，其行为必须同时兼顾经济效益与社会效益。如何在可持续发展的理念下谋求自身的生存与发展，把经济效益和社会效益的协调与结合作为新的目标，是现代企业战略制定中的一个重要课题。

基于产品生命周期的企业可持续发展，即在不牺牲企业产品质量和功能的前提下，系统地考虑到企业的生产过程及活动对环境造成的影响，使产品在整个生命周期中对环境的负面影响最小，资源利用率最高，从而达到企业生产的可持续性。

① 从产品开发的角度看，应该在概念设计和详细设计过程中，着眼于产品整个生命周期的各阶段，强调产品设计开发的生态性，这是可持续发展对产品开发提出的新要求，也是产品开发基于可持续发展思想的新思路。这种思路应该贯穿于整个产品生命周期，是有别于传统观念的可持续发展思想的具体体现。它要求在产品设计中除了要考虑产品的生产费用最小，经济效益最高，以及保证产品功能、质量等原则外，还要将生态原则体现在设计中。例如，在原材料的选择中要尽量选择那些既能满足功能要求，又具有良好的环境兼容性的材料。

② 从产品制造的角度看，传统的企业生产只重视产出，忽视了产品制造的绿色工艺过程。对环境造成了污染，导致了"先污染，后治理"的末端治理的被动局面，因此只有绿色工艺和清洁生产才是企业实现可持续发展的根本保证。"绿色工艺"也称"清洁工艺"，它既指能够减少环境影响的工艺技术，又指能够提高经济效益的工艺过程。可见，企业要实现可持续发展不能仅仅停留在清洁生产的表面，还应担负将粗放的经营方式转化为集约的生产经营方式的重任。

③ 从产品的使用角度看，实现可持续发展主要有两个方面的途径。一是应用先进的技术手段增加产品的可维护性，延长产品的使用周期，以减少产品报废后的各项处置工作，从而延缓产品使用对环境产生负面影响的周期，达到提高资源利用率的目的；二是运用先进的技术手段，减少产品使用过程中的能源浪费和污染排放。

④ 从产品的最终处置看，它既要考虑产品对人体健康的影响，还要考虑其对环境造成的影响，国外在该问题的研究上提出了4R战略。以产品包装材料为例，该战略提出：

a. 减少包装材料(reduction)。包装应由"求新、求异"的消费理念转向简化包装，这样既可以降低成本，减少废弃物的处置费用，又可以减少环境污染和减轻消费者负担；

b. 包装材料的回收(reclaim)。包装应尽可能选择可回收、无毒、无害的材料；

c. 包装材料的再利用(reuse)。应尽量选择可再利用的包装材料，多次使用，减少资源消耗。

d. 包装材料的循环使用（recycle）。应尽量选择易于降解的材料，如纸、可回收材料等。除包装材料的处置之外，在产品的其他处置方面，企业应把回收作为一个重要方面加以考虑。正是通过回收，寿命完结的产品才能进入下一个生命周期循环，使产品的生命周期形成一个闭合的回路。

二、生命周期评价

1. 生命周期评价演变历程

生命周期评价（life cycle assessment，即 LCA）起源于 20 世纪 60 年代，由于能源危机的出现和对社会产生的巨大冲击，美国和英国相继开展了能源利用的深入研究，生命周期评价的概念和思想逐步形成。

生命周期评价是一种用于评估产品在其整个生命周期中，即从原材料的提取和加工，产品的生产、包装、市场营销、使用、再使用和产品维护，直至再循环和最终废物处置的环境影响的技术和方法。按国际标准化组织定义："生命周期评价是对一个产品系统的生命周期中输入、输出及其潜在环境影响的汇编和评价"。LCA 已经纳入 ISO 14000 环境管理系列标准而成为国际上环境管理和产品设计的一个重要支持工具。值得说明的是，生命周期评价后来在生态环境领域有着广泛的应用。

生命周期评价其发展可以分为三个阶段。

（1）起步阶段

20 世纪 70 年代初期，该研究主要集中在包装废弃物问题上，如美国中西部研究所（MRI）对可口可乐公司的饮料包装瓶进行评价研究，该研究试图从原材料采掘到废弃物最终处置，进行了全过程的跟踪与定量研究，揭开了生命周期评价的序幕。

（2）探索阶段

20 世纪 70 年代中期，生命周期评价的研究引起重视，一些学者、科研机构和政府投入了一定的人力、物力开展研究工作。在此阶段，研究的焦点是能源问题和固体废弃物方面。欧洲、美国一些研究和咨询机构依据相关的思想，探索了有关废物管理的方法，研究污染物排放、资源消耗等潜在影响，推动了 LCA 向前发展。

（3）发展成熟阶段

由于环境问题的日益严重，不仅影响经济的发展，而且威胁人类的生存，人们的环境意识普遍高涨，生命周期评价获得了前所未有的发展机遇。1990 年 8 月，国际环境毒理学和化学学会（SETAC）举办首期有关生命周期评价的国际研讨会，提出了"生命周期评价"的概念，成立了 LCA 顾问组，负责 LCA 方法论和应用方面的研究。从 1990 年开始，SETAC 已在不同国家和地区举办了 20 多期有关 LCA 的研讨班，发表了一些具有重要指导意义的文献，对 LCA 方法论的发展和完善以及应用的规范化作出了巨大的贡献。与此同时，欧洲一些国家制定了一些促进 LCA 的政策和法规，如"生态标志计划"、"生态管理与审核法规"、"包装及包装废物管理准则"等，大量的案例开始涌现，如日本已完成数十种产品的 LCA。1993 年出版的《LCA 原始资料》是当时最全面的 LCA 活动综述报告。

欧洲生命评价开发促进会（SPOLD）是一个工业协会，对生命周期评价也开展了系列工作。联合国环境规划署 1998 年在美国旧金山召开了"走向 LCA 的全球使用"研讨会，其宗旨是在全球范围内更多地使用 LCA，以实现可持续发展，此次会议提出了在全球范围内使用

LCA 的建议和在教育、交流、公共政策、科学研究和方法学开发等方面的行动计划。

国际标准化组织 1993 年 6 月成立了负责环境管理的技术委员会 ISO/TC 207，负责制订生命周期评价标准。继 1997 年发布了第一个生命周期评价国际标准 ISO 14040《生命周期评价原则与框架》后，先后发布了 ISO 14041《生命周期评价目的与范围的确定，生命周期清单分析》、ISO 14042《生命周期评价生命周期影响评价》、ISO 14043《生命周期评价生命周期解释》、ISO/TR 14047《生命周期评价 ISO 14042 应用示例》和 ISO/TR 14049《生命周期评价 ISO 14041 应用示例》。

2. 生命周期评价主要思路及特点

生命周期评价的主要思路是通过收集与产品相关的环境编目数据，应用 LCA 定义的一套计算方法，从资源消耗、人体健康和生态环境影响等方面对产品的环境影响做出定性和定量的评估，并进一步分析和寻找改善产品环境表现的时机与途径。这里所说的环境编目数据，就是在产品寿命周期中流入和流出产品系统的物质(能量流)。这里的物质流既包含了产品在整个寿命周期中消耗的所有资源，也包含所有的废弃物以及产品本身。可以看到，生命周期评价是建立在具体的环境编目数据基础之上的，这是生命周期评价方法最基本的特性之一，是实现 LCA 客观性和科学性的必要保证，是进行量化计算和分析的基础。

在 LCA 标准中，详细定义了具体的评估实施步骤，它包括如下四个组成部分：目标和范围定义、编目分析、环境影响评估、解释。

与其他行政和法律管理手段不同，生命周期评价作为一种环境管理工具有着自身特点：

① 生命周期评价方法不是要求企业被动地接受检查和监督，而是鼓励企业发挥主动性，将环境因素结合到企业的决策过程中。从这个意义上讲，生命周期评价方法并不具有行政和法律管理手段的强制性。尽管这样，生命周期评价的研究和应用仍然大行其道，这一方面是由于生命周期评价在产品环境影响评价中的重要作用，另一方面也是环境保护思想深入发展的结果。

② 生命周期评价建立在生命周期概念和环境编目数据的基础上，从而可以系统地、充分地阐述与产品系统相关的环境影响，进而才可能寻找和辨别环境改善的时机和途径，这体现了环境保护手段由简单粗放向复杂精细发展的趋势。

③ 生命周期评价的对象是产品系统或服务系统造成的环境影响而不是评估空间意义上的环境质量，这与环境科学中的环境质量评估有着根本区别。同时，生命周期评价方法着眼于产品生产过程中的环境影响，这与产品质量管理和控制等方法也是完全不同的。

④ 生命周期评价的范围要求覆盖产品的整个寿命周期，而不只是产品寿命周期中的某个或某些阶段。

3. 生命周期评价的主要作用及局限性

原则上讲，不同的主体，出于不同的目的，都可以实施生命周期评价或引用生命周期评价结论。所以，生命周期评价方法的作用：

① 帮助提供产品系统与环境之间相互作用的尽可能完整的概貌；

② 促进全面和正确地理解产品系统造成的环境影响；

③ 为关注产品或受产品影响的相关方之间进行交流和对话奠定基础；

④ 向决策者提供关于环境的有益的决策信息，包括估计可能造成的环境影响、寻找改善环境表现的时机与途径、为产品和技术选择提供判据等。

生命周期评价方法鼓励各种组织，尤其是企业，将环境问题结合到他们的总体决策过程中。通过生命周期评价方法，并与其他的环境管理工具相互补充，帮助更好地理解、控制和减少对环境的影响。从企业的角度考虑，可以在以下的时机实施生命周期评价：

① 在产品决策中提供辅助信息；

② 在产品或技术的设计或再设计时提供与环境相关的帮助；

③ 在产品的环境声明中或实施环境标识计划时；

④ 在制定企业的环境战略计划和政策时；

⑤ 在企业与公共关系沟通的过程中。

尽管生命周期评价方法在过去的 10 年中取得了快速的发展，在产品的环境影响评估中表现出重要的作用，并获得了广泛的支持与认可，但生命周期评价方法只是风险评价、环境影响评价等环境管理技术中的一种。故生命周期评价存在一定的局限性。

（1）应用范围的局限性

作为一种环境管理工具，LCA 并不总是适合于所有的情况，所以在决策过程中不可能依赖生命周期评价方法解决所有的问题。生命周期评价只考虑了生态环境、人体健康、资源消耗等方面的环境问题，不涉及技术、经济或社会效果方面。例如，质量、性能、成本、赢利、公众形象等因素，所以在决策过程中必须结合其他方面的信息。

（2）评价范围的局限性

生命周期评价的范围没有包括所有与环境相关的问题。例如，生命周期评价只考虑发生了的或一定会发生的环境影响，不考虑可能发生的环境风险及其必要的预防和应急措施。生命周期评价方法也没有要求必须考虑环境法律的规定和限制。但在企业的环境政策和决策过程中这些都是十分重要的方面。这种情况下应该考虑结合其他的环境管理方法。

（3）评价方法的局限性

生命周期评价方法既包括了客观，也包括了主观的成分，因此它并不完全是一个科学问题。在生命周期评价方法中主观性的选择、假设和价值判断涉及到多个方面，例如系统边界的确定、数据来源的选择、环境损害种类的选择、计算方法的选择以及环境影响评估中的评价过程等。无论其评估的范围和详尽程度如何，所有的生命周期评价都包含了假设、价值判断和折衷这样的主观因素，所以生命周期评价的结论需要完整的解释说明，以区别由测量或自然科学知识得到的信息和基于假设和主观判断得出的结论。

（4）时间和地域的局限性

无论生命周期评价中的原始数据还是评估结果，都存在时间和地域上的限制。在不同的时间和地域范围内，会有不同的环境编目数据，相应的评价结果也只能适用于某个时间段和某个区域。这是由产品系统的时间性和地域性决定了的。

三、生命周期评价的技术框架

ISO 14040 标准将生命周期评价的基本结构分为目标与确定范围、清单分析、影响评价和结果解释四个部分，如图 7-2 所示。

1. 定义目标与确定范围

这是生命周期评价的第一步，也是非常关键的一步。它直接影响到整个评价工作程序和最终的研究结论。它包括下面三个部分。

（1）明确分析目的

必须知道进行生命周期评价分析的目的是什么，才能确定采用的方法和进行的规模。例如，有些分析是为政府制定某项政策法规，而有些是为了争取环保证书(如 ISO 14000)，还有的是为了按环保要求调整采购进货政策等。

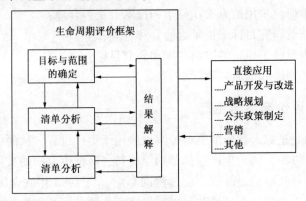

图 7-2　生命周期评价技术框架

（2）明确所分析的产品及其功能

确定产品功能和计量量纲是十分重要的，因为在以后的分析中，只有量纲相同以及功能相同的产品才有可比性。

（3）确定系统边界

理论上讲，生命周期评价应该分析对环境的所有影响方面，但是这样的系统将是过于开放的，无法得出对现实有实际意义的结论，因此必须确定所研究系统的边界。

2. 清单分析

清单分析是对产品、工艺过程或者活动等研究系统整个生命周期阶段和能源的使用以及向环境排放废物等进行定量的技术过程。清单分析开始于原材料获取，结束于产品的最终消费和处置。一个完整的清单分析能为所有与系统相关的投入和产出提供一个总的概况。

3. 影响评价

影响评价是根据清单分析过程中列出的要素对环境影响进行定性和定量分析。影响评价包括以下几个步骤：

① 对清单分析过程中列出的要素进行分类；

② 运用环境知识对所列要素进行定性和定量分析；

③ 识别出系统各环节中的重大环境因素；

④ 对识别出的环境因素进行分析和判断。

环境影响的类型主要分成四大类：直接对生物、人类有害和有毒性；对生活环境的破坏；可再生资源循环体系的破坏；不可再生资源的大量消耗。LCA 把清单分析的结果归到不同的环境影响类型，再根据不同环境影响类型的特征化系数加以量化，来进行分析和判断。

4. 结果解释

结果解释是生命周期评价最后的一个阶段，是将清单分析和影响评估的结果组合在一起，使清单分析结果与确定的目标和范围相一致，以便作出正确的结论和建议。结论和建议将提供给 LCA 研究委托方作为作出决定和采取行动的依据。生命周期评价完成后，应该撰写和提交生命周期评价研究报告，还应组织评审，评审由独立于生命周期评价研究的专家承担，评审主要包括以下一些要点：

① 生命周期评价研究采用的方法是否符合 ISO 14040 标准；

② 生命周期评价研究采用的方法在科学和技术上是否合理；

③ 所采用的数据就研究目标来说是否适宜和合理；

④ 结果讨论是否反映了原定的限制范围和研究目标；

⑤ 研究报告是否明晰和前后一致。

四、生命周期评价与清洁生产

清洁生产的目的是把综合预防的策略持续地应用于生产过程，从而将生产过程的环境影响降至最低。在生产方面，清洁生产包括节约原材料、降低废弃物的数量和毒性，在产品方面清洁生产注意从原料获取到最终废弃全过程的影响。自 1992 年联合国环境与发展大会以来，清洁生产被视为工业界达到环境改善同时保持竞争性及可盈利性的核心手段之一，在全球的工业企业中得到了迅速而广泛的应用。生命周期评价作为清洁生产诊断、评价的有效工具，在清洁生产的实施中发挥了很大作用，其中主要包括：

（1）清洁生产审核

审核阶段是清洁生产的核心阶段，其目的是在对企业生产现状进行全面调查分析及研究的基础上，确定企业开展清洁生产审核的对象，为分析审核对象的物料和能源损失及污染产生方案奠定基础。清洁生产要求在产品或工艺的整个生命周期的所有阶段，都必须考虑污染预防，因此，需要一种能对整个生命周期做出评价的方法。生命周期评价是一个"从摇篮到坟墓"的评价方法，它可以用于分析产品从原料获取到产品处理整个过程的环境影响，因此，如果用其他分析方法进行清洁生产审核，有可能出现只有生产过程是"清洁"的现象，如果使用生命周期评价就能避免这种情况的发生。

（2）产品和工艺的清洁生产技术规范制订

生命周期理论是判断产品和工艺是否真正属于清洁生产范畴的基础，在这方面，生命周期评价可以作为最有效的支持技术之一。对工艺设计者而言，面对的是经济和环境的双重约束，即如何做到经济效益最大，而环境影响最小。以前的设计者大多运用的是成本/效益分析方法，追求的是如何用最小的经济成本换取最大的经济效益，而很少考虑外部成本，即环境的代价。环境影响评价和风险评价则更多考虑的是环境问题，而把经济考虑放在第二位。由于这两种方法都只把环境问题放在特定较小的范围来考虑，同时关注的是过程的输入和输出而不是过程本身，所以对如何通过减少废物来改善工艺提不出好的建议。而生命周期评价从资源采集到产品的最终处置来考虑环境影响，同时将这些影响和整个过程（内、中、外）的物质和能量联系在一起，因此能在环境影响、工艺设计和经济学之间建立联系，从而能克服成本/效益分析、环境影响评价和风险评价等方法的不足。

（3）清洁产品设计和再设计

在产品设计与开发中使用生命周期评价，可以在产品设计时就确定产品未来对环境的大部分影响，从而避免或者使可预见的环境影响最小，同时不降低产品的总体质量。生命周期评价还可以用于产品的改进设计，如丹麦 GRAM 公司通过对其原有冰箱产品进行生命周期评价发现电冰箱在使用阶段对资源和能源消耗最大，在用后处理阶段对温室效应和臭氧层破坏影响最大，通过改进设计出低能耗、无氟电冰箱 LER200，在市场上取得了很好的经济效益。

（4）废物回收和再循环管理

在生命周期评价基础上，给出废物处置的最佳方案，制定废物管理的政策措施，有助于企业降低环境成本，减少污染和浪费。目前我国废物回收和再循环水平还比较低，已经造成重大的资源浪费和环境污染。推广生命周期评价，可以促进废物的资源化和再利用，从而在一定程度上有助于循环经济的发展。

复习思考题

1. 什么是产品生命周期？生命周期评价及对象是什么？
2. 生命周期评价的主要作用是什么？
3. 简述生命周期评价的思路和特点。
4. 指出生命周期评价的局限性。
5. 举例说明生命周期评价的技术框架。
6. 为什么说生命周期评价是清洁生产诊断、评价的有效工具。
7. 简述生命周期评价在清洁生产中的作用。

第八章　清洁生产指标体系及评价方法

第一节　清洁生产评价与环境影响评价

一、环境影响评价

1. 环境影响评价的定义

环境影响评价（environmental impact assessment）简称环评，英文缩写 EIA。是指对规划和建设项目实施后可能造成的环境影响进行分析、预测和评估，提出预防或者减轻不良环境影响的对策和措施，进行跟踪监测的方法与制度。通俗地说就是分析项目建成投产后可能对环境产生的影响，并提出污染防止对策和措施。环境影响评价过程是对一个地区的自然条件、资源条件、环境质量条件和社会经济发展现状进行综合分析的过程。

环境影响评价的根本目的是鼓励在规划和决策中考虑环境因素，最终达到更具环境相容性的人类活动。

环境影响评价的过程包括一系列的步骤，在实际工作中，环境影响评价的工作过程可以不同，而且各步骤的顺序也可变化。

一种理想的环境影响评价过程，应该能够满足以下条件：

① 基本上适应所有可能对环境造成显著影响的项目，并能够对所有可能的显著影响做出识别和评估；

② 对各种替代方案（包括项目不建设或地区不开发的情况）、管理技术、减缓措施进行比较；

③ 生成清楚的环境影响报告书（EIS），以使专家和非专家都能了解可能影响的特征及其重要性；

④ 包括广泛的公众参与和严格的行政审查程序；

⑤ 及时、清晰的结论，以便为决策提供信息。

2. 环境影响评价的分类及作用

按照对象分为：建设项目环境影响评价，规划环境影响评价，战略环境影响评价；

按照环境要素分为：大气环境影响评价，水环境影响评价，噪声环境影响评价，固体废物环境影响评价等；

按照时间分为：环境质量现状评价，环境影响预测评价，环境影响后评价。

其作用是为区域的社会经济发展提供导向，合理确定地区发展的产业结构、产业规模和产业布局，指导环境保护设计和强化环境管理，促进相关环境科学技术的发展。

3. 环境影响评价制度主要特点

（1）具有法律强制性

中国的环境影响评价制度是国家环境保护法明令规定的一项法律制度，以法律形式约束人们必须遵照执行，具有不可违背的强制性，所有对环境有影响的建设项目都必须执行这一制度。

172

（2）纳入基本建设程序

1998 年《建设项目环境保护管理条例》颁布，对各种投资类型的项目都要求在可行性研究阶段或开工建设之前，完成其环境影响评价的报批，环境影响评价和基本建设程度密切结合。

（3）分类管理

国家规定，对造成不同程度环境影响的建设项目实行分类管理。对环境有重大影响的必须编写环境影响报告书，对环境影响较小的项目可以编写环境影响报告表，而对环境影响很小的项目，可只填报环境影响登记表。评价工作的重点也因类而异，对新建项目，评价重点主要是解决合理布局、优化选址和总量控制；对扩建和技术改造项目，评价的重点在于工程实施前后可能对环境造成的影响及"以新带老"，加强原有污染治理，改善环境质量。

（4）实行评价资格审核认定制

为确保环境影响评价工作的质量，自 1986 年起，中国建立了评价单位的资格审查制度，强调评价机构必须具有法人资格，具有与评价内容相适应的固定在编的各专业人员和测试手段，能够对评价结果负起法律责任。评价资格经审核认定后，发给环境影响评价证书，目前环评证书分为甲级和乙级。

4. 环境影响评价存在的问题

经过 20 年环境影响评价的实践，我国已形成了一整套较为完善的环境影响评价政策体系，该体系在国家经济建设和环境保护事业中发挥着越来越重要的作用，对我国的可持续发展将会产生深刻而积极的影响。但是，现行的环境影响评价体系存在着一些问题：

① 现行环评制度追求的是末端治理能否达标排放，往往忽视了主体生产工程本身的环保措施及生产过程中削减污染物的潜力和机会，导致末端治理负担过重。在对建设项目环境影响评价时，对企业是否负担的起高昂的末端处理费往往考虑较少，从而导致很多企业末端处理设备运行不到位。

② 现阶段环评报告书在现状评价和模式预测上花费大量时间，这是导致环评周期较长的一个重要因素。因而，如何缩短环评周期，也是现行环评制度面临的问题之一。加上目前一些环评报告书质量不高、有效性不强等实际问题，在一定程度上削弱了其对新老污染源的控制和制约作用。

③ 目前环评报告书存在工程分析深度不够；重点产污环节的物耗、能耗和污染物排放数据缺乏准确性和有效性，对原材料选取和产品设计存在的潜在环境污染因素缺乏分析；对污染控制对策的评述主要围绕在污染物是否达标这一目标，污染控制对策和措施泛泛而谈，提出的相应改进措施和建议缺乏可操作性；环境经济损益分析仅局限在投入产出分析，提不出有说服力的建议等。

④ 环境影响评价只是环境管理的一个有效工具，而可持续发展包罗万象，环境仅是一个方面，不能仅仅依靠环境管理的一个工具，解决可持续发展的所有问题。而且，环境影响评价制度主要针对大中型建设项目，忽视了对技术低下、高消耗和污染严重的小型工业企业产生污染的管理。

⑤ 环评制度缺乏公众参与的保障。法律规定编制机关或建设单位应当在报批环境影响评价报告书前，举行论证会、听证会，或者采取其他形式，征求有关单位、专家和公众的意见，但对论证会、听证会究竟该如何举行、公众如何参加等程序性问题并没有具体规定，从而导致了这些规定无法落实。

二、清洁生产评价与环境影响评价的结合

1. 清洁生产引入环境影响评价中的益处

环境影响评价和清洁生产均追求对环境污染的预防。环评则侧重于污染产生以后的环境影响分析，以及采取相应的污染控制措施，实现污染物的达标排放和总量控制要求，追求的是"末端治理"设施的功效。但清洁生产强调在生产过程、产品生命周期及服务过程进行全方位的污染预防，减少污染物的产生。因此，将清洁生产引入环评工作可以概括以下几方面的好处：

（1）弥补目前环评制度存在的不足

在环评中引入清洁生产思维和方法，不仅可以强化目前的环评报告书的工程分析、污染防治措施论述、经济损益分析、环境管理和监测等薄弱环节，提高环评报告书的质量，还可以促使环评单位从过去被动的形式转向主动参与到可行性研究中；促使环评的工作重点由现在的现状评价和模式预测向实用可行的工程分析和污染控制对策分析转移，缩短环评周期。

（2）减轻建设项目的末端处理负担

传统的末端治理与生产过程相脱节，即"先污染，后治理"，重在"治"。不仅治理难度大，而且投入多，运行成本高，只有环境效益，没有经济效益。清洁生产体现了预防为主的思想，从源头抓起，实行生产全过程控制。即要求从产品设计开始，到选择原料、工艺路线和设备、废物利用、运行管理等各个环节，不断加强管理和技术进步，通过有效的清洁生产分析，节约原材料、能源的消耗，提高资源能源利用率，减少乃至消除污染物的产生，减轻了末端治理负担，重在"防"。

（3）提高建设项目的环境可靠性

末端处理设施的"三同时"一直是我国环境管理的一个重点和难点，如果环评提出的末端处理方案不能实施或实施不完全，则直接导致环境负担的增加，这实际上是环评制度在某种程度上的间接失效，而这种情况在全国各地大量存在。如果通过清洁生产分析，将污染物降低到最小程度或有效地进行回用，甚至消除，就可以减少末端处理设施的建设费用，以及建成后的运行费用，提高建设项目的环境可靠性。

（4）提高建设项目的市场竞争力

传统的末端治理以牺牲环境为代价，建立在以大量消耗资源能源、粗放型的增长方式的基础上，清洁生产则是走内涵发展道路，最大限度地提高资源利用率，促进资源的循环利用，实现节能、降耗、减污、增效，因而在许多情况下将直接降低生产成本、提高产品质量，提高市场竞争力，同时给企业的生存和发展营造良好的环境空间。

（5）降低建设项目的环境责任风险。

在环境法律、法规日趋严格的今天，企业很难预料其将来所面临的环境风险，因为每出台一项新的环境法律、法规和标准，都有可能成为一种新的环境责任，而最好的规避方法就是通过清洁生产减少污染产生。

（6）促进清洁生产的实施和发展

将清洁生产纳入环评中，不仅促进了清洁生产在工业企业中实施，从而以更经济有效的方式减少工业污染，同时，也丰富了环境影响评价的内涵，提高了环境影响评价的实用性和有效性，进一步推动清洁生产的实施，两者结合取长补短，相得益彰，必然使我国工业污染防治工作提高到一个新的水平。促进经济效益和环境效益的协调发展，实现经济和环境的

"双赢"。

清洁生产虽然是工业污染防治的最佳途径，但目前由于存在诸如对清洁生产意义认识不清，缺乏相关的经济、技术等支持，使清洁生产在工业企业的推行情况并不尽人意。由于环评具有对建设项目环保把关的特点，可以明确建设单位的环境责任及规定应采取的环保行为，依据相关的法律法规，要求工业企业采用技术起点高，能耗物耗小，污染物产生量小的生产工艺。同时，在我国目前实施清洁生产过程中法规和标准尚未建立健全的状况下，可以发挥环评的潜能，对清洁生产的实施起到宣传、促进与审核的双重效力，提高企业开展清洁生产的积极性。

2. 清洁生产纳入环境影响评价制度中的必然性

由于环评和清洁生产均追求对环境污染的预防，无论是预防污染排放对环境的影响还是预防污染物的产生，其最终目标是一致的，此外两种方法均要求对建设项目的原材料、工艺路线以及生产过程等有一个比较深入的了解和分析，许多数据和材料是互通的，其结合界面有以下几个方面：

① 环评中的工程分析可进一步拓展和深化，进行清洁生产分析。根据《环境影响评价技术导则》中要求，工程分析要对工艺过程各环节，资源、能源的储运，开车、停车、检修、事故排放等情况找出污染排放和环境影响的来源，即列出污染源清单。利用这部分材料，进一步探究为什么在这些排放点会产生这些污染物，是否存在着改进机会，或有无清洁生产替代方案，这就是清洁生产分析的主要内容。

② 环评中对环保措施的分析可按清洁生产要求进一步延伸，因为从广义上说清洁生产措施也是一种环保措施。

③ 环评中针对项目可行性研究报告和行业指标体系给出的数据进行对比分析，可以发现所采用的工艺的先进程度，来判断建设项目是否符合清洁生产要求，决定建设与否，提高环境影响评价的可靠性。

④ 通过清洁生产分析，可以从能源、原材料消耗、水资源利用率、污染物产生量等指标论证建设项目的可行性，特别是污染物的产生量与行业清洁生产指标的对比分析，可有效地确定建设项目附属的末端治理设施的规模，避免盲目上规模、上水平，减少建成投产后的运行等费用，节约建设资金。

第二节　清洁生产评价指标体系

清洁生产评价指标是为界定一个生产工艺或产品的环境品质的清洁状况而设计的；为评价选定的清洁生产方案的实施效果提供客观依据；是评估生产工艺或产品是否符合清洁生产理念的比较基准。清洁生产指标具有标杆的功能，为评价清洁生产绩效提供了一个比较标准，为清洁生产理念的推广和持续清洁生产的推动提供动力支持。

一、评价指标的选取原则

随着我国清洁生产工作的深入开展，非常需要建立科学的清洁生产评价体系。这一评价体系将有助于评价企业开展清洁生产的状况，同时，也便于指导企业(组织)正确选择符合可持续发展要求的清洁生产技术。考虑到清洁生产涉及面广、指标多，在选取评价指标时应遵循如下原则：

（1）从产品生命周期全过程考虑

生命周期分析方法是清洁生产指标选取的一个最重要原则，它是从一个产品的整个寿命周期全过程地考察其对环境的影响，如从原材料的采掘，到产品的生产过程，再到产品销售，直至产品报废后的处置。生命周期评价方法的关键和与其他环境评价方法的主要区别是"生命周期评价是对一个产品系统的生命周期中输入、输出及其潜在环境影响的汇总和评价"。

（2）体现污染预防思想

清洁生产指标必须体现污染预防为主的原则，要求的污染物产生指标是指污染物离开生产线时的数量和浓度，而不是经过处理后的数量和浓度。清洁生产指标主要应反映出项目实施过程中所使用的资源量及产生的废物量，包括使用能源、水或其他资源的情况，通过对这些指标的评价，反映出项目的资源利用情况和节约的可能性，达到保护自然资源的目的。

（3）定量原则

清洁生产指标要力求定量化，清洁生产指标涉及面比较广，对于难于定量的指标也应给出文字说明。为了使所确定的清洁生产指标既能够反映项目的主要情况，又简便易行，在设计时要充分考虑到指标体系的可操作性，因此，应尽量选择容易量化的指标项，这样，可以给清洁生产指标的评价提供有力的依据。

（4）数据易得

清洁生产指标体系是为评价一个活动是否符合清洁生产战略而制定的，是一套非常实用的体系，所以在设计时，既要考虑到指标体系构架的整体性，又要考虑到体系在使用时，容易获得较全面的数据支持。

（5）明确目标原则

规定实现指标的时间，可以是长远的规划目标，也可是短期目标。规定执行指标的具体地区、行业、企业和车间等。每项指标必须与经济责任制挂钩，指标值可以分解落实，从地区到企业、车间、班组都有与其责任相应的目标值，容易获得较全面、较客观的数据支持。

（6）规范性原则

指标必须有统一规范、例行性和程序化的管理；并且要充分考虑各行业特点，满足政策法规和符合行业发展趋势。

二、国内外清洁生产评价指标及研究现状

1. 国外清洁生产评价指标概述

（1）清洁生产评价指标的类型

世界各国常用的清洁生产指标大多是定性指标与定量指标相结合，大致可以分为三类：

① 宏观性指标。宏观性指标常常具有相对性，有的无法提供具体证据。例如，每年遭受周围居民抗议的次数与该厂所在区域有关，地处偏远者当然远低于设在人口密集的地方的工厂。因此，依据此指标可以显示企业对环境的承诺，但不能仅仅根据此类指标就轻下结论，而必须借助其他指标来判断，该指标建立后立即可用。

② 微观性指标。是通过对检测的结果进行一系列计算得到具体数值，来表示工厂的环境影响程度，属定量指标范围。这类指标的针对性比较强，要求有明确的分类和定义。

例如，单位产品的能源耗用量，这个数值与工厂的工艺、设备有关，而与其所处的地点无关。所以，这类指标的数值就必须要经过现场调查、测量，以获取真实数据。这类指标可

以用于识别工厂的减废空间所在，也可以说明公司的环境绩效，该指标可逐年建立，一旦建立立即可用。

③ 为环境设计指标。为环境设计指标通常是由产品生命周期的分析结果得来，是以产品生命周期模式将产品分为制造阶段、销售阶段、产品使用阶段和产品弃置阶段，每个阶段再依其特性设计出适用的清洁生产指标，该指标须长时间分析，分定性指标和定量指标，见表8-1。它为研发人员在选择原材料、能源、工艺和污染物处理技术提供参考依据。产品开发或研发部门应在产品开发阶段，就将该项产品在不同阶段的环境影响纳入重点考虑。例如，考虑避免使用禁用的原材料或使用废物回收技术，就是考虑生产后要降低对环境的负面影响。

表8-1　环境设计类指标

阶　　段	清　洁　生　产　指　标
制造销售阶段	是否考虑原辅材料的耗竭情况和开采对环境的破坏情况
	是否考虑避免使用下列化学物质(公告为有毒化学物质、瑞典优先减量清单(13项)、对工序有毒有害的废弃物、废弃的化学物质)
	是否考虑新产品包装外型易于包装
	是否考虑原材料及能源的回收再用
	厂内回收技术是否纳入设计
	是否考虑污染排放的种类、浓度和总量
	有无污染处理技术
	有无回收的可能性，若有，是否提供配套的技术
	是否进行物料和能源平衡汁算
使用阶段	耗能情况，有无节能装置
	资源耗损情况，如锅炉的燃煤量
	产品中耗材的更替周期长短，耗材材料的可回收性
弃置阶段	是否考虑产品的材质(可回收性、单一性、易拆解、易处理处置)

(2) 国外常用的清洁生产评价指标

国外清洁生产进行得较早，因此各发达国家相继开发出许多清洁生产指标。

① 生态指标(eco-indicator)是根据污染物排放后对环境、生态系统或人类健康造成的危害大小所建立的指标，它会根据当地环境标准、气候状况、天文状况、水资源状况等而定，所以生态指标的区域性很强。

② 气候变化指标(climate change indicator)是由荷兰开发应用的，该指标是将全国每年的污染物(包括CO、CH_4、N_2O)的排放量以及氟氯烃(CFCs)、哈龙(Halons)的使用量，均转换为CO_2当量后相加，并通过逐年记录以评估对气候变化的影响。这一指标适用于政府对全国的温室气体的控制。

③ 环境绩效指标(environmental performance indicators)简称EPI，是挪威和荷兰环保局委托非盈利机构(european green table)开发的。针对铝冶炼业、油与气勘探与制造业、石油精炼、石化、造纸等行业，开发出能源指标、空气排放指标、废水排放指标、废弃物指标以及意外事故指标。尽管该指标对于我国并不完全适用，但对于我国建立各行业的指标体系具有极高的参考价值。

④ 环境负荷因子(environmental load factor)简称 *ELF*，该指标是英国 ICI 公司开发的，供化工工艺开发人员作为评估新工艺的参考值。其定义为：

$$ELF = \frac{废弃物(t)}{产品(t)}$$

式中的废弃物不包括工序用水和空气，不参与反应的 N_2 也不算在内。"废弃物"不强调有害、无害，只以总当量指标值表示，不能真正表示其对环境的影响程度。

⑤ 废弃物产生率(waste Ratio)简称 *WR*，美国 3M 公司自 1975 年开始执行 3P 计划以来，绩效卓著 3M 公司开发出一个简单的指标作为评价工艺的参考值。其定义为：

$$WR = \frac{废弃物(t)}{产出(t)}$$

该指标与环境负荷因子极为相似，废弃物的定义相同，只是比较的基准不同。环境负荷因子以产品为基准，废弃物产生率以总产出(包括产品、副产品和废弃物)为基准，其值小于 1，而 *ELF* 值则可以大于 1。同样，废弃物产生率也无法真正表示其对环境的影响程度。

⑥ 减废情况交换所(pollution prevention information clearinghouse)简称 PPI，美国环保署开发的指标，通过比较使用清洁生产工艺前后的废弃物产生量、原材料消耗量、用水量以及能源消耗量，来判断是否属于清洁生产(相对原来工艺而言)。这类指标只适用同一工厂在工艺改进前后的比较。

2. 我国常用清洁生产评价指标

我国在清洁生产评价指标方面进行了大量的探索和尝试，形成了初步规模，也取得了较大的成绩。但是，所用指标定性评价多，定量考评少，没有形成具有普遍应用性的科学体系。

当前我国的清洁生产评价指标依据生命周期分析的原则，分为四大类：原材料指标、产品指标、资源指标和污染物产生指标。其中，前两者是定性指标，后两者主要是定量指标。

(1) 原材料指标

原材料指标应能体现原材料的获取、加工、使用等各方面对环境的综合影响，因而可从毒性、生态影响、可再生性、能源强度以及可回收利用性这五个方面建立指标。

① 毒性。原材料所含毒性成分对环境造成的影响程度。

② 生态影响。原料取得过程中的生态影响程度。例如，露天采矿就比矿井采矿的生态影响大。

③ 可再生性。原材料可再生或可能再生的程度，例如，矿物燃料的可再生性就很差，而麦草浆的原料麦草的可再生性就较好。

④ 能源强度。原材料在采掘和生产过程中消耗能源的程度，例如，铝的能源强度就比铁高，因为铝的炼制过程需要消耗更多的能源。

⑤ 可回收利用性。原材料的可回收利用程度，例如，金属材料的可回收利用性比较好。

(2) 产品指标

对产品的要求是清洁生产的一项重要内容，因为产品的销售、使用过程以及报废后的处理处置均会对环境产生影响，有些影响是长期的，甚至是难以恢复的。此外，应考虑产品的寿命优化，因为这也影响到产品的利用效率。

① 销售。产品的销售过程中，即从工厂运送到零售商和用户过程中对环境可能造成的影响程度。

② 使用。产品在使用期内可能对环境造成的影响程度。

③ 寿命优化。在多数情况下产品的寿命是越长越好，因为可以减少对生产该种产品物料的需求。但有时并不尽然，例如，某一高耗能产品的寿命越长则总能耗越大，随着技术进步有可能产生同样功能的低耗能产品，而这种节能产生的环境效益有时会超过节省物料的环境效益，在这种情况下，产品的寿命越长对环境的危害越大。寿命优化就是要使产品的技术寿命(指产品的功能保持良好的时间)、美学寿命(指产品对用户具有吸引力的时间)和初设寿命处于优化状态。

④ 报废。产品报废后对环境的影响程度。

以上两类指标与欧盟的生态指标比较相似，区域性较强，不同行业、不同地区难以比较。

（3）资源指标

在正常的操作情况下，生产单位产品对资源的消耗程度可以部分地反映一个企业的技术工艺和管理水平，即反映生产过程的状况。从清洁生产的角度看，资源指标的高低同时也反映企业的生产过程在宏观上对生态系统的影响程度，因为在同等条件下，资源消耗量越高，则对环境的影响越大。资源指标可以由单位产品的新鲜水耗量、单位产品的能耗和单位产品的物耗来表达。

① 单位产品新鲜水耗量。在正常的操作下，生产单位产品整个工艺使用的新鲜水(不包括回用水)。

② 单位产品的能耗。在正常的操作下，生产单位产品的电耗、油耗和煤耗等。

③ 单位产品的物耗。在正常的操作下，生产单位产品消耗的构成产品的主要原料和对产品起决定性作用的辅料量。

该指标与美国环保署的减废情况交换所指标类似，只适用于同一工厂在工艺改进前后的比较，难以发现对生态环境的直接损耗。

（4）污染物产生指标

除资源(消耗)指标外，另一类能反映生产过程状况的指标便是污染物产生指标，污染物产生指标较高，说明工艺相应地比较落后或管理水平较低。通常情况下，污染物产生指标分三类，即废水产生指标、废气产生指标和固体废物产生指标。

① 废水产生指标。废水产生指标首先要考虑的是单位产品的废水产生量，因为该项指标最能反映废水产生的总体情况。但是，许多情况下单纯的废水量并不能完全代表产污状况，因为废水中所含的污染物量的差异也是生产过程状况的一种直接反映。因而对废水产生指标又可细分为两类，即单位产品废水产生量指标和单位产品主要水污染物产生量指标。

② 废气产生指标。废气产生指标和废水产生指标类似，也可细分为单位产品废气产生量指标和单位产品主要大气污染物产生量指标。

③ 固体废物产生指标。对于固体废物产生指标，可简单地定义为"单位产品主要固体废物产生量"。

这一指标与英国 ICI 公司的环境负荷指标及美国 3M 公司的废弃物产生率类似，无法表明真正的环境影响程度。

3. 我国企业清洁生产指标体系

从清洁生产的战略思想和内涵看，评价指标体系的设定应把握好以下三个环节的要求：

① 生产过程：要求节约原材料和能源，淘汰有毒原材料，减降所有废弃物的数量和毒性；

② 产品：要求减少从原料提炼到产品最终处置的全生命周期影响；

③ 环境：要求将环境因素纳入设计和所提供的服务中。

为贯彻和落实《中华人民共和国清洁生产促进法》，评价企业清洁生产水平，指导和推动企业依法实施清洁生产，根据《国务院办公厅转发发展改革委等部门关于加快推进清洁生产意见的通知》（国发办〔2003〕100号）和《工业清洁生产评价指标体系编制通则》（GB/T 20106—2006），国家发展改革委已组织编制并颁布了30个重点行业的清洁生产评价指标体系。

根据清洁生产的原则要求和指标的可度量性，各行业评价指标体系一般分为定量评价和定性评价两大部分，凡能量化的指标尽可能采用定量评价，以减少人为的评价差异。

定量评价指标选取了具有共同性、代表性的能反映"节约能源、降低消耗、减轻污染、增加效益"等有关清洁生产最终目标的指标，创建评价模式；通过对比企业各项指标的实际完成值、评价基准值和指标的权重值，经过计算和评分，综合考评企业实施清洁生产的状况和企业清洁生产程度。

定性评价指标主要根据国家有关推行清洁生产的产业政策选取，包括产业发展和技术进步、资源利用和环境保护、行业发展规划等，用于定性评价企业对国家、行业政策法规的符合性及清洁生产实施程度。

定量指标和定性指标分为一级评价指标和二级评价指标两个层次。一级评价指标选取具有普遍适用性、概括性的指标，包括资源与能源消耗指标、生产技术特征指标、产品特征指标、污染物指标、环境管理与安全卫生指标。二级评价指标是一级评价指标之下，代表各行业清洁生产特点的、具有代表性的、易于评价和考核的具体指标。

各行业指标体系依据综合评价所得分值将企业清洁生产等级划分为两级，即代表国内先进水平的"清洁生产先进企业"和代表国内一般水平的"清洁生产企业"。但是，若环保部门认定主要污染物排放浓度、排放总量未达标的企业以及继续采用禁止和淘汰的生产工艺和装备生产的企业，不能被评定为"清洁生产先进企业"或"清洁生产企业"。另外，随着技术的不断进步和发展，各行业指标体系每3~5年修订一次。

表8-2为烧碱/聚氯乙烯行业清洁生产定量评价指标项目、权重及基准值。表8-3为烧碱/聚氯乙烯行业清洁生产定性评价指标项目及其分值列表。

表8-2　烧碱/聚氯乙烯行业清洁生产定量评价指标项目、权重及基准值

序号	一级评价指标	二级评价指标		权重	单位	评价基准值	
1	资源与能源消耗指标（40）	烧碱生产工艺	原盐消耗（折百计算）	8	kg/t 烧碱[①]	1540	
2			综合能耗（不包括水消耗）	16	tce/t 烧碱	隔膜法[②]	1.5
						离子膜法	1.1
3			新鲜水消耗	1	t/t 烧碱	8.0	
4		聚氯乙烯生产工艺	电石消耗[③]	8	kg/t 聚氯乙烯[④]	1420	
5			综合能耗（不包括水消耗）	2	tce/t 聚氯乙烯	0.24	
6			新鲜水消耗	1	t/t 聚氯乙烯	10.00	
7			乙烯消耗	4	kg/t 聚氯乙烯	480	

序号	一级评价指标	二级评价指标		权重	单位	评价基准值	
8	产品特征指标 （4）	烧碱生产工艺	烧碱的一等品率	2	%	100%	
9		聚氯乙烯生产工艺	聚氯乙烯的一等品率	2	%	98%	
10	污染物 产生指标 （40）	烧碱生产 工艺	废水量	1	m³/t 烧碱	隔膜法 4.5	离子膜法 1.5
11			废水中活性氯	1	kg/t 烧碱	隔膜法 0.1	离子膜法 0.003
12			盐泥（干基）	1	kg/t 烧碱	60	
13			石棉绒	5	kg/t 烧碱	隔膜法 0.1	
14		聚氯乙烯 生产工艺	废水量	3	m³/t 聚氯乙烯	5.5	
15			废水中COD[5]	1	kg/t 聚氯乙烯	1.5	
16			废水中总汞	5	kg/t 聚氯乙烯	2.0×10^{-5}	
17			废气量	10	m³/t 聚氯乙烯	1.8×10^{4}	
18			废气中VCM排放量	10	kg/t 聚氯乙烯	0.32	
19			电石渣（干基）	3	t/t 聚氯乙烯	1.63	
20	资源综合 利用指标 （16）	烧碱生产工艺	盐泥处理处置率	2	%	100	
21		聚氯乙烯 生产工艺	电石渣废水回用率	4	%	100	
22			VCM精馏尾气处理回收率	8	%	97	
23			电石渣综合利用率	1	%	100	
24		烧碱和聚氯 乙烯生产工艺	水循环和重复利用率	1	%	90	

① 以烧碱折100%计。
② 隔膜法指金属阳极隔膜法。
③ 电石消耗按折标电石(300L/kg)计算。
④ 如生产VCM则折合成聚氯乙烯的产量计算消耗。
⑤ 废水中的COD考察进污水处理厂前的数值。

表8-3 烧碱/聚氯乙烯行业清洁生产定性评价指标项目及其分值列表

一级指标	指标 分值	二级指标		指标 分值	备 注
生产技术 特征指标	40	烧碱生 产工艺	采用离子膜法生产烧碱	20	定性评价指标无评价基准 值，其考核按对该指标的执行 情况给分。对于既采用离子膜 法又采用隔膜法生产烧碱的企 业，可根据产量计算其生产技 术特征指标，如分值 =
			采用金属扩张阳极、改性隔膜法生产烧碱	15	
			采用普通隔膜法生产烧碱	10	
		聚氯乙烯 生产工艺	采用电石法生产聚氯乙烯	10	
			采用乙烯氧氯化法生产聚氯乙烯	20	
环境管理与 劳动安全 卫生指标	60		建立环境管理体系并通过认证	10	$\dfrac{离子膜法烧碱产量}{烧碱总产量} \times 20 +$
			开展清洁生产审核	20	$\dfrac{隔膜法烧碱产量}{烧碱总产量} \times 10$
			建设项目环保"三同时"执行情况	5	此法类比于聚氯乙烯的生产 工艺
			建设项目环境影响评价制度执行情况	5	
			老污染源限期治理项目完成情况	6	
			污染物排放总量控制情况	9	
			建立安全卫生管理体系并通过认证	5	

三、清洁生产评价的用途

（1）找出减废空间

清洁生产评价指标可以用于寻找减废空间，例如，可用于对相同产品的不同生产线进行对比，从而确定减废空间。清洁生产指标也可作为同一工艺前后期清洁程度对比的基准。

（2）产品设计和工艺开发的基准

根据生命周期评估模式，将工艺或污染物对环境影响的量化生态指标数据作为产品设计或工艺开发的基准。其优点是对清洁生产的代表性极高，缺点是生态指标的区域性强，所以对其他区域并不适用。

（3）展现环境绩效

清洁生产指标也可以用于展现环境绩效，为企业的环境影响评价提供数据支持。

（4）清洁程度的评比

根据不同行业的特性所使用的清洁生产指标也可以用于企业间清洁程度的评比。

四、清洁生产评价方法

清洁生产评价方法的建立是清洁生产中实施管理量化的最重要的环节，有益于对清洁生产进行指标化管理，提高企业的经济效益，是持续开展清洁生产战略的关键。

1. 综合指数评价模式

（1）综合指数评价模式的内容

① 单项评价指数。是以类比项目相应的单项指标参照值作为评价标准，进行计算而得出的。其计算公式为：

$$O_i = d_i / a_i (i = 1, 2, 3, \cdots, n)$$

式中　O_i——单项评价指数；

　　　　d_i——目标项目某单项评价指标对象值（设计值）；

　　　　a_i——类比项目某单项指标参照值。

② 类别评价指数。是根据所属各单项指数的算术平均值计算而得。其计算公式为：

$$C_j = (\sum O_i) / n \quad (j = 1, 2, 3, \cdots, m)$$

式中　C_j——类比评价指数；

　　　　n——该类别指标下设的单项个数。

③ 综合评价指数。为了既使评价全面，又能克服个别评价指标对评价结果准确性的掩盖，避免确定加权系数的主观影响，本评价采用了一种兼顾极值或突出最大值的计权型的综合评价指数。其计算公式为：

$$I_P = (O_{i, M}^2 + C_{j, a}^2) / 2$$

式中　I_P——清洁生产综合评价指数；

　　　　$O_{i, M}$——各项评价指数中的最大值；

　　　　$C_{j, a}$——类别评价指数的平均值，其计算式为：$C_{j, a} = (\sum C_j) / m$；

　　　　m——评价指标体系下设的类别指标数。

（2）根据综合评价指数，确定企业清洁生产的等级

采用分级制的模式，即将综合指数分成五个等级，按清洁生产评估综合指数 I_p 所达到的水平给企业清洁生产定级。具体分级设想见表8-4。

表8-4　清洁生产的等级确定

项　目	清洁生产	传统先进	一般	落后	淘汰
达到水平	国际先进水平	国内先进水平	国内平均水平	国内中下水平	淘汰水平
综合评价指数（I_p）	$I_p \leqslant 1.00$	$1.00 < I_p \leqslant 1.15$	$1.00 < I_p \leqslant 1.15$	$1.40 < I_p \leqslant 1.80$	$I_p > 1.80$

如果类别评价指数 C_j 或单项评价指数的值 $O_i > 1.00$ 时，表明该类别或单项评价指标出现了高于类比项目的指标，故可以据此寻找原因，分析情况，调整工艺路线或方案，使之达到类比项目的先进水平。

2. 清洁生产评估综合指数评价模式的特征

（1）科学性

清洁生产评估综合指数，是以类比项目单项指标为评估依据的，体现了较好的科学性和现实性。

（2）综合性

单项指标对比，不能综合反映企业的清洁生产的综合水平，易于偏颇。清洁生产评估综合指数可以定量并综合的描述企业清洁生产实际的整体状况和水平。再综合单项对比，可以促进企业积极并持续地实施清洁生产。

（3）简易性

综合指数主要涉及各评估项目单项指标的集权型计算，公式简洁，便于计算，易于掌握，可操作性强。

（4）适应性

评估项目和其评估指标的设定，可根据各个行业或各企业的技术改造的进程，和工艺技术装备水平的提高程度，以及生产运营实际达到的水平，就像国家和地方制定的污染物排放标准一样，在一定的时期内予以调整。

（5）激励性

清洁生产评估指数分为若干级加以评定，可以使企业清楚地了解自身的水平和问题，促进企业加大清洁生产实施的力度，努力向更高级别奋进，具有一定的激励性作用。

（6）可比性

清洁生产评估项目，是根据每个行业的特点和清洁生产的要求，经过仔细筛选列出的，同行业之间有一致的比较基础，使指标有可比性。

五、清洁生产评价程序

企业进行清洁生产的评价需按一定的程序有计划、分步骤地进行。如图8-1所示，其中，项目评价指标的原始数据主要来源于工程分析、环保措施评述、环境经济损益分析、产品成分全分析等。类比项目参照指标主要来源于国家行业标准或对类比项目的实测、考察等调研资料。

183

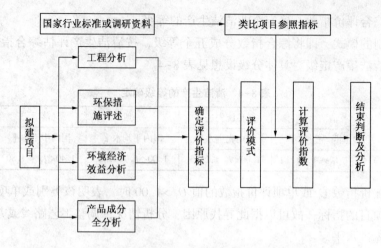

图 8-1　清洁生产定量评价基本程序

复习思考题

1. 什么是环境影响评价？其根本目的是什么？
2. 简述环境影响评价的作用及特点。
3. 我国现行环境影响评价存在哪些问题？
4. 为什么要将清洁生产纳入环境影响评价中？
5. 调查在实际工作中环境影响评价的开展情况及存在的问题。
6. 简述清洁生产评价指标选取的原则。
7. 清洁生产评价指标的种类。
8. 国外常用的清洁生产评价指标。
9. 论述我国清洁生产评价指标体系。
10. 我国企业清洁生产指标体系包括哪几个部分？各有什么特点？
11. 简述清洁生产评价的用途。
12. 清洁生产评价的程序是什么？

第九章 清洁生产案例

第一节 发电厂清洁生产审核案例

一、筹划和组织

通过筹划和组织使公司领导和职工对清洁生产目的、清洁生产审核的工作内容、要求及工作程序有所认识和了解，同时取得公司高层领导的支持和参与，克服思想上和观念上的障碍，组建公司清洁生产审核领导小组和工作小组，制定清洁生产工作计划，宣传清洁生产思想。

1. 取得领导的支持

发电厂领导对清洁生产工作非常重视，亲自组织厂内相关部门参加清洁生产审核工作，成立了以厂长为组长，党委书记和工会主席为副组长的领导小组；组建了以生产技术部门为总牵头，由计划部、财务部、供应处等各基层单位组成的工作小组。在清洁生产专家和行业专家的指导下，使发电厂在实施清洁生产审核后实现节能、降耗、减污、增效的目的，增强企业在市场的竞争力。

2. 组建清洁生产审核小组

在清洁生产审核工作启动会前，厂领导即按照省环保局的文件，组织有关人员对各级员工进行传达和宣传，使他们对清洁生产概念及开展清洁生产的意义有了初步的认识。启动会后，立即组成了领导小组和工作小组，并确定了各自的职责。

3. 制定审核工作计划

审核工作小组成立后，根据清洁生产审核的要求和公司的实际情况，制定了清洁生产审核工作计划，见表 9-1。

表 9-1 审核工作计划表

阶 段	工 作 内 容	完成时间	责任部门及负责人	考核部门及成员
筹划和组织	建立审核领导小组和工作小组；制定清洁生产计划；宣传清洁生产思想	5.13~5.26	工作小组	领导小组
预评估	确定审核重点、目标，现场考察，制定物料实测方案，提出无/低费方案	5.27~6.16	工作小组	领导小组
评估	准备审核重点资料，开展全厂水平衡测试，分析废物产生原因，提出并实施无/低费方案	6.17~8.4	工作小组	领导小组
方案产生和筛选	产生、分类、筛选方案，继续实施无/低费方案并汇总无/低费方案实施效果，提出中/高费方案，并对中/高费方案进行分析和筛选	8.5~9.1	工作小组	领导小组
可行性分析	对高费方案进行技术、环境、经济可行性评估，确定可行的中高费方案	9.2~10.9	工作小组	领导小组

阶　　段	工　作　内　容	完成时间	责任部门及负责人	考核部门及成员
方案的实施	制订可行方案的实施计划，总结已实施的无/低费方案的成果	10.10~11.3	工作小组	领导小组
持续清洁生产	制定可持续清洁生产工作计划；编写清洁生产审核报告	11.4~11.31	工作小组	领导小组
总结报告	评估审核报告	12.1~12.15	工作小组	领导小组

4. 开展宣传教育与发动

发电厂清洁生产启动会后，通过召集有关部室的职员和分厂班组长进行清洁生产培训，首先让这些骨干在思想上有一个新的认识，再由这些骨干对所属的部门内员工进行培训；同时还通过厂局域网宣传专栏和各分厂的宣传板，对员工进行宣传和探讨如何开展清洁生产。组织员工对本岗位的原材料、能源、技术工艺、过程控制、设备、产品、管理、废弃物及员工等八个方面，提出清洁生产合理化建议。

5. 克服障碍

厂内开展清洁生产审核往往会遇到各种障碍，不克服这些障碍则很难达到厂清洁生产审核的预期目标。为了克服这些障碍，经过审核小组成员和清洁生产专家、行业专家共同讨论分析，结果见表9-2。

表9-2　障碍分析及解决办法

障碍类型	障碍表现	解　决　办　法
思想认识行动障碍	员工将清洁工厂和清洁生产混为一谈	在企业推行的清洁工厂、现代管理在员工的思想意识中已扎根多年，现推行开展的清洁生产需要对全体员工进行培训重新理解认识，使企业领导者和员工的理念转变
	人员少、压力大，能否按时完成清洁生产审核工作	落实人员、责任，各尽其职、各负其责，统一指挥，协调完成
技术障碍	生产工艺复杂	生产工艺复杂，克服畏难情绪，从源头——产品实行全过程工业污染预防与控制
	因循守旧，"末端治理"方法使用多年	破旧立新，采取有效措施、改变末端治理方法，减少末端治理费用
	物料平衡统计困难	投入人力、物力，请电科院有关专家对我厂进行水平衡测试
资金物质障碍	没有清洁生产审核专项资金	企业内部挖潜，与上级主管部门争取，协调解决部分资金
	中/高费方案资金需要大，很难筹集	利用政策，广泛筹集
政策法规障碍	实行清洁生产无具体详细政策法规	借鉴国内外成功清洁生产经验，结合电厂行业实际情况，制定相关制度

二、预评估

1. 企业概况

（1）企业背景情况

发电厂至今已有66年历史，厂区占地面积$36.8 \times 10^4 m^2$。2000年4月18日二期技术改造工程动工，2001 年 11 月 3 日并网发电。全厂装机容量达到 700MW，在 2001 年实现发电 $28.0012×10^8 kW \cdot h$，供热 $1524187×10^6 kJ$。

（2）企业生产状况

企业主要产品是电能和热能，其生产能力为装机 700MW、供热 $210×10^4 m^2$。

2001 年企业物料消耗及能源消耗见表 9-3。

表 9-3   2001 年企业物料消耗及能源消耗表

种 类	单 位	数 量	单价/元	费用/（$×10^4$ 元）
总耗水	$×10^4 t$	40661.66	—	—
其中：新鲜水	$×10^4 t$	1563.91	2.64	4128.7
耗 电	$×10^4 kW \cdot h$	21923.0	0.25	5480.75
耗 煤	$×10^4 t$	153.53	170	26100.1
耗 油	$×10^4 t$	0.14	2600	364.0

2001 年某发电有限责任公司与省内同类型机组及国内外先进水平对比见表 9-4。

表 9-4   国际、国内同行业对比

项 目	单 位	某发电有限责任公司	（XX）发电有限责任公司	（XXX）发电有限责任公司	国内先进水平	国际先进水平	
						美国	德国
装机容量	MW	200	200	200	—	—	—
发电量	$×10^8 kW \cdot h$	11.04	23.4	18.03	—	—	—
煤耗	$g/(kW \cdot h)$	363	381.9	376	—	—	—
水耗	$kg/(kW \cdot h)$	4.694	5.848	4.431	4.2	3.0	3.5
厂用电率	%	8.51	10.16	9.23	—	—	—
耗油量	t	360	712	625	—	—	—

注：1. 表中发电有限责任公司的数据为发电厂内 2 台 200MW 机组单独统计数据，与其他单位同类型机组具有可比性。

2. 柴油通常年用量较小，主要是启停机组和低负荷的投入，因此通常不做单耗计。

3. 煤耗维持在 $363g/(kW \cdot h)$，虽然居于同行业较领先的水平，但与国内、国际先进水平仍有部分差距。

4. 由于发电水耗较大，与国内最好水平 $4.2kg/(kW \cdot h)$、国际 $3.0kg/(kW \cdot h)$ 比较，都有很大差距。这是本企业也是我们国家应该重点处理的内容，目前中水回用的趋势明显，实例不少，技术和方案也相对成熟，装置的废水回收工程也已开工，预计明年上半年即可投产。

（3）工艺流程

全厂工艺流程如图 9-1 所示。

（4）单元操作功能说明

单元操作功能说明见表 9-5。

2. 企业环境状况

（1）产排污状况

发电厂近三年的排污情况，废物物流见表 9-6、污染物排放见表 9-7、废弃物特性见表 9-8、企业建成的环保项目见表 9-9。

（2）结论

几年来，发电厂投入了大量的技术及资金，对环保设施进行了大规模技术改造，取得了实质性成果。在一、二期技改工程中，新建 240m 烟囱一座，烟气经电除尘器后，高空排放。对老厂三台 100MW 机组除尘器进行改造，改造后的除尘效率为 99.4%，减少了烟尘的排放量，达到了国家环保控制要求，延长了机组运行寿命。对第四灰场进行综合治理，该项工程已通过了省公司的科技成果鉴定，发电厂的灰场治理达到国内领先水平。

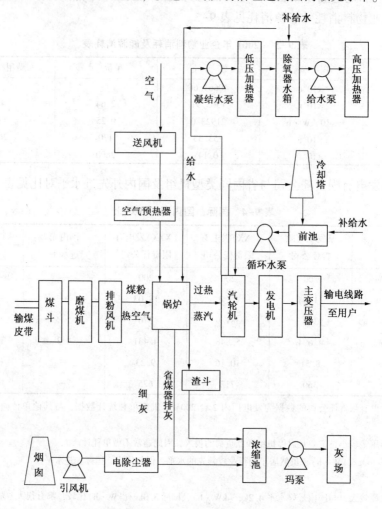

图 9-1　全厂工艺流程

表 9-5　单元操作功能说明表

单元操作名称	功　能　简　介
输煤系统	燃煤的接卸、破碎，输送至锅炉原煤仓
制水系统	将工业水通过水处理系统制成除盐水供给锅炉
制粉系统	锅炉制粉，由原煤斗、给粉机、磨煤机、分离器、粉仓等组成，主要作用是将原煤磨制成一定细度的煤粉、供给锅炉
给水系统	锅炉供水，由汽机给水泵，通过各给水门、调整门进入汽包，保证锅炉供水水量，满足不同负荷需要

单元操作名称	功 能 简 介
锅炉燃烧系统	由引、送、排风机风道，送粉管道，风门、挡板及喷燃器组成，通过调整各部设备，保证锅炉各种工况下稳定经济燃烧
除尘器系统	清除烟气中飞灰，保护环境
除灰系统	将灰渣浆输送至灰场
工业水系统	由工业水泵及相应管路系统组成，供给各转动设备冷却水、密封水等，以保证其正常运行
锅炉蒸汽系统	由汽包、过热器、再热器、减温器及安全门等组成，作用是将饱和蒸汽加热成一定温度和压力的过热蒸汽送至汽机做功
汽机蒸汽系统	主蒸汽从锅炉到汽轮机，通过蒸汽管道及电动主闸门，进入高压联合主汽门，然后进入高压缸。在高压缸内做过功的蒸汽经过管道中压主汽门及导汽管进入低压缸做功，最后排至凝汽器
抽汽系统	将汽轮机做过部分功的蒸汽从一些中间级抽出来，导入高、低压加热器，加热锅炉给水和凝结水，减少冷源损失，提高机组的热经济性
油系统	润滑和冷却汽轮发电机组，支持轴承和推动轴承，汽轮机启停时向盘车装置和顶轴装置供油，发电机密封瓦用油，防止氢气外漏，同时还为机械超速危急遮断系统提供压力油
循环水系统	供凝汽器、冷油器及发电机氢气、空气冷却器、冷却用水以保证机组正常运行
凝结水系统	汽轮机排汽冷却成凝结水，由凝结水泵升压经过轴封冷却器低压加热进入除氧器。保证汽轮机的正常运行
发电系统	将汽轮机转轴上的动能通过发电机转子与定子间的磁场耦合作用，转换到定子绕组上变成电能
变电系统	升高电压或降低电压进行电力输送和分配
厂用电系统	为主要设备(汽轮机、锅炉、发电机等)和辅助设备的附属电动机，自动化设备供电的系统

表 9-6 废物物流表

类 别	名 称	单 位	近三年排放量		
			2000 年	2001 年	2002 年 1~9 月
废水	生产及生活废水	$\times 10^4 t$	172.5	147.2	112.4
废气	烟 气	$\times 10^4 Nm^3$	1961605	1515085	1426452
废渣	粉煤灰	$\times 10^4 t$	39.47	32.97	30.51

表 9-7 污染物排放表

类 别	名 称	单 位	近 3 年排放量		
			2000 年	2001 年	2002 年 1~9 月
废水	COD	t	56.73	44.20	40.11
废气	烟尘	t	19076.2	10627.5	6625.4
	SO_2	t	23283.1	12920.0	11342.7

表 9-8 废弃物特性

废弃物名称	废弃物特性	排放种类	年产生量（2001年）	年排放量（2001年）	处理处置方式	发生源	发生形式
排污水	废水	pH值 COD 悬浮物	147.2×10^4 t	147.2×10^4 t	化学废水——中和 含油废水——油水分离器 生活废水——化粪池	化学制水、油区冲洗、现场杂项用水、生活用水	生产生活废水混合外排
烟气	废气	烟尘 SO_2 NO_x	151508×10^4 Nm³	151508×10^4 Nm³	静电除尘器	锅炉燃烧	经 210、240 米烟囱高空稀释排放
粉煤灰渣	废渣	灰、渣	42.24×10^4 t	32.97×10^4 t	灰场储存	锅炉燃烧	水力输送至贮灰场

表 9-9 企业建成的环保项目

序号	项目名称	建成日期	投资	处理对象	工艺	年处理量
1	11#~16#炉除尘器改造	2002.10	750 万元	烟气	静电吸附	约 900000×10^4 Nm³
2	第四灰场治理及改造	2002.03	350 万元	粉煤灰	帷幕灌浆、覆盖	约 40×10^4 t
3	球磨机加装隔音罩	2002.09	36 万元	噪音	隔绝	

3. 确定审核重点

发电厂有 1 个厂区；5 个分厂、10 个分公司；2 个污水排放口；1 个运行灰场；2 个烟囱。共有 8 台锅炉，5 台机，每天耗水 50000t，耗煤 5000t，烟气量 4657×10^4 Nm³。

根据清洁生产的要求，结合电厂的实际情况，同时便于与同行业对比，经省清洁生产专家、电力行业专家与发电厂清洁生产领导小组成员共同讨论，将全厂水系统确定为审核重点。

4. 确定清洁生产目标

清洁生产目标见表 9-10、表 9-11。

表 9-10 100MW 机组清洁生产目标

序号	项目	现状	2002 年底	相对值/%	2005 年底	相对值/%
			100MW 机组 清洁生产目标			
1	煤耗/[g/(kW·h)]	404	402	2	400	4
2	水耗/[kg/(kW·h)]	4.694	4.5	0.194	4.3	0.394
3	厂用电率/%	7.59	7.50	0.09	7.4	0.19

表 9-11 200MW 机组清洁生产目标

序号	项目	现状	同行业先进水平	2002 年底	相对值/%	2005 年底	相对值/%
				200MW 机组 清洁生产目标			
1	煤耗/[g/(kW·h)]	363	—	362	1	361	2
2	水耗/[kg/(kW·h)]	4.694	4.2	4.5	0.194	4.3	0.394
3	厂用电率/%	8.51	—	8.40	0.09	8.3	0.21
4	全厂 COD 排放量/t	44.2	—	24.2	20.0	4.2	40

三、评估

评估是企业清洁生产审核工作的第三阶段。目的是通过审核重点的物料平衡，发现物料流失的环节，找出废弃物产生的原因，查找物料储运、生产运行、管理以及废弃物排放等方面存在的问题，寻找与国内外先进水平的差距，为清洁生产方案的产生提供依据。本阶段工作重点是实测输入、输出物流，建立物料平衡，分析废弃物产生原因。

1. 审核重点概况

发电厂全厂总装机容量为 700MW，设计运行小时数为 5000h。另外厂区内还有水处理、油处理、灰水处理、变电所、土建分公司、通讯分公司、燃煤公司、供销公司等辅助部门。全厂对水的需求巨大，每天的用水量约为 50000t，因而具有较大的清洁生产机会。

（1）全厂水流程图

全厂水流程图见图 9-2 所示。

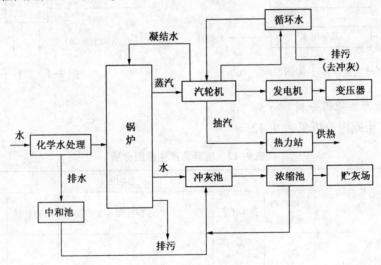

图 9-2　全厂水流程图

（2）水平衡图

水平衡图见图 9-3 所示。

2. 物料平衡

物料平衡见图 9-4 所示。

3. 物料损失原因分析

（1）生产用水部分

水塔蒸发、渗漏、风吹、排污，锅炉排污，化学预处理部分反冲洗，地下管网渗漏，生产厂房内的杂项用水。

（2）生活用水部分

办公楼内的生活用水，厂房内的生活用水，厂内浴池用水，卫生间冲洗用水，食堂用水。

（3）燃料损失

燃料在铁路运输过程中失落，输煤过程中损失，上煤道冲洗时随水冲掉，锅炉燃烧不完全。

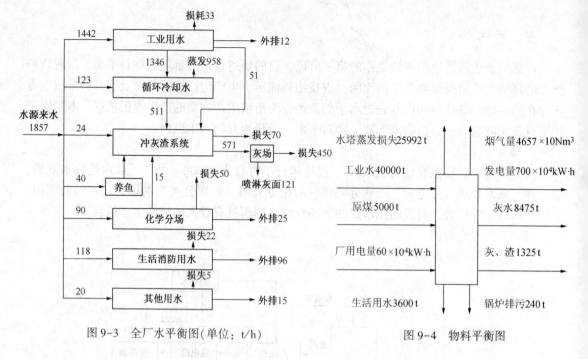

图 9-3　全厂水平衡图(单位：t/h)　　　　图 9-4　物料平衡图

4. 废弃物产生原因分析

废弃物产生原因分析见表 9-12。

表 9-12　废弃物产生原因分析

废弃物产生部位	废弃物名称	影响因素							
		原辅材料和能源	技术工艺	设备	过程控制	产品	废物特性	管理	员工
输煤	煤粉	√	√	√	√				
锅炉	烟尘、SO_2	√		√	√				
化学分厂	工业废水		√		√		√		
锅炉分厂	工业废水		√		√		√		
汽机分厂	工业废水			√	√		√		
办公楼	生活废水						√		
锅炉	炉渣、灰	√	√	√			√		

四、方案产生与筛选

方案产生和筛选的目的是通过方案的产生、筛选和研制，为下一步的可行性分析提供足够的中/高费清洁生产方案，制定审核重点的清洁生产方案，经过筛选确定出 12 个中/高费清洁生产方案，供下一阶段进行可行性分析。

1. 方案的产生

发电厂清洁生产审核工作小组成员对清洁生产审核重点单位的员工进行专题培训，根据物料平衡和废弃物产生原因分析，明确清洁生产方案产生与实施清洁生产各种方案相互关系，广泛征集国内外同行业的先进技术和管理，征集了原材料、工艺、设备、过程控制、产品改进、废弃物利用、管理、员工八个方面的清洁生产方案多项。

2. 方案汇总

发电厂清洁生产工作小组成员与省清洁生产专家和行业专家对所提出的清洁生产方案进行了多次讨论，从清洁生产方案技术可行性、环境效益、经济效益、实施难易程度等几方面进行了反复论证，确定 30 万元以下为无/低费方案，(30~100)×10⁴ 元为中费方案，100 万元以上为高费方案。经分类、汇总，形成共计 45 个方案，其余部分为厂区绿化或清洁现场、清洁卫生等方案，在此不予列出，见方案分类汇总表 9-13。

3. 汇总筛选结果

经筛选共产生清洁生产方案 45 个，其中无/低费方案 33 个，中/高费方案 10 个。有 2 个方案因为种种原因予以暂时搁置。

（1）无/低费方案汇总

无/低费方案汇总见表 9-14。

表 9-13　备选方案分类汇总表

方案类型	编号	方案名称	方案内容	投资/万元	预期效果	
					环境效果	经济效益
设备维护更新	1	人体红外感应喷头替代传统喷头	厂内外浴池更换 500 余个先进的人体红外感应原理及微电脑控制的喷头设备，可以节水 50%	12	减少污水排放量	每天节水 60 吨，年折合人民币 6 万元
	2	清洗油隔离泵	静电除尘后，除灰系统结垢严重，增加耗油量，对油隔离罐进行清洗	10	减少了油到灰场的排放量	每日减少耗油 1t，每吨 4100 元，年节约 150 万元
	3	200MW 机组锅炉浓淡燃烧器改造	浓淡燃烧器进行改造，满足锅炉低负荷稳燃，水冷壁不结焦，飞灰含炭量不高于改前值	97	提高锅炉热效率	每年节约燃油及检修费用 32 万元
	4	1#机组主蒸汽疏水系统阀门更换	原疏水阀门漏泄频繁，更换为无漏泄、免维护阀门	35	减少废水排放量	减少停机临检，年折合人民币 48 万元
	5	11#~16#炉点火管路排汽消音器更换	厂调峰、起停炉频繁，排汽消音器腐蚀磨损严重，消音功能差，全部更换	41.6	彻底消除噪音污染，保护环境	保证机组安全运行
	6	1#炉过热器安全门的更换	原安全门阀座变形，经常漏泄，更换后开启压力准确，密封性好、耐磨、抗冲蚀，寿命长，检修维护方便	58	减少蒸汽漏泄	节省检修费用，减少起停炉的次数，安全经济运行
	7	7#机低加芯子更换	加热器堵管较多，影响热量吸收，停机处理影响发电量。更换后消除隐患	45.4	发挥低加效能，节约标煤 1~2g	减少停运时间，节约标煤多发电，年节约 25 万元

方案类型	编号	方案名称	方案内容	投资/万元	预期效果	
					环境效果	经济效益
设备维护更新	8	20万机组供热水网改造	更换了三台热网泵和两台热网加热器，增加了供回水管路	200	保证市热网供暖的可靠性	节约大量蒸汽
	9	7#机凝结水泵更换	原三台泵损坏严重，泵体漏泄。检修每年耗资6万元，安全性差，更换为立式泵	123	节约用水	减少凝结水漏泄，节约维护资金
	10	1#机高加疏水调节器改造	原调节器自动投不上，经常卡涩，高加水位不稳，不经济。改造为汽液两相流调节器，经济稳定	10	减少能源消耗	提高了高加热量利用率
过程优化控制	11	输煤栈桥冲洗水	输煤栈桥冲洗水在煤粉沉淀池内澄清后，用于锅炉冲灰。	0	节约用水	节约水资源
	12	降低循环冷却水塔排污水	提高循环水浓缩倍率，减少排污外排水	0	减耗增效	节约水资源
	13	提高设备的保温水平	对现场内设备的保温进行检查，对破损部分重新进行保温	10	减少能源消耗	降低热损耗
	14	调整工艺参数，降低灰水比	通过调整灰浆泵运行方式，降低灰水比	0	节能降耗	—
	15	合理配煤	根据锅炉蒸发量的不同，进行不同煤种、煤质的合理配置。保证锅炉的正常、高效的燃烧。降低煤耗	0	降低发电成本，减少污染物排放量，保证大气环境	煤质充分燃烧
	16	提高凝汽器真空	加强监视复水器真空及循环水两侧温差，减少冷源损失，提高机组的经济性	0	每天可节煤10t，减少污染物排放	年节约60万元
废弃物的回收利用和循环使用	17	除尘器伴热管蒸汽回收	防止冬季除尘器灰斗结露，需蒸汽伴热，伴热后的蒸汽回收至热水站	0	节水，节约热源	节约蒸汽10t/h
	18	现场厕所大修	厕所冲洗管路改造，彻底解决长流水问题	16	节水，减少废水排放	每天节水100t，折合人民币10万元
	21	总排废水回收	对厂内生产及生活总排废水回收，经生化、物化法处理后，作为循环水补充，提高水资源的利用率，减少外排水对环境的污染	854	厂内废水零排放	废水回收利用，年节约300万元
	19	回收汽机厂房各种转机冷却水	将汽机侧各种转机冷却水统一回收至射水池，减少溢流及外排水	0	减耗增效	减少工业水用量
	20	回收锅炉厂房各种转机冷却水	将锅炉侧各种转机冷却水统一回收至炉侧清水池，减少溢流及外排水	0	减耗增效	减少工业水用量

方案类型	编号	方案名称	方案内容	投资/万元	预期效果	
					环境效果	经济效益
废弃物的回收利用和循环使用	21	总排废水回收	对厂内生产及生活总排废水回收，经生化、物化法处理后，作为循环水补水，提高水资源的利用率，减少外排水对环境的污染	854	厂内废水零排放	废水回收利用，年节约300万元
	22	除灰系统改造	将现有水利除灰系统改为干除灰系统	2000	节约用水，减少灰场占地，保护环境	粉煤灰综合利用按50%计算，年节约700万元
	23	化学废水的综合利用	回收化学制水厂房内的生产废水至冲灰沟，实现化学废水零排放	10	节能降耗	节约冲灰用工业水
	24	铁路残煤清扫回收	燃料煤运输过程中洒落在铁路沿线，清扫回收	0	节能降耗，减少污染	年清扫残煤1000余吨
	25	煤粉沉淀池煤泥回收	上煤道冲洗下来的煤粉，在沉淀池内沉积后回收	0	节能降耗，减少污染	年回收煤泥500t
	26	引风机冷却水回收	引风机冷却水回收至汽机工业水回收水箱，用于循环水补水	8.6	节能降耗，减少污染	节水 31t/h，年折合人民币50万元
技工艺改造	27	7#机组静电除尘器改造	水膜除尘器改为静电除尘器，提高除尘效率减少烟尘排放量	2000	减少烟尘物排放量	降低了排污费
	28	13#冷却塔更换喷嘴	将反射Ⅲ型喷嘴，改为旋转溅水碟式喷嘴，冷却塔出水温度平均低0.44℃	16.3	节省循环水用量	提高水塔的散热能力
	29	化学水程序控制工程	化学水制水车间过程自动化，实现制水工艺过程顺序控制及管理系统 DAS 等功能	0	节能降耗	降低故障率，减少设备损坏，年节约维护费30万元
	30	灰场治理	加强灰场管理，分格冲灰，覆土绿化，种植草苜蓿和西瓜	170	减少扬尘、绿化环境	草苜蓿喂养牲畜，年产西瓜50000余斤，折合人民币10万元
	31	1#机组除尘器改造	将原三电场改为四电场，进行增效改造，效率为99.70%	1420	减少烟尘排放	节省维护更新费用

方案类型	编号	方案名称	方案内容	投资/万元	预期效果	
					环境效果	经济效益
加强管理	32	加强用水管理	加强用水管理，树立节水意识	0	节约用水	节省水费支出
	33	加强环保监控	加强与环境监测部门的联系，准确及时地监控废物的排放情况	0	减少环境污染	—
	34	加强巡视检查	加强巡回检查，及时发现问题，杜绝跑、冒、滴、漏事故的发生	0	减少污染	使原材料得到充分利用
	35	加强设备管理	加强设备维护，防止设备损坏	0	加强对设备的维护和管理	保障机组安全运行
	36	降低工业水母管对沉淀池的补水	重新编制水平衡，调整浓缩池水位，降低工业水对沉淀池的补水	0	减耗增效	减少工业水用量
	37	加强设备管理与维护	改善改进设备的管理，维护维修加强现场管理，减少各种跑冒滴漏	0	节能降耗	提高设备利用率
	38	加强燃烧调整减少再热器减温水投入	加强燃烧调整，随时根据负荷及燃烧情况调整一、二次风，及时吹灰、清焦。使减温水投入量稳定在40t以下	0	减少减温水的投入	减少减温水投入，效率提高0.1%
	39	加强入厂煤管理	严格控制入厂煤的含硫量，争取采购低硫、低灰份的煤种	0	减少SO_2排放，减少大气污染	—
	40	加强大修期间废油管理	机组大修期间，禁止废油及油布扔入下水，统一回收、处理	0	减少废弃物排放	—
	41	关闭现场内小浴池	加强用水管理，将现场内班组小浴池全部关闭，节省水资源	0	节能降耗	每天节水30t
员工	42	加强对岗位人员的技术培训	针对全公司各个岗位，由各相应的专责负责人对本岗位员工进行理论培训和现场实际培训考试，提高全体员工的技术水平	0	节能降耗	保障安全稳定生产
	43	全能运行值班员的培训	针对现场人员的分布情况，对各专业运行人员进行第二专业的培训和考试，增强运行人员的全面技能，达到一岗多能	0	减少能耗	提高操作水平和运行效率
	44	加强运行岗位技能的训练，提高整体管理水平	定期对运行人员进行单项技能训练，反事故演习等，重点提高运行人员的实际操作能力	0	节能降耗	提高操作水平和运行效率
	45	加强职工思想意识教育	提高职工的主人翁责任感和环境意识，使广大职工积极参与清洁生产工作	0	节能降耗	提高操作水平和运行效率

表 9-14　无/低费方案汇总

方案编号	方案名称	方案内容	投资/万元
1	人体红外感应喷头替代传统喷头	采用先进的人体红外感应原理及微电脑控制的喷头设备，有人洗澡自动喷水，无人洗澡自动停止，节水 50%	12
2	油隔离泵的清洗	静电除尘后，除灰系统结垢严重，增加耗油量，对油隔离罐进行清洗	10
10	1#机高加疏水调节器改造	原调节器自动投不上，经常卡涩，高加水位不稳，不经济。改造为气液两相流调节器，经济稳定	10
11	输煤栈桥冲洗水	输煤栈桥冲洗水在煤粉沉淀池内澄清后，用于锅炉冲灰	0
12	降低循环冷却水塔排污水	提高循环水浓缩倍率，减少排污外排水	0
13	提高设备的保温水平	对现场内设备的保温进行检查，对破损部分重新进行保温	10
14	调整工艺参数，降低灰水比	通过调整灰浆泵运行方式，降低灰水比	0
15	合理配煤	根据锅炉蒸发量的不同，进行不同煤种、煤质的合理配置。保证锅炉的正常、高效的燃烧，降低煤耗	0
16	提高凝汽器真空	加强监视复水器真空及循环水两侧温差，减少冷源损失，提高机组的经济性	0
17	除尘器伴热管蒸汽回收	防止冬季除尘器灰斗结露，需蒸汽伴热，伴热后的蒸汽回收至热水站	0
18	现场厕所大修	厕所冲洗管路改造，彻底解决长流水问题	16
19	回收汽机厂房各种转机冷却水	将汽机侧各种转机冷却水统一回收至射水池，减少溢流及外排水	0
20	回收锅炉厂房各种转机冷却水	将锅炉侧各种转机冷却水统一回收至炉侧清水池，减少溢流及外排水	0
23	化学废水的综合利用	回收化学制水厂房内的生产废水至冲灰沟，实现化学废水零排放	10
24	铁路残煤清扫回收	燃料煤运输过程中洒落在铁路沿线，清扫回收	0
25	煤粉沉淀池煤泥回收	上煤道冲洗下来的煤粉，在沉淀池内沉积后回收	0
26	引风机冷却水回收	引风机冷却水回收至汽机工业水回收水箱，用于循环水补水	8.6
28	13#冷却塔更换喷嘴	将反射Ⅲ型喷嘴，改为旋转溅水碟式喷嘴，冷却塔出水温度平均低 0.44℃	16.3
29	化学水程序控制工程	化学水制水车间过程自动化，实现制水工艺过程顺序控制及管理系统 DAS 等功能	0
32	加强用水管理	加强用水管理，树立节水意识	0
33	加强环保监控	加强与环境监测部门的联系，准确及时地监控废物的排放情况	0
34	加强巡视检查	加强巡回检查，及时发现问题，杜绝跑、冒、滴、漏事故的发生	0
35	加强设备管理	加强设备维护，防止设备损坏	0

方案编号	方案名称	方案内容	投资/万元
36	降低工业水母管对沉淀池的补水	重新编制水平衡，调整浓缩池水位，降低工业水对沉淀池的补水	0
37	加强设备管理与维护	改善改进设备的管理，维护维修加强现场管理，减少各种跑冒滴漏	0
38	加强燃烧调整减少再热器减温水投入	加强燃烧调整，随时根据负荷及燃烧情况调整一、二次风，及时吹灰、清焦。使减温水投入量稳定在40t以下	0
39	加强入厂煤管理	严格控制入厂煤的含硫量，争取采购低硫、低灰分的煤种	0
40	加强大修期间废油管理	机组大修期间，禁止废油及油布扔入下水，统一回收、处理	0
41	关闭现场内小浴池	加强用水管理，将现场内班组小浴池全部关闭，节省水资源	0
42	加强对岗位人员的技术培训	针对全公司各个岗位，由各相应的专责负责人对本岗位员工进行理论培训和现场实际培训考试，提高全体员工的技术水平	0
43	全能运行值班员的培训	针对现场人员的分布情况，对各专业运行人员进行第二专业的培训和考试，增强运行人员的全面技能，达到一岗多能	0
44	加强运行岗位技能的训练，提高整体管理水平	定期对运行人员进行单项技能训练，反事故演习等，重点提高运行人员的实际操作能力	0
45	加强职工思想意识教育	提高职工的主人翁责任感和环境意识，使广大职工积极参与清洁生产工作	0

（2）中/高费方案汇总

中/高费方案汇总见表9-15。

表9-15　中/高费方案汇总

方案编号	方案名称	方案内容	投资/万元
3	200MW 机组锅炉浓淡燃烧器改造	浓淡燃烧器进行改造，满足锅炉低负荷稳燃，水冷壁不结焦，飞灰含炭量不高于改前值	97
4	1#机组主蒸汽疏水系统阀门更换	原疏水阀门漏泄频繁，更换为无漏泄、免维护阀门	37
5	11#~16#炉点火管路排汽消音器更换	我厂调峰、起停炉频繁，排汽消音器腐蚀磨损严重，消音功能差，全部更换	41.6
6	1#炉过热器安全门更换	原安全门阀座变形，经常漏泄，更换后开启压力准确，密封性好、耐磨、抗冲蚀，寿命长，检修维护方便	58
7	7#机低加芯子更换	加热器堵管较多，影响热量吸收，停机处理影响发电量。更换后消除隐患	45.4
8	20 万机组供热水网改造	更换了三台热网泵和两台热网加热器，增加了供回水管路	200

方案编号	方案名称	方案内容	投资/万元
9	7#机凝结水泵更换	原三台泵损坏严重,泵体漏泄。检修每年耗资6万元,安全性差,更换为立式泵	123
21	总排废水回收	对厂内生产及生活总排废水回收,经生化、物化法处理后,作为循环水补水,提高水资源的利用率,减少外排水对环境的污染	854
22	除灰系统改造	将现有水利除灰系统改为干除灰系统	资金短缺
27	7#机组静电除尘器改造	水膜除尘器改为静电除尘器,提高除尘效率减少烟尘排放量	2000
30	灰场治理	加强灰场管理,分格冲灰,覆土绿化,种植草苜蓿和西瓜	170
31	1#机组除尘器改造	将原三电场改为四电场,进行增效改造,效率为99.70%	资金短缺

(3)暂时搁置方案

暂时搁置方案见表9-16。

表9-16 暂时搁置方案汇总表

方案编号	方案 名 称	方案 内 容	搁置原因
22	除灰系统改造	将现有水利除灰系统改为干除灰系统	资金短缺
31	1#机组除尘器改造	将原三电场改为四电场,进行增效改造,效率为99.70%	资金短缺

五、可行性分析

本阶段是对筛选出的10个中/高费方案进行分析和评估,以选择最佳的可实施的清洁生产方案。其重点是结合市场调查和收集的资料,进行方案的技术、环境、经济的可行性分析和比较,从中选择和推荐最佳的可行方案。

1. 200MW机组锅炉浓淡燃烧器改造

技术评估:燃烧器改造后可保证在燃用设计煤种的条件下预防结焦,经试验及调试后50%负荷条件下稳定燃烧。

环境评估:锅炉低负荷稳燃,减少投油助燃。提高锅炉热效率,节省燃煤量,减少污染物排放。

经济评估:仅此一项每年即可节约燃油费近20万元,如果不进行改造,预期检修费用为32万元,改造费用97万元,两者相差65万元,改造后一个大修期(三年)即可收回全部投资。每年节约30万元。

2. 1#机组主蒸汽疏水系统阀门更换

技术评估:原疏水阀门漏泄频繁,更换为无漏泄、免维护阀门。保证机组安全稳定运行,减小设备维护量,提高机组的等效可用系数。

环境评估:减少废水排放,降低污染物来源,节约标煤,减少污染。

经济评估:减少停机临检,年折合人民币48万元。

3. 11#~16#炉点火管路排汽消音器更换

技术评估：厂调峰、起停炉频繁，排汽消音器腐蚀磨损相当严重，消音功能差，突发噪声污染环境，全部更换后达到预期效果。

环境评估：彻底消除噪音污染，保护环境，达到了预期效果。

经济评估：保证机组安全运行。年节省检修费用 10 万元，同时取得了巨大的环境效益和社会效益。

4. 1#炉过热器安全门更换

技术评估：原安全门阀座变形，保证不了密封，经常漏泄，更换后开启压力准确，密封性好、调整方便、耐磨、抗冲蚀、寿命长，检修维护方便。

环境评估：更换后，减少蒸汽漏泄。

经济评估：年节省检修费用 20 万元，减少起停炉的次数，有利于设备的安全经济运行。

5. 7#机低加芯子更换

技术评估：加热器堵管较多，经常漏泄，影响热量吸收，停机处理影响发电量，增加检修费用及维护量。更换后消除隐患。

环境评估：发挥低加效能，节约标煤 1~2g。

经济评估：减少停运时间，节约标煤多发电，年节约 25 万元。

6. 20 万机组供热水网改造

技术评估：更换了三台热网泵和两台热网加热器，增加了供回水管路，为增大供热面积提供了保证。

环境评估：保证市热网供暖的可靠性。

经济评估：保证供热费回收，节约了大量蒸汽，折合人民币约 50 万元。

7. 7#机凝结水泵更换

技术评估：原三台泵损坏严重，泵体漏泄。检修每年每台耗资 6 万元，安全性差，更换为立式泵。

环境评估：减少凝结水漏泄。

经济评估：有利于设备的安全经济运行。年节省检修费用 18 万元。

8. 总排废水回收

技术评估：对厂内生产及生活总排废水回收，经生化、物化法处理后，作为循环水补水，提高水资源的利用率，减少外排水对环境的污染。

环境评估：厂内废水零排放。

经济评估：废水回收利用，年节约 300 万元。

9. 7#机组静电除尘器改造

技术评估：将原水膜除尘器改为四电场静电除尘器，提高除尘效率，减少烟尘排放量。

环境评估：水膜除尘器改为静电除尘器后，除尘效率可达到 99.6% 以上，除尘器出口烟尘浓度小于 200mg/Nm³，完全可以满足《火电厂大气污染物排放标准》（GB 13223—1996），具有显著的社会效益和经济效益。

经济评估：除尘器改造后，每年减少烟尘排污费 40 万元，同时具有巨大的社会效益。

10. 灰场治理

技术评估：加强灰场管理，分格冲灰，覆土绿化，种植草苜蓿和西瓜。

环境评估：减少扬尘污染环境。

经济评估：草苜蓿喂养牲畜，年产西瓜 50000 余斤，折合人民币 10 万元。

六、方案的实施

通过可行中/高费清洁生产方案的实施，可以使企业实现技术进步，取得明显的环境效果，同时获得经济效益。通过评估已实施清洁生产方案的阶段成果，激励促进企业持续清洁生产。本阶段工作重点为：总结已实施清洁生产方案的成果，筹划可行中/高费清洁生产方案的实施。

1. 已实施无/低费方案汇总

在本轮审核中，实施了 33 个无/低费方案，5 个中费方案，5 个高费方案，由于大量的明显可行的无/低费清洁生产方案从提出到具体实施落实的时间比较短，所以不少明显可行的无费/低费清洁生产方案实施效果需要进一步观察统计、量化、考核、汇总。

已实施无/低费方案效果见表 9-17。

表 9-17 已实施无/低费方案效果一览表

方案编号	方案名称	投资/万元	环境效果	经济效益/（万元/年）
1	人体红外感应喷头替代传统喷头	12	减少污水排放量	每天节水 60t，年折合人民币 6 万元
2	油隔离泵的清洗	10	减少了油到灰场的排放量	每日减少耗油 1t，每吨 4100 元，年节约 150 万元
10	1# 机高加疏水调节器改造	10	提高了高加热量利用率	提高了高加热量利用率
11	输煤栈桥冲洗水	0	节约用水	节约水资源
12	降低循环冷却水塔排污水	0	减耗增效	节约水资源
13	提高设备的保温水平	10	减少能源消耗	降低热损耗
14	调整工艺参数，降低灰水比	0	节能降耗	稳定运行
15	合理配煤	0	降低发电成本，减少污染物排放量，保证大气环境	煤质充分燃烧
16	提高凝汽器真空	0	每天可节煤 10t，减少污染物排放	年节约 60 万元
17	除尘器伴热管蒸汽回收	0	节水，节约热源	节约蒸汽 10t/h
18	现场厕所大修	16	节水，减少废水排放	每天节水 100t，年折合人民币 10 万元
19	回收汽机厂房各种转机冷却水	0	减耗增效	减少工业水用量
20	回收锅炉厂房各种转机冷却	0	减耗增效	减少工业水用量
23	化学废水的综合利用	10	节能降耗	节约冲灰用工业水
24	铁路残煤清扫回收	0	节能降耗，减少污染	年清扫残煤 1000 余吨
25	煤粉沉淀池煤泥回收	0	节能降耗，减少污染	年回收煤泥 500t
26	引风机冷却水回收	8.6	节能降耗，减少污染	节水 31t/h
28	13# 冷却塔更换喷嘴	16.3	节省循环水用量	提高水塔的散热能力
29	化学水程序控制工程	0	测量精确，降低故障率，减少设备损坏	年节约维护费 30 万元

方案编号	方案名称	投资/万元	环境效果	经济效益/(万元/年)
32	加强用水管理	0	节能降耗	节省水费支出
33	加强环保监控	0	减少环境污染	减少环境事故支出
34	加强巡视检查	0	减少污染	使原材料得到充分利用
35	加强设备管理	0	减少跑冒滴漏	保障机组安全运行
36	降低工业水母管对沉淀池的补水	0	减耗增效	减少工业水用量
37	加强设备管理与维护	0	节能降耗	提高设备利用率
38	加强燃烧调整减少再热器减温水投入	0	减少减温水的投入	减少减温水投入，效率提高 0.1%
39	加强入厂煤管理	0	减少 SO_2 排放，减少大气污染	保障机组安全运行
40	加强大修期间废油管理	0	减少废弃物排放	减少污水处理费用
41	关闭现场内小浴池	0	节能降耗	每天节水 30t
42	加强对岗位人员的技术培训	0	节能降耗	保障安全稳定生产
43	全能运行值班员的培训	0	减少能耗	提高操作水平和运行效率
44	加强运行岗位技能的训练，提高整体管理水平	0	节能降耗	提高操作水平和运行效率
45	加强职工思想意识教育	0	节能降耗	提高操作水平和运行效率

2. 已实施中费方案效果

本次审核的 5 个中费方案均已实施，目前阶段效果明显，最终效果有待于运行一个大修期的实践考核。

3. 未实施无/低费方案

本轮清洁生产无/低费方案已全部实施。

4. 高费方案实施计划

高费清洁生产方案实施计划见表 9-18。

表 9-18　高费清洁生产方案实施计划表

方案编号	方案名称	2002 年				2003 年	
		5	5~10	9~10	1~12	上半年	下半年
9	7# 机凝结水泵更换	√					
8	20 万机组供热水网改造			√			
27	7# 机组静电除尘器改造		√				
21	总排废水回收					√	
30	灰场治理				√		

七、持续清洁生产

持续清洁生产是企业清洁生产审核的最后一个阶段。目的是使清洁生产工作在企业内长期、持续的推行下去。本阶段工作重点是建立推行和管理清洁生产工作的组织机构、建立促进实施清洁生产的管理制度、制定持续清洁生产计划以及编写清洁生产审核报告。

1. 持续清洁生产的背景

清洁生产是企业可持续发展的必然选择。通过这次清洁生产评估活动，取得了较好的效果，清洁生产评估小组学会并掌握了一种提高经济效益和降低污染物排放的新思路和新方法，指明了企业今后生存与发展的方向；使领导和职工对清洁生产有了比较深刻的认识，认识到清洁生产的必要性、重要性、急迫性。清洁生产评估活动改变了过去依赖末端治理控制污染的被动模式，转变为主动的污染预防模式。清洁生产评估是一种先进的科学管理方法，企业清洁生产潜力非常巨大。为此，开展持续清洁生产活动是必要的、也是必然的选择。

2. 持续清洁生产的组织落实

清洁生产是一个动态、相对的思想，是一个连续的过程。通过本轮清洁生产评估活动，企业现有的清洁生产小组已经熟练掌握了整个工作程序及方法，并能够抓住重点、把握核心。因此，由厂长挂帅担任组长的清洁生产小组将作为一个常设工作组的形式，持续地开展本企业的清洁生产评估活动。

企业管理是建立现代企业制度的重要课题。一个企业要搞好，两个方面的工作至关重要：一是全面质量管理，另一个是清洁生产。全面质量管理是为了保证产品的质量，清洁生产是为了降低消耗、减少流失、预防污染、提高经济效益和环境效益。抓好这两方面的工作，企业发展就有了可靠的基础和保障。

3. 建立和完善清洁生产的管理制度

本轮清洁生产评估完成之后，取得的初步成果能不能保持下去，持续发挥应有的作用，这是搞好清洁生产评估的关键。为此，需要建立和完善清洁生产管理制度。

(1) 把评估成果纳入企业的日常管理

把清洁生产评估成果及时纳入企业的日常管理轨道，是巩固清洁生产成效、防止走过场的重要手段，特别是通过清洁生产评估产生的一些无/低费方案，把它们形成制度、坚持下去，尤其显得重要。

(2) 清洁生产激励机制

在奖金、工资分配、表彰、批评等诸多方面，充分与清洁生产挂钩，对广大职工进行清洁生产宣传与教育，增加对清洁生产的认识，建立清洁生产激励机制，调动职工参与清洁生产的积极性。

(3) 清洁生产资金保障持续

清洁生产的资金来源可以有多种渠道，但主要是保证实施清洁生产产生的经济效益全部用于清洁生产及审核，以持续滚动的推进清洁生产。

4. 制定持续清洁生产计划

清洁生产工作将在企业内长期、持续的推行下去。持续清洁生产计划见表9-19。

表9-19　持续清洁生产计划

主要计划	主　要　内　容	开始时间	结束时间	负责部门
本轮审核方案的实施计划	加强管理的方案将继续实施，并将方案的一些措施制度化	2002.10	2003.02	清洁生产办公室
	中/高费方案的实施	按预定的实施计划进行		生技部

主要计划	主要内容	开始时间	结束时间	负责部门
下一轮清洁生产审核工作计划	继续征集清洁生产无/低费、中/高费方案，抓紧安排实施经过论证分析可行的具有最大环境、经济、社会效益的方案	2002.12	2003.08	清洁生产办公室
	建立清洁生产岗位责任制，完善清洁生产奖罚制度，保证清洁生产工作持续有效开展	2003.01	2003.06	清洁生产办公室
	拓展合作渠道，不断扩大有关清洁生产方面知识的学时和交流，学习借鉴国内外清洁生产先进经验，细化、深化清洁生产工作	2002.05	2002.12	清洁生产办公室
	制定下一次清洁生产审核重点和人员	2003.01	2003.02	清洁生产办公室
职工的清洁生产培训计划	清洁生产技术培训，定期组织职工学习行业推荐的清洁生产技术，培养职工科技创新能力	每季度一次		清洁生产办公室

第二节　矿业有限责任公司清洁生产审核案例

一、筹划与组织

在企业被市环保局列为 2006 年度清洁生产必须达标企业后，首先邀请咨询单位向企业管理者，讲述了清洁生产相关知识及意义，使企业管理者充分认识到开展清洁生产工作给企业及社会带来的相关效益，对清洁生产有了正确认识。同时，召开了中层以上干部参加的动员会，由咨询单位宣讲了清洁生产知识和法规，在咨询单位的要求和帮助下，企业成立了以公司副总经理为组长的清洁生产领导小组，将常设机构设置在公司总工程师办公室，抽调 2 名专职人员，具体负责该项工作，并负责与咨询单位的联络。从组织机构上明了了开展清洁生产工作的职责、任务和要求，工作人员根据清洁生产审核的要求，结合企业实际情况，在咨询单位的协助和帮助下，制定了清洁生产工作计划，内容包括七个阶段的具体工作任务、工作时间安排等内容。

1. 审核小组

为了保证各部门密切配合使审核工作顺利实施，推选一名矿长任审核小组组长。各主要部门负责人任成员，并且详尽的进行了分工。本轮清洁生产审核领导小组成员及分工职责，见表9-20。

表 9-20　清洁生产审核小组成员表

姓名	审核小组职务	来自部门及职务职称	专业	职责	应投入时间
	组长	矿长	选矿	筹划与组织协调各部门工作	12 天
	副组长	副矿长	选矿	技术负责清洁生产方案审核	12 天
	组员	技术科工程师	选矿	资料收集、物料平衡提出消减方案	专职
	组员	办公室主任	企业管理	负责审核全过程编写报告	专职
	组员	财务科长	会计	协调本部门工作参与审核过程	10 天

2. 审核工作计划

为了顺利完成审核工作配合整体审核进度，按照清洁生产审核工作要求和内容、审核小组首先制定了本轮审核工作计划，见表9-21。

表9-21　审核工作计划表

阶段	工作内容	责任部门	生产
筹划与组织	成立审核小组，组织全员清洁生产培训、资料、方案收集		审核小组、审核工作计划
预评估	现场考察、确定审核重点、研究措施，物质准备		现状调查结论、审核重点清洁　生产目标无/低费方案实施
评估	实测输入、输出、物料平衡、评估与分析废物产生原因		物料平衡、废物产生原因审核重点无/低费方案实施
方案的产生与筛选	对全员所提及现场考察产生方案进行分析和筛选	审核小组	推荐供可行性分析方案
可行性分析	对被选方案进行技术、环境、经济评估推荐可实施方案	审核小组	可行性分析报告
方案实施	对推荐的可实施方案进行组织、计划、实施	审核小组	实施方案
持续清洁生产	完善清洁生产管理制度、制定持续清洁生产计划	审核小组	持续清洁生产审核计划，生产管理制度
审核报告	编写清洁审核报告	审核小组	审核报告

3. 宣传和教育

为了提高企业全体员工对清洁生产工作的认识，改变固有的思想意识，保证审核工作的顺利进行，企业召开了中层干部参加的清洁生产工作动员会。并组织了由全体中层干部及审核小组成员参加的培训，由咨询单位2名优秀的清洁生产审核师进行了清洁生产知识和意义的宣讲。通过培训和座谈，使管理人员和审核小组成员理解了开展清洁生产工作的重要性，并掌握了基本方法。培训结束后，由审核小组成员对企业全体员工进行了培训，提高全体员工对清洁生产审核工作的认识，取得了全体员工的广泛支持。利用企业内部墙报，开辟清洁生产专栏，开展清洁生产合理化建议活动，在企业全体员工中征集合理化建议，为便于合理化建议采集，设置了合理化建议箱。同时审核小组成员深入生产一线，召开一线工人座谈会，达到了较好的效果。

通过上述工作的开展，使企业员工对清洁生产这一概念有了更加明确的认识，积极投入到审核工作中来，改变了原来长期存在员工意识中认为环境保护工作是末端治理，不会给企业带来效益的模糊认识，从而极大地调动了全体员工积极参与的热情。

二、预评估

1. 企业概况

（1）企业概况

某矿业有限责任公司建成试生产，2000年11日取得采矿许可证，2002年7月恢复生产。企业年产 15×10^4 t 矿石、4×10^4 t 铁精粉、品位 65%。年产值 2037 万元，年利税 354 万元。

企业有矿山一座，矿山生产以露天开采为主。矿石总储量 1100×10^4 t，设计生产能力 15×10^4 t。尾矿库 2000 年 8 月开始施工，12 月建成。2002 年 7 月正式投入使用。2004 年 6 月对排水系统进行改造，使用至今。尾矿库初期坝高 4m、库容 159×10^4 m³、服务年限 7~9 年。目前企业共有从业人员 160 人，其中特殊工种 44 人、管理人员 20 人、矿长 1 人、副矿长 3 人。企业下设办公室、财务科、安全科、测绘室等科室。

（2）企业生产现状

企业主要产品为铁精粉品位 65%，主要原料为铁矿石，由矿山供应。

主要生产过程为：破碎、磁选、磨矿等工序组成。工艺流程简述如下：

① 破碎、初选。原料来自于企业自有矿山，采用地上开采方式开采的铁矿石经汽车输送至选厂，进厂堆放于矿石堆场，用装载机将铁矿石送入原矿仓。送至颚式破碎机进行粉碎，经皮带输送机送入圆锥破碎机进行二次破碎，然后经振动筛进行筛分，筛上物料经磁性滚轮磁选后进入细料堆场准备磨矿，筛下物料返回圆锥破碎机重新破碎。

② 磨矿、磁选。细碎石进入一次球磨机内，以水为介质进行研磨，磨好的粉矿进入分级机分级，符合粒度的粉矿进入磁选滚筒进行磁选，不符合粒度的粉矿返回球磨机进行研磨。磁选后的粗精矿，进入二次球磨机内进行研磨，研磨后进入高频筛筛选，不符合粒度要求的粉矿返回二次球磨机进行研磨，符合要求的粉矿进入磁团聚进行磁选。磁选后的粉矿经过滤机去取水分后输送至铁精粉堆场储存，产生的尾矿送至尾矿库储存。

（3）企业环境保护现状

企业至投产以来，始终将环境保护工作作为企业一项重要工作来抓。在项目建设中，严格按照环境影响报告表要求组织项目建设，投入生产以后更是严格加强环境管理，控制污染物的排放量。企业主要污染物：选矿过程中产生的粉尘，选矿过程中产生的废水，设备运行所产生的噪声以及选矿过程产生的废弃石尾矿等。

① 工业粉尘治理措施：破碎过程中产生的粉尘，采取皮带封闭、设备封闭等措施防止粉尘外溢；运输车辆采取封闭处理；对于磨矿、磁选过程产生的粉尘，采取厂房封闭等措施。为保证除尘效果，原料堆场在有风天气洒水一次，进厂道路硬化处理；在干燥、有风天气在厂区附近路段洒水减轻粉尘污染。

② 噪声治理措施：对于各产生噪声的动力设备、采取隔音措施。具体为破碎机、球磨机、震动筛等设备做基础减震处理。

③ 固体废物综合利用措施：废石外售做建材，尾矿砂排入尾矿库储存。

（4）企业近三年原辅材料、能源消耗，生产及生产设备情况

企业历年资源能源利用情况见表 9-22。

企业历年废弃物流情况见表 9-23。

企业历年废物回收利用情况见表 9-24。

企业历年产品情况见表 9-25。

企业历年成本见表 9-26。

企业主要生产设备见表 9-27。

企业环保设施状况见表 9-28。

企业环保达标及污染事故调查见表 9-29。

表 9-22　企业历年资源能源利用情况表

主要原辅料和能源	单位	使用部位	近三年消耗量			近三年单位产品消耗量				备注
			2003	2004	2005	实耗			定额	
						2003	2004	2005		
铁矿石	t	铁选车间				6.91	7.02	7.07		
电	kW·h	铁选车间				111	161	144		30
水	m³	铁选车间				21.84	27.25	18.21		12

注：备注栏对比指标为清洁生产技术要求三级指标。

表 9-23　企业历年废弃物流情况表

类别	名称	近三年排放量/t			近三年单位产品消耗量/(kg/t)				备注
		2003	2004	2005	实排			定额	
					2003	2004	2005		
废水	废水量								3600
	SS	73.870	54.887	56.234	1.83	1.64	1.57		1.08
	COD	40.604	30.170	30.910	1.00	0.90	0.86		1.08
废气	粉尘量	32.37.	20.03.	32.16.	0.8	0.6	0.9		
固废	尾矿				5880	5740	5790		
	干选废石		9375		280	280	280		

注：备注栏对比指标为清洁生产技术要求三级指标。

表 9-24　企业历年废物回收利用情况表

废物回收利用指标	2003	2004	2005
水重复利用率	0	0	0
尾矿综合利用率	0	0	0

表 9-25　企业历年产品情况表

产品名称	生产车间	产品单位	近三年年产量			近三年年产值/万元			占总产值比例	备注
			2003	2004	2005	2003	2004	2005		
铁精粉	铁选车间	t	40468	33390	75738	1348	1957	2022		

表 2-26　企业历年成本表

主要产品	2003	2004	2005
铁精粉/(元/t)	246.99	437.99	445.58

表 2-27　企业选矿厂主要生产设备表

序号	设备名称	规格型号	数量	装机功率/kW
1	给矿机	G26	2	1.8
2	破碎机	400×600-9EF	2	30
3	破碎机	PYZφ 1200	1	110
4	振动筛	SZZ1225	1	5.5

序号	设备名称	规格型号	数量	装机功率/kW
5	皮带机	B650 1台 B500 2台 B600 2台	5	5.5
6	球磨机	MQG2130	1	210
7	球磨机	MQY1840 1台 MQY1545	2	130 180
8	分级机	FG—15	1	7.5
9	磁选机	CPB1018	3	5.5
10	磁选机	CPB7518	2	2.2
11	磁团聚	MHS—1300	1	
12	水泵	60A—8×6	2	75
13	精矿泵	4PWJ台 2PNJ2台	4	30 11
14	尾矿泵	100ZGB	2	90
15	真空泵	SK	1	22
16	过滤机	GYW—8	1	4
17	高频振动筛	HEYS—1200×1	2	5.5
18	尾矿回收机	YCL1000×8	1	3.0

表 9-28　环保设施状况及运行效果

污染物名称	实际处理量		入口浓度			出口浓度			污染物去除量	说明
	平均值	最大值	平均值	最高值	最低值	平均值	最高值	最低值		
COD						48.92	52.05	46.47		企业排放污染物主要为废水与尾矿混合物，故按照环保要求设置尾矿库，进行储存，废水沉淀后排放
SS						89	94	85		

处理方法

尾矿库内修建防洪排水系统，排水系统采用管塔形式，排水管出口设消力池，为防止尾矿污染，对未排放尾矿的库底采用 0.5m 厚的黏土夯实平整，并在上边铺设塑料薄膜进一步防渗；为保护植被，及时复垦

表 9-29　企业环保达标及污染事故调查表

环保达标情况						重大污染事故			
采用的标准			达标情况	排污费		罚款与赔偿	简述	原因分析	处理与善后措施
尾矿库管理，按照《一般工业固体废物储存、处置场污染控制标准》中的相关标准	《大气污染物综合排放指标》(GB—1996)二级标准	《污水综合排放指标》(GB 8978—1996)一级标准	《工业企业厂界噪声指标》(GB—90)Ⅱ类标准	参照上述标准，企业主要污染物为：尾矿、废水、噪声、粉尘等。参照相关标准，已全部达标排放	由于生产至今未发生污染事故及超标排放问题，故不存在罚款与赔偿				

2. 产品排污现状分析

（1）依据国家环境保护总局清洁生产技术要求铁矿采选行业（征求意见稿），与企业实际情况相比较，由于企业由矿山和选矿两部分组成，故分别进行比较，比较情况见表 9-30 所示。

表 9-30　铁矿采选行业清洁生产技术要求比较表(选矿类)

清洁生产技术等级	一级	二级	三级	企业实际
装备要求	采用国际先进的技术装备,自动化水平高	采用国际先进和国内领先相结合的技术装备,自动化水平高	采用国内领先技术装备,淘汰能耗高、效率低的装备	采用国内领先技术装备,淘汰能耗高、效率低的装备
资源能源利用指标				
金属回收率/%	≥85.0	≥80.0	≥70.0	70.71
全员劳动生产率/[t/(人·a)]	≥3000.0	≥2000.0	≥1000.0	605
电耗/(kW·h/t)	≤20.0	≤25.0	≤30.0	144.32
水耗/(m³/t)	≤4.0	≤8.0	≤12.0	18.21
污染物产生指标(末端处理前)				
废水产生量/(m³/t)	≤0.4	≤1.6	≤3.6	17.68
悬浮物产生量/(kg/t)	≤0.03	≤0.24	≤1.08	1.57
CODcr产生量/(kg/t)	≤0.04	≤0.24	≤1.80	0.86
废物回收利用指标				
水循环利用率/%	≥90	≥80	≥70	0
废矿综合利用率/%	≥15	≥10	≥5	0
环境管理要求				
清洁生产审核	按照国家环保总局编制的铁矿采选行业的企业清洁生产审核指南进行了审核			
生产过程环境管理	各岗位操作规程和设备检修制度完善设有专人严格监督执行情况,设备运转完整连续。定期对排水和粉尘进行监测并及时反馈	重点岗位操作规程和重点设备检修制度完善,设有专人监督执行情况,设备故障率较低。定期对排水和粉尘进行监测并及时反馈	定期对设备进行检修和维护,设备故障率较低。定期对排水和粉尘进行监测并及时反馈	定期对设备进行检修和维护,设备故障率较低。定期对排水和粉尘进行监测并及时反馈
环境管理制度	按照 ISO 建立并运行环境管理体系、环境管理手册、程序文件及作业文件齐备	环境管理制度健全,原始记录及统计数据齐全有效	环境管理制度健全,原始记录及统计数据齐全有效	环境管理制度健全,原始记录及统计数据齐全有效
土地复垦(废矿库)	制定有尾矿库复垦规划,有专门的复垦队伍和复垦科研机构,专项资金,尾矿坝坡和闲库区复垦率达70%以上	制定有尾矿库复垦规划,有专门的复垦研究机构和复垦专项资金,尾矿坝坡面和闲库区复垦率达30%以上	制定有废矿库复垦规划,有专门的复垦研究机构和专项资金,有复垦试验区	制定有废矿库复垦规划,有专门的复垦研究机构和专项资金,有复垦试验区

通过上述参照铁矿采选行业清洁生产技术要求进行比较,企业生产过程管理、环境管理制度、土地复垦等方面均可达到三级标准,但能耗指标方面尚显不足,特别是选矿部分电耗、水耗、水重复利用率三项指标超标严重。希望通过本轮清洁生产审核以及审核方案的实施,降低能源消耗。

(2)初步分析产污原因

在收集企业历史资料的基础上,由咨询单位邀请行业技术专家和环保专家,深入企业生产现场进行了现场调研，并根据企业生产工艺，生产情况，找出了物耗高、能耗高和污染物产生量大的关键工序和设备，并确定企业主要污染物为：铁矿石运输及破碎过程产生的粉尘；磨矿磁选过程中产生的尾矿、废水；动力设备运转产生的噪声以及初选产生的碎石等。通过现场调研和考察，咨询单位和有关专家发现，企业目前在原材料消耗及管理、能源综合利用、设备维护保养、管理人员及员工的清洁生产意识、过程控制、生产管理、废物综合利用等方面存在很多不足。具体情况见表9-31。

表9-31 产、排污原因初步分析表

主要废弃物产生源	主要废物	原因分类							
		原辅材料和能源	技术工艺	设备	过程控制	产品	废物特性	管理	员工
粉碎程序	粉尘	进矿矿石粒度过大	粉碎粒度控制不严	除尘设施不配套，设备老化，检修不到位	粗放型管理工作不够细心	附加值较低	工业粉尘	管理力度不够基础工作差	责任心及技术素质较差
磨矿工序	废水	磨矿冷却水未回收	磨矿冷却水流量控制不严	存在跑、冒、滴、漏现象	水压不稳	铁精粉含水率偏高	废水中含有SS及少量COD	管理不严格	员工操作技能较差责任心不强
磨矿工序	尾矿	原矿品位不稳定造成尾矿产生量大	品位配比调整不及时	磁选设备老化效果不佳	计量及化验手段不齐备	尾矿中含有铁金银等金属	可回收利用但价值较小	管理粗放	员工技术素质差责任心不强
粉碎工序	废弃石	原矿中夹带不含铁及品位低下的矿石	来矿品位控制不严格	磁选设备老化效果不佳	管理粗放	为普通石头，含铁量极低	可用于建材行业用于建筑材料	管理粗放	员工技术素质差责任心不强

（3）确定审核重点

根据企业生产特点，主要生产工序为选矿工序，由于生产工艺简单，故企业内部仅设选矿车间，该车间在设备占有率，生产技术要求，生产人员比例，生产过程中能耗、物耗、废弃物产生及排放量等诸多方面，均代表了整个企业的水平，开展清洁生产潜力较大，故直接选定选矿车间为本轮审核重点。

（4）设置清洁生产目标

根据国家环保局清洁生产技术要求，铁矿采选行业（征求意见稿），结合企业实际情况，小组设定以下清洁生产目标，见表9-32。

表9-32 清洁生产目标一览表

序号	项目	现状	近期目标（2006年度）		中期目标（2007年度）	
			绝对量	相对量/%	绝对量	相对量/%
1	电/(kW·h/t)	144	140	3	120	17
2	水/(m³/t)	18	12.0	33	8	75%
3	水重复利用率/%	0	70	70	80	80

注：由于企业电耗超标因素较多，主要反映在原矿的品位及生产工艺设备选型等方面，短期达标较为困难，故目标制定时充分考虑了上述因素，造成达标周期较长。

（5）提出和实施无/低费方案

在审核过程中，审核小组在全企业范围内进行了清洁生产以及实施审核意义的广泛宣传。同时开展了清洁生产知识的培训，广大职工对清洁生产及审核有了较高的认识。争取各部门和广大职工的支持，发挥现场操作工人的积极参与意识，为清洁生产献计献策。根据企业实际，针对企业存在的各种问题，提出了一些无/低费方案，及时改进并加以实施。本阶段提出的比较可行的无/低费方案，见表9-33。

表9-33　预评估阶段　无/低费方案表

方案类型	编号	方案内容	实际情况
技术工艺改造	1	加强地勘工作，对矿山矿石品质严格控制，保证进矿品位	已实施
	2	根据原矿石品质合理搭配选矿工序进料品质	已实施
废物回收和循环使用	3	设备检修排放的废旧机油统一回收，沉淀澄清后使用	已实施
	4	积极与建材、建筑单位联系提高废弃石，尾矿等综合利用出路	已实施

三、评估

评估阶段的主要工作是通过审核重点的物料平衡、发现物料流失环节，找出废弃物产生的原因；查找物料输入、输出平衡，并进行衡算；查找生产运行管理以及废弃物排放等方面存在的问题。为此咨询单位组织技术专家和方法学专家组成的审核小组，与企业相关人员对企业审核重点铁选车间，从工艺过程、物料平衡现状等方面进行了初步调查，并确定了检测周期及内容。同时对参加监测人员进行了培训，为保证数据真实可靠，咨询单位及企业共同对监测仪表进行了确定，保证测量精度，为数据的真实性提供了可靠保证。

1. 审核重点概况

（1）概况

选矿车间主要由破碎、磨矿、磁选等工序组成，主要设备包括，颚式粉碎机、圆锥粉碎机、磁选滚筒、震动筛、球磨机、分级机等设备。由于企业规模较小，长期处于粗放型的管理模式，故车间内部管理基础较差，员工技术素质不高，责任心不强，根据其生产工艺，通过参照国内同行业工业对比，属于水平较为原始的一般生产水平，各种资源浪费现象均存在，清洁生产潜力较大。

（2）审核重点工艺流程图

审核重点工艺流程见图9-5所示。

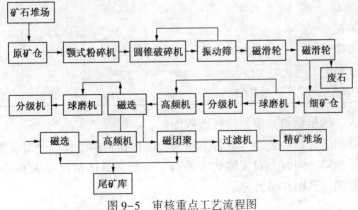

图9-5　审核重点工艺流程图

（3）审核重点单元操作功能

审核重点单元操作功能见表9-34所示。

表9-34　审核重点单元操作功能表

序号	操作说明	功　　能
1	破碎	将原矿石采用二级破碎工艺进行破碎，为磨矿工艺做好前期准备
2	磁选	将矿石中的铁精粉分离出来，完成磁选过程
3	磨矿	以水为介质，采用球磨机将碎矿磨成粉矿，完成由碎矿到粉矿过程
4	过滤	采用真空过滤机，将铁精粉中水分去除，完成精矿过滤过程

2. 物料平衡

（1）物料实测时间及周期的确定

由于选矿车间的工艺流程较短，通常原料经过破碎、球磨、磁选、过滤到精粉产出，一个周期仅为几十分钟，所以确定物料实测周期为72h。

（2）实测审核重点的输入和输出物流

制定实测方案，对选厂的输入和输出物流进行了72h实际监测。于9月30日开始实测，历时3天对全部物料的投入、产品的产出以及废物的排放数据做了详细记录。审核重点物流实测数据见表9-35。

表9-35　审核重点物流实测数据表

序号	检测点名称	计量器具	实测结果				备注
			2006. 9. 30	2006. 10. 1	2006. 10. 2	平均值	
1	来矿量	核子秤	933	923	881	912	
2	新鲜水	水表	2749	2769	2402	2640	
3	电	电表					
4	来矿品位	化验	21. 12	21. 34	18. 51	20%	
5	铁精粉	核子秤	155	140	141	145	
6	铁精粉品位	化验	64. 62	64. 89	64. 79	64. 77%	
7	工艺损失水	物料衡算	275	278	241	264. 4	
8	外排水	流量计	2460	2480	2151	2364	
9	尾矿	物料衡算	729	733	695	719	
10	尾矿品位	化验	6. 23	6. 00	5. 43	5. 89%	
11	废弃石	打方	37	38	33	36	
12	废弃石品位	化验	6. 2%	5. 9%	4. 7%	5. 6%	
13	精粉含水率	化验	9	8	7	8%	
14	精粉含水	物料衡算	14	11	10	11. 6	

（3）汇总输入、输出物料并编制物料流程图

通过对实测数据的计算、处理，进行了输入、输出物料的汇总。并对实测输入、输出物料相对误差进行了计算，同时，对实测代表进行了分析，具体情况见表9-36。并绘制了输入、输出物流流程图，见图9-6所示。

212

图 9-6　输入、输出物流流程图

表 9-36　物料平衡实测数据汇总表

项目	输　入	输　出	备　注
物料方面	矿石进矿量：912t/d 品位：20%	甩石量：36T/d 尾矿砂：719t/d 铁精粉：145t/d 品位：64.77%	金属回收率51.84%，误差为1.33%在清洁生产误差范围5%之内。本次实测反映生产规模为年处理矿石27.36×10⁴t。产铁精粉4.35×10⁴t，基本与企业实际生产规模相符
水	新鲜水：2640 m³/d	铁精粉带水：11.60 m³/d 工艺损失水：264.4 m³/d 外排水：2364 m³/d	吨精粉水耗：18.2m³水重复利用率：0% 工艺用水损失包括：车间用水渗漏，尾矿坝渗水蒸发等
电	实测耗电量/(kW·h/d)		吨精粉耗电110kW·h/t

从表9-36实测数据汇总表可以看出，数据基本可靠，且本次实测反映的生产规模基本与企业正常生产规模相符。所以本次实测结果可作为对生产过程进行分析评估的依据。

（4）建立物料平衡

为了准确判断废物流产生环节，定量地确定产品物耗、能耗等方面水平，有针对性地制定清洁生产方案，以达到"节能、降耗、减污增效"的目的。根据物料平衡原理：物质输入=物质输出，建立的物料平衡见图9-7，水平衡见图9-8，并绘制了金属分布见图9-9。

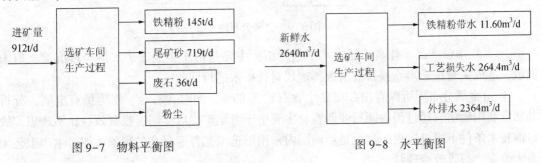

图 9-7　物料平衡图　　　　　　　　　　　图 9-8　水平衡图

3. 分析物料损失及废弃物产生原因

根据所建立的物料平衡和选矿车间的生产情况，从影响废物流的八个方面入手，对生产过程进行了评估，见表9-37。发现了一些问题，针对审核重点提出并实施了明显的简单易行的清洁生产方案。

根据物料平衡、水平衡、金属分布的情况分析，以及废物产生重点原因分析，咨询单位与企业相关人员共同研究，发现了如下问题，制定了初步解决方案：

① 由于矿石品位不稳定，造成金属回收率低，从而造成精粉产量低，各种消耗指标上升，应对入选矿石品位加强控制，合理搭配，提高生产效率。

② 单位产品耗电指标远远高出标准指标，主要原因为原矿品位低下，造成产量偏低，原设备选型不合理，生产连续性较差，特别是粉碎工序，设备选型问题较大。同时由于设备装机功率大，电网存在高位谐波等因素，造成电耗升高，为此建议对大型机进行监测，并根据监测结果，制定相应的改造方案。

表 9-37　审核重点废物产生原因分析表

废物产生部位	废物名称	影响因素							
		原辅材料和能源	技术工艺	设备	过程控制	产品	废物特性	管理	员工
破碎工序	粉尘噪声	原料为矿石破碎时需破碎到一定粒径，故会产生粉尘及噪声	工艺要求需破碎矿石，故产生粉尘及噪声	设备运转产生噪声，无除尘系统，无集尘措施	皮带运输过程中产生粉尘，无除尘措施	矿粉	无组织排放	加强管理	提高员工责任心
球磨工序	噪声废水	矿物与水混合加工	需将矿物磨到一定粒径		设备运转时产生噪声并外溅废水	矿水混合物		加强管理	提高员工责任心
磁选工序	废水尾矿砂	矿物与水混合	选出含铁物质，其余水的混合物排至尾矿库		设备运转时外溅废水	铁精粉		加强管理	提高员工责任心

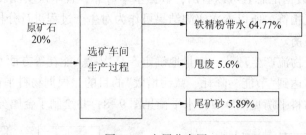

图 9-9　金属分布图

③ 单位产品水耗高，通过水平衡分析，主要是由于企业选矿水虽经过沉淀，但未回收，造成大量选矿水直接排放所致，建议对选矿水进行回收。

④ 由金属分布图可以看出，尾矿中含有铁 5.89%，同时含有金、银等稀有金属，分析其回收利用价值，通过国内同行业调查，主要由于对尾矿提取金属，投资效益比不理想，故目前技术条件下很难实现，这也是目前国内采用磁选工艺普遍存在的现象，如对生产工艺无重大改变，很难改变现状。

四、方案产生与筛选

1. 方案总汇

（1）方案产生

通过在企业内部进行清洁生产重大意义的广泛宣传，同时分期分批对员工进行清洁生产知识培训，充分调动员工清洁生产的积极性。审核小组采用征求清洁生产合理建议的方式，发动广大员工对清洁生产献计献策，审核小组对合理化建议进行了整理和初步筛选，结合生产实际及原辅料、能源、技术、设备、过程控制产品、废弃物、管理和员工等八个方面整理汇总了 22 条方案。为下步进行方案汇总和筛选做好了准备工作。

（2）方案汇总

审核小组对收集整理出来的清洁生产方案进行了汇总，具体见表 9-38。

为了使筛选工作有的放矢。结合企业实际情况，确定投资 2 万元以下为低费，投资 2 万～10 万元为中费，10 万元以上为高费。同时与咨询单位共同研究，初步预测了方案的经济效果和环境效果。

表 9-38　方案汇总表

方案类型	方案编号	方案名称	方案简介	预计投资	预计效果	
					环境效果	经济效果
技术工艺改造	F1	输料皮带封闭	破碎工序数输料皮带加盖封闭减少粉尘排放	0.5 万元	年减少粉尘 9.59t	
	F2	设备用电避峰运行	生产时间集中在谷、平两时段以减少电费			减少电费 45.37 万元
	F3	增加锤破工序	破碎工序粒度过大，增加磨矿负荷，增加锤被工序，降低粒度，提高生产能力，降低消耗	8 万元	节电 15.12 万 kW·h/a	减少电费 8.32 万元
	F4	尾矿浓缩	对尾矿进行浓缩、建立浓缩池及脱水机	150 万元	减少废水排放量，增加循环水量	40 万元/年
	F5	生产给水增加调节池	原给水方式为直供，电耗浪费严重，增加调节池以调节用水峰谷，达到节电目的	1.5 万元	节电 5.4kW·h/a	减少电费 2.97 万元
	F6	沙泵配水系统改造	沙泵配水槽容积过小，造成沙泵气蚀严重，加大配水槽容积	0.53 万元		年节约设备维修费 1.5 万元
	F7	选矿水回归	原选矿水全部直接排放，决定经沉淀后全部回收使用	20 万元	年减少废水排放量 58.25×10^4m^3	年节约水量 58.25×10^4m^3，折合节约资金 99.025 万元
	F8	尾矿输送管道改造	现采用磁钢管道耐磨性较差更换频繁，应采用新型耐磨管材替代	15 万元	减少资源浪费，防止跑矿事故发生	节约生产费用 12 万元/年
	F9	尾矿输送增加备用管道	按照技术规范，尾矿输送必须配备备用管道	12 元	防止跑矿事故发生	保证生产连续性
设备维护和更新	F10	安装电机防护罩	恢复电机防护罩			
	F11	高频振动筛更换	原振动筛分效率低，粒度大	10 万元	节电 15.12×10^4kW·h/a	节约资金 7.56 万元
	F12	对粉碎工序振动筛进行大修	更换筛网，恢复振动功能	0.27 万元	节电 2.16×10^4kW·h/a	节约电费 1.19 万元

方案类型	方案编号	方案名称	方案简介	预计投资	预计效果	
					环境效果	经济效果
过程优化控制	F13	完善入矿量、计量	安装计量皮带称	1万元	减少资源浪费	间接经济效益
	F14	检修设备	对各种设备"跑、冒、滴、漏"现象进行处理		减少废水排放量1.87t/a	节约水费1.12万元/年
废物回收利用和循环使用	F15	润滑油回收	对各种设备旧润滑油进行回收沉淀后重复使用		减少废油排放量1.87t/a	节约费用1.85万元/年
	F16	对尾矿废石进行综合利用	积极开拓废物利用途径提高综合利用率		减少环境污染	增加经济收入
加强管理	F17	加强设备管理	建立和完善设备管理制度		减少环境污染	间接经济效益
	F18	修旧利废	开展修旧利废活动		减少资源浪费	节约生产费用1.8万元/年
	F19	建立合理化建议奖励制度	制定合理化建议奖励制度			潜在经济效益
	F20	加强生产记录管理	加强现场记录为企业管理提供基础资料			间接经济效益
员工素质提高	F21	强化岗位责任制	对员工进行岗位责任制定期培训		减少废水排放量0.22×10^4 m^3/a	节约水费0.37万元
	F22	提高员工素质	对员工进行技术培训,并制定相关制度			间接经济效益

2. 方案筛选

审核小组汇总了各方面提出的方案及合理化建议共计22条,对其中一些简单易行的无/低费方案,进入了实施阶段,而对部分无/低费方案及中/高费方案进行了初步筛选,并从中推荐几个可行性比较明显的方案供可行性分析。由于企业生产工艺简单,方案比较直观,故企业与咨询单位协商,采用简易筛选法对方案进行筛选,具体结果见方案简易筛选表9-39。

表9-39 方案简易筛选表

方案编号	方案名称	简易分析				结论
		技术可行性	环境可行性	经济可行性	可实施性	
F1	输料皮带封闭	√	√	√	√	√
F2	设备用电避峰运行	√	√	√	√	√
F3	增加锤破工序	√	√	√	√	√
F4	尾矿浓缩	√	√	√	×	×
F5	生产给水增加调节池	√	√	√	√	√
F6	沙泵配水系统改造	√	√	√	√	√
F7	选矿水回归	√	√	√	√	√
F8	尾矿输送管道改造	√	√	√	√	√
F9	尾矿输送增加备用管道	√	√	√	√	√

方案编号	方案名称	简易分析				结论
		技术可行性	环境可行性	经济可行性	可实施性	
F10	安装电机防护罩	√	√	√	√	√
F11	高频振动筛更换	√	√	√	√	√
F12	对粉碎工序振动筛进行大修	√	√	√	√	√
F13	完善入矿量．计量	√	√	√	√	√
F14	检修设备	√	√	√	√	√
F15	润滑油回收	√	√	√	√	√
F16	对尾矿废石进行综合利用	√	√	√	√	√
F17	加强设备管理	√	√	√	√	√
F18	修旧利废	√	√	√	√	√
F19	建立合理化建议奖励制度	√	√	√	√	√
F20	加强生产记录管理	√	√	√	√	√
F21	强化岗位责任制	√	√	√	√	√
F22	提高员工素质	√	√	√	√	√

根据筛选结果(见表9-40)中/高费方案5项全部可行，一项方案不可行。由于方案较多，全部实施企业目前有困难，为此咨询单位组织专家与企业人员采用权重总和记分排序法，共同对方案进行了选择，确定方案 F7、F11 两个方案为近期可实施的中/高费方案，进行可行性分析。其他方案暂缓实施，具体情况见表9-41。

表 9-40　方案筛选结果汇总表

筛选结果	方案编号	方案名称
可行的无/低费方案	F1	输料皮带封闭
	F2	设备用电避峰运行
	F5	生产给水增加调节池
	F6	沙泵配水系统改造
	F10	安装电机防护罩
	F12	对粉碎工序振动筛进行大修
	F13	完善入矿量．计量
	F14	检修设备
	F15	润滑油回收
	F16	对尾矿废石进行综合利用
	F17	加强设备管理
	F18	修旧利废
	F19	建立合理化建议奖励制度
	F20	加强生产记录管理
	F21	强化岗位责任制
	F22	提高员工素质
初步可行的中/高费方案	F3	增加锤破工序
	F7	选矿水回收
	F8	尾矿输送管道改造
	F9	尾矿输送增加备用管道
	F11	高频振动筛更换
不可行方案	F4	尾矿浓缩

表 9-41　方案权重总和计分排序表

权重因素	权重值	方案得分($R=1\sim10$)									
		方案 F3		方案 F7		方案 F8		方案 F9		方案 F11	
		R	$R×W$	R	$R×W$	R	$R×W$	R	$R×W$	R	$R×W$
环境效果	10	5	50	9	90	8	80	8	80	8	80
经济可行性	8	6	48	8	64	4	32	5	40	8	64
技术可行性	7	6	42	7	49	5	35	5	35	7	49
可实施性	6	5	30	6	36	6	30	5	30	6	36
总分($\sum W×R$)			170		239		177		185		229
排序			5		1		4		3		2

3. 方案研制

根据对方案的筛选结果，得到方案 F7、F11 为初步可行的中/高费方案，咨询单位专家与企业相关人员，共同深入现场，制定了详细的方案，并对设备选型等问题，向企业提供了大量同行业信息，经双方共同努力，制定具体实施方案，具体见表 9-42。

表 9-42　方案说明表

编号及名称	方案 F7 选矿水回收	方案 F11 高频振动筛更换
要点	原选矿水直接排放尾矿库未回收，利用封闭管道配置调节沉淀池，经沉淀后，输送入选矿工序循环使用	原振动筛，筛分效率低，设备老化严重，更换新型高频电磁振网筛
主要设备	沉淀池、水泵	高频电磁振网筛
主要经济技术指标包括费用和效益)	年节水 $58.25×10^4$t，节约水资源费 99.025 万元，预计投资 20 万元	年节电 $15.12×10^4$kW·h，节约电费 7.56 万元，预计投资 10 万元
可能的环境影响	年减少废水排放量 58.25t，减少了对周围环境的影响	减少资源浪费

五、可行性分析

本阶段是对筛选出来的中/高费方案进行分析和评估，为方案实施提供决策依据，以减少方案实施可能带来的不利影响，降低企业投资风险。为保证分析效果，咨询单位组织了行业专家与企业技术人员，共同进行了研究探讨，并参照同行业的先进技术进行比对，对方案技术性做了深入研究，在确定技术可行的前提下，依照清洁生产可行性分析的相关要求，组织相关人员对方案的经济效果、环境效果等方面进行了详细评估，并参照评估标准进行了详细比对。

1. 方案(F7)选矿水回收

（1）技术评估

选矿废水主要由球磨机冷却水和尾矿库上清液组成，通过类比调查，原料铁矿石的化学成分主要为 Fe_3O_4、SiO_2，重金属和有害物质 P、S 含量很低。采用磁选法选矿工艺，废水中无有害物质，主要污染物为 SS，经沉淀后可全部回用生产，故方案技术上可行。

（2）环境评估

由于 F7 方案属于工业循环水利用项目，不但不会对环境带来任何影响，而且可以提高水的重复利用率，减少废水排放量，减轻对周围环境的影响，所以方案环境评估可行。

（3）经济评估

① 方案投资与经济效益。方案 F7 工作内容包括：沉淀池配水系统改造，增加输水管路一条，合计投资 7.5 万元。方案 F7 回收系统包括：沉淀池，提升泵，输送管道等设施，共需投资 20 万元，实施后每年可节约生产用水 $58.25 \times 10^4 m^3$，节约水资源费 99.025 万元。

② 经济评估指标：

a. 总投资费用：$I = 投资 - 补贴 = 20 - 0 = 20$（万元）

b. 年净现金量：$F = 销售收入 - 经营成本 - 各类税 + 年折旧费$

由于项目不产生新产品，没有销售收入，故上式不适合，年净现金量以年节约价值加设备折旧费计算。$F = 年节约价值 + 年设备折旧费 = 99.025 + 20/5 = 103.025$（万元）

c. 投资偿还期：$N = I/F = 20/103.025 = 0.19$（年）

d. 净现值：贴现率按 6%，折旧年限按 5 年，查表得 $j = 4.2124$，所以净现值为：
$$NPV = 103.025 \times 4.2124 - 20 = 413.98（万元）> 0$$

e. 净现值率：$NPVR = NPV/I \times 100\% = 413.98/20 \times 100\% = 2069.9\%$

f. 内部收益率：$IRR > 40\%$

2. 方案（F11）高频振动筛更换

（1）技术评估

原振动筛由于结构不合理，设备老化严重，造成筛分效率低下，现决定采用高频电磁振网筛进行替代，该振网筛广泛应用于选矿厂，在合适的给矿浓度、给矿细度（细度为-200 目粒度含量）的条件下，筛分效率高，一般筛分分级效率可达 50% 左右，效率可达 80% 左右。由于筛分效率高，可大幅度降低循环负荷和筛上物中合格粒级含量，从而提高了一段磨机的小时处理能力（一般可提高 5%~10%）。筛下物料品位提高幅度大，一方面对筛下物料粒度控制严格，可避免过粗粒子对精矿质量的不利影响；另一方面矿浆在筛面高频小振幅振荡下，有按密度分层作用。高密度的小颗粒移动至物料层下部，接触筛网机会比较多，透筛几率大，提高了筛下物的品位，故技术上先进，成熟可靠。

（2）环境评估

由于方案的实施，年可以节电 $15 \times 10^4 kW \cdot h$，不但不会对环境产生影响，而且可以减少资源浪费，所以方案 F11 环境评估可行。

（3）经济评估

① 方案投资与经济效益。方案 F11 主要内容为采用新型高频电磁振网筛替代原有振动筛，共需投资 10 万元，实施后年可节电 $15 \times 10^4 kW \cdot h$，节约生产成本 7.56 万元。

② 经济评估指标

a. 总投资费用：$I = 投资 - 补贴 = 10 - 0 = 10$（万元）

b. 年净现金量：$F = 销售收入 - 经营成本 - 各类税 + 年折旧费$

由于项目为节能项目，不会产生产品，故上述公式不适合，年净现金量：节约费用 + 年折旧费 $= 7.56 + 10/5 = 9.56$（万元）。

c. 投资偿还期：$N = I/F = 10/9.56 = 1.05$（年）

d. 净现值：贴现率按 6%，折旧年限按 5 年 查表得 $j = 4.2124$，所以净现值 $NPV = 30.29$

e. 净现值率 $NPVR = NPV/I \times 100\% = 30.27/10 \times 100\% = 302.7\%$

f. 内部收益率：$IRR > 40\%$

3. 经济评估汇总

经济评估汇总见表9-43。

表9-43 方案经济评估指标汇总表

经济评估指标	方案 F7	方案 F11
总投资费用 I	20 万元	10 万元
年运行费用总节省 P	99.05 万元	7.56 万元
新增设备折旧费	4 万元	2 万元
年增加现金流量 F	103.25 万元	9.56 万元
投资偿还期 N	0.19 年	1.05 年
净现值 NPV	413.98 万元	30.27 万元
净现值率 $NPVR$	2069.9%	302.7%
内部效益率 IRR	>40%	>40%

评估标准：中费方案偿延期 $N<2\sim3$ 年，高费方案 $N<5$ 年，净现值 $NPV\geqslant0$。净现值最高为佳。内部收益率（IRR）应大于基准收益率或银行贷款利率，通过上述分析比较 F7、F11 方案经济评估可行。

4. 推荐方案

综上分析，方案 F7 与 F11 技术、环境、经济评估方面均可行，因此确定方案 F7、F11 为推荐方案。

六、方案的实施

本阶段工作主要是通过推荐方案的实施，推动企业技术进步，并获得显著的经济和环境效益，评价方案实施绩效，激励企业清洁生产的积极性。为了保证方案顺利实施，咨询单位与企业共同研究了实施计划和安排；同时企业积极筹措资金，从物资方面予以保证。在项目实施后，双方人员共同对方案实施绩效进行了统计分析，在绩效分析过程中，咨询单位对企业统计方法进行了指导和监督，达到了客观真实反映实施绩效的目的，并将绩效在企业内部予以公示，以激励企业清洁生产积极性。

1. 已实施无/低费方案情况简述

根据前阶段审核工作的成果，简单易行的无/低费方案：F1、F2、F5、F6、F10、F13、F14、F15、F16、F17、F18、F19、F20、F21、F22 等 16 项无/低费方案全部可行，企业方案落实后，立即组织人力、物力、财力集中进行了实施，目前已全部实施完毕。

2. 汇总已实施无/低费方案成果及效益分析

本轮审核中，审核小组本着边审核边实施的原则，及时实施了一部分无/低费方案，并获得了较好的经济效益和环境效益，具体见表9-44~表9-46。

表9-44 无/低费方案实施效果的核定与汇总表

方案编号	方案名称	实施时间	投资	年运往费	年经济效益	环境效果
F1	输料皮带封闭	2006.8	0.5万元		减少排污费 0.2 万元	根据环境影响评价监测数据，年产生粉尘量为 12t，封闭后年减少粉尘排放量 9.59t

方案编号	方案名称	实施时间	投资	年运往费	年经济效益	环境效果
F2	设备用电避峰运行	2006.8			电费差价 0.3 万元 峰值电量：5264kW·h/日 日节约电费：1579 元 年节约电费，以每年 300 天计为 47.37 万元	减少资源浪费
F6	沙泵配水系统改造	2006.9	0.5 万元		年节约设备维修费 1.5 万元	
F5	生产给水增加调节池	2006.11	1.5 万元		日节电：148kW·h，以运行天数 365 天计年节电 5.4×10^4kW·h 电费按 0.55 元/kW·h 计，年节约电费 2.97 万元	节电 5.4×10^4kW·h/a
F10	安装电机防护罩	2006.9				
F12	对粉碎工序振动筛进行大修	2006.10	0.2 万元		小时节电 14kW·h，日节电 336kW·h 年生产天数按 300 天计，年节电 2.16×10^4kW·h 电费按 0.55 元/kW·h 计，年节约电费 1.19 万元	节电 5.43×10^4kW·h/a
F13	完善入矿计量	2006.9	1 万元		间接经济效益	减少资源浪费
F14	检修设备	2006.9			年节约水费 1.22 万元	减少废水排放量 0.72 $\times 10^4$m³
F15	润滑油回收	2006.9			年节约费用 1.35 万元	减少废油排放量 1.8t/a
F16	对尾矿和废石进行综合利用	2006.8			增加经济收入	减少废弃物排放
F17	加强设备管理	2006.10			潜在经济效益	减少环境污染
F18	修旧利废	2006.9			月节约生产费用 0.15 万元，年节约费用 1.8 万元	减少资源浪费
F19	建立合理化建议奖励制度	2006.10			潜在经济效益	
F20	加强生产记录管理	2006.10			潜在经济效益	
F21	强化岗位责任制	2006.9			减少生产过程水损失，每小时按 0.3m³ 计，年生产天数按 300 天计，水费按 1.7 元/m³ 计，年节约水费 0.37 万元	减少废水排放量 0.22 $\times 10^4$m³/a
F22	提高员工素质	2006.9			潜在经济效益	减少资源浪费

注：累计实施无/低费方案 16 项，年经济效益 57.77 万元，总投资 3.7 万元，年减少工业粉尘量 9.59t，减少废水排放量 0.943 $\times 10^4$m³，减少废油排放量 1.8t，节约电力 7.56 $\times 10^4$kW·h。

表 9-45 已实施的无/低费方案经济效果对比表

编号	项目方案名称		原材料费用	煤炭费用	水费	电费	维修费用
F2	生产用电避峰运行	实施前				263.18 万元/a	
		实施后				215.81 万元/a	
		经济效益				47.37 万元/a	
F5	生产给水增加调节池	实施前				263.18 万元/a	
		实施后				260.21 万元/a	
		经济效益				2.97 万元/a	
F6	沙泵配水系统改造	实施前					17.5 万元/a
		实施后					16 万元/a
		经济效益					1.5 万元/a
F12	对粉碎工序震动筛进行大修	实施前				263.18 万元/a	
		实施后				262.199 万元/a	
		经济效益				1.19 万元/a	
F14	检修设备	实施前			134.64 万元/a		
		实施后			133.42 万元/a		
		经济效益			1.22 万元/a		
F15	润滑油回收	实施前	2.5 万元/a				
		实施后	1.15 万元/a				
		经济效益	1.35 万元/a				
F15	润滑油回收	实施前					
		实施后	月可节约 0.15 万元				
		经济效益	1.8 万元/a				
F21	强化岗位责任制	实施前			134.64 万元/a		
		实施后			134.27 万元/a		
		经济效益			0.37 万元/a		

表 9-46 已实施无/低费方案环境效果对比表

编号	项目方案名称		资源消耗			废弃物产生			
			物耗	水耗	电耗	废水	废气	固废	废油
F1	输料皮带封闭	实施前				12.1t/a			
		实施后				2.51t/a			
		经济效益				9.59t/a			
F5	生产给水系统增加调节池	实施前			478.5×10^4 kW·h/a				
		实施后			473.1×10^4 kW·h/a				
		经济效益			5.4×10^4 kW·h/a				

编号	项 目 方案名称		资源消耗			废弃物产生			
			物耗	水耗	电耗	废水	废气	固废	废油
F12	对粉碎工序震动筛进行大修	实施前			$478.5×10^4$ kW·h/a				
		实施后			$473.34×10^4$ kW·h/a				
		经济效益			$2.16×10^4$ kW·h/a				
F15	检修设备	实施前		$79.20×10^4$ m^3/a		70.92 $×10^4 m^3/a$			
		实施后		$78.48×10^4$ m^3/a		70.2 $×10^4 m^3/a$			
		经济效益		$0.72×10^4$ m^3/a		0.72 $×10^4 m^3/a$			
F15	润滑油回收	实施前	3.3t/a						
		实施后	1.5t/a						
		经济效益	1.8t/a						
F21	强化岗位制	实施前		$79.20×10^4$ m^3/a					
		实施后		$78.98×10^4$ m^3/a					
		经济效益		$0.22×10^4$ m^3/a					

3. 中/高费实施的情况简述。

已通过可行性研究的方案 F7、F11，企业集中人力、物力、财力进行了实施。为保证项目的实施，详细安排了实施进度，见表9-47。其余中/高费方案由于企业目前生产情况所限，暂不实施，留下轮审核进行可行性分析，并实施。

表 9-47　方案实施进度表

方案名称：选矿水回收

编号	任务	期限	时标 2006 年												负责部门
			1	2	3	4	5	6	7	8	9	10	11	12	
F7	方案设计 方案施工 系统调试	10 天 50 天 7 天													生产计划科 生产计划科 生产计划科

方案名称：高频振动筛更换

编号	任务	期限/天	时标 2006 年												负责部门
			1	2	3	4	5	6	7	8	9	10	11	12	
F11	设备采购 设备安装调试	10 15													生产计划科 生产计划科

4. 资金筹措

完成以上中/高费方案(F7、F11)需固定资产投入 30 万元，资金由企业自筹解决。

5. 评价已实施的中/高费方案成果

通过中/高费方案 F7、F11 的实施，不但给企业带来了可观的经济效益，同时减少了废弃物的排放。具体情况见表 9-48、表 9-49。

表 9-48　已实施中/高费方案经济效益对比一览表

方案编号	方案项目		方案计量单位指标	原材料能源费/元	其他/元	净利润	备注
F7	选矿水回收	实施前	吨精粉耗水 18.21× 1.7 元	31			
		实施后	吨精粉耗水 3.53× 1.7 元	6			
		实施前后之差	14.68m³/吨精粉	25		25 元/t 精粉	
F11	高频振动筛更换	实施前	吨精粉耗电 144 kW·h×0.5 元	72			
		实施后	吨精粉耗电 140 kW·h×0.5 元	70			
		前后之差	4kW·h/t 精粉	2		2 元/t 精粉	

表 9-49　已实施中/高费方案环境效益对比一览表

方案编号	方案项目		资源消耗		废弃物产生		
			原矿石	耗水	耗电	工业粉尘/(t/a)	原矿/(t/a)
F7	选矿水回收	实施前		18.21m³/t 精粉			
		实施后		3.53m³/t 精粉			
		实施前后之差		14.68m³/t 精粉			
F11	高频振动筛更换	实施前			144kW·h/t 精粉		
		实施后			140kW·h/t 精粉		
		前后之差			4kW·h/t 精粉		

6. 分析总结已实施方案对企业的影响

(1) 本轮清洁生产目标完成情况

本轮清洁生产目标完成情况见表 9-50。

表 9-50　2006 年清洁生产目标完成

序号	项目	目标		实际完成	
		绝对量	相对量/%	绝对量	相对量/%
1	电/(kW·h/t)	140	31	138	101
2	水/(m³/t)	12	33	3.53	71
3	水重复利用率	70	70	81	115.5

（2）本轮清洁生产审核经济指标完成情况

通过实施的 16 项无/低费方案，2 项中/高费方案，企业每年可获得直观经济效益 164.36 万元，总投资 33.7 万元，投入产出比为 4.88 :1。

（3）本轮清洁生产审核取得的环境效益

① 减少废水排放量：$59.19 \times 10^4 m^3/a$；

② 粉尘排放量：9.59t/a；

③ 废油排放量：1.8t/a；

④ 节电：$22.68 \times 10^4 kW \cdot h$；

⑤ COD：28956kg；

⑥ SS：52679kg。

（4）完成情况分析

通过上述情况分析，本轮审核较好地完成了预设的审核目标。但电耗情况不理想，主要是生产效率低，原矿品位不稳定，设备配置不尽合理所致。

7. 清洁生产水平的确定

通过企业实际生产指标，参照国家采选行业清洁生产技术要求，比较情况见表 9-51 企业部分指标可达到三级标准。其他指标尚有差距，主要原因如下：

① 由于原矿品位过低，造成铁精粉收得率及生产效率低。

② 采用磁选工艺，由于工艺简单，也是造成精粉品位低及产量低的主要原因。

③ 设备配置，尚有不足之处，造成生产效率偏低。

综上所述：清洁生产水平属国内清洁生产基本水平，达到国家三级标准尚有差距。

表 9-51　审核前后企业各项单位产品指标对比表

单位产品指标	审核前	审核后	差值	清洁生产技术要求三级标准
单位产品耗水/(t/t)	18	3.53	14.47	12
单位产品耗电/(kW·h/h)	144	138	6	30
水重新利用率/%	0	81	81	70

七、持续清洁生产

清洁生产是一项长期的持续工作，新的问题会不断产生，在不同时期会有不同的审核重点，不同的无/低费和中/高方案产生。清洁生产要循序渐进，不断发现新的清洁生产机会。所以公司必须做到：建立和完善清洁生产组织；完善清洁生产管理制度；持续清洁生产计划以实现长期、持续地推行清洁生产，达到"节能、降耗、环保、增效"的目的。

第三节　化工企业清洁生产审核案例分析

一、企业简介

某化学（集团）有限公司始建于 1956 年，员工 1522 人，占地面积 $37 \times 10^4 m^2$，是国家重点氯碱化工企业和省、市基本化工原料生产的大型骨干企业，主要生产烧碱、液氯、盐酸、次氯酸钠（漂白水）、压缩氢气、氯醋共聚树脂、山梨醇等化工原料及硬 PVC 塑料给排水管材管件系列产品。

二、清洁生产的实施

2003 年 1 月，该公司在环境保护研究所的指导下开始实施清洁生产审核工作，2004 年 4 月，公司被市列为清洁生产试点单位之一。

1. 清洁生产的策划与组织

（1）组织建设

为确保清洁生产工作的顺利开展，公司成立了由公司董事长、总经理挂帅的清洁生产审核领导小组，小组成员包括主管企业管理、技术、生产的副总经理、总工程师，生产分厂厂长，技术、生产、物资、财务等部门经理若干人，并明确了相应的职责。

（2）编制审核计划

审核小组成立后，编制了清洁生产审核工作计划，使得清洁生产审核工作按一定的程序和步骤进行。针对公司产品种类多的特点，公司领导决定将首轮清洁生产的审核按产品的分类进行，通过员工们对产品工艺流程和对清洁生产审核的深入了解，依据产品的特性进行方案的筛选和评估、实施。根据国家环保总局《企业清洁生产审核手册》的要求，本轮清洁生产审核共分为策划与组织、预评估、评估、方案产生和筛选、可行性分析、方案实施和持续清洁生产 7 个阶段进行。

（3）广泛开展宣传、培训、教育工作

通过召开专题讲座，邀请咨询顾问对企业中层以上领导干部培训清洁生产审核的策划和实施要点，组织审核小组的成员参加了清洁生产审核培训班及 ISO 14001 的环境管理体系内审员培训班的学习，并通过计算机网络传递发布至相关管理人员。对于广大的职工，则通过各种宣传标语、板报等进行全员教育，同时组织了全体员工"清洁生产知识"测验，取得了较好的效果，使广大员工深刻认识到开展清洁生产的意义与作用，为开展清洁生产审核工作打下了基础。

2. 清洁生产预评估

（1）确定审核重点

对公司近 3 年来产品的产出物耗、能耗、产污和排污，以及环保达标、总量控制执行情况进行分析汇总。确定出审核的重点应放在污染物产量大、排放量大的氯产品分厂盐酸工段及原盐消耗较大的烧碱分厂盐水工段。

（2）设置清洁生产目标

在确定审核重点后，为推动企业清洁生产审核工作，设置了全公司的清洁生产目标，作为各部门实施清洁生产的动力方向。清洁生产目标见表 9-52。

表 9-52　清洁生产目标

项目	2002 年	2003 年	2004 年
COD 排放/(t/a)	268	220	190
盐酸单位耗水量/(t/a)	14.6	10	8
卤水代替原盐比例/%	10	15	25

3. 清洁生产评估

组织工艺技术人员对审核重点盐水工段和盐酸工段进行物料输入与输出的实测，建立物

226

料平衡，从中找出并分析废弃物产生的原因。

4. 方案的产生和筛选

清洁生产方案的数量、质量和可实施性直接关系到企业清洁生产审核的成效。方案的产生是清洁生产审核过程的一个关键环节。因此，公司推行清洁生产以来，在全公司范围内利用各种渠道和多种方式，进行宣传动员，鼓励全体员工提出清洁生产方案和合理化建议。通过实例教育，使员工克服思想障碍，并制定了合理化建议奖等激励机制。通过各类板报宣传和各种类型的座谈会、交流会，使员工了解如何从原辅材料及能源的替代、技术工艺改造、设备维护和更新、过程优化控制、产品更改或改进、废物回收利用和循环使用、加强管理、员工素质的提高以及积极性的激励等 8 个方面考虑清洁生产的方案。同时组织工程技术人员广泛收集国内外同行业的先进技术情况，并以此为基础，结合公司的实际情况，提出各类合理化建议 42 条，经过筛选，将相同的进行汇总，产生了 34 个方案。其中无/低费方案 27 个，中/高费方案 7 个。

5. 可行性分析

对筛选确定的各个中/高费方案进行可行性分析，即进行方案的技术、环境、经济评估，进行费用-收益综合分析，以选择技术上可行又可获得环境、经济和社会效益的清洁生产方案。分析结果见表 9-53。

6. 清洁生产方案的实施

(1) 方案的实施

根据投资费用、经济效益、方案实施的难易，以及环境效益等综合分析，以上 7 个方案均推荐分期实施，所有方案均计划于 2004 年底前完成。截止到 2004 年 12 月底，所有方案均已完成，通过实际统计，方案的实施效果基本与预计效果相符合，共投资 625 万元，产生经济效益 432 万元，主要在能源消耗、污染物排放上实现清洁生产，产生了显著的环境和经济效益。

表 9-53　中/高费方案分析结果

序号	方案名称	方案简述	环境与经济效益
1	提高用卤比例，回收硫酸钡，降低成本	为了减少了盐酸的排放，同时减少原盐的用量，选择卤水(采矿废水)代替原盐作为原料进行生产。由于卤水中含有对制碱反应有害的硫酸根离子，因此必须在电解之前予以去除。为此采用氯化钡去除硫酸根离子，同时生成硫酸钡副产品	方案总投资 280 万元，减少盐泥排放 300t/a，减少原盐 14748t/a，年利润 301.4 万元
2	引进盐酸"三合一炉"	盐酸生成工艺主要设备为铁合成炉、空气冷却器、石墨冷却器、降膜吸收塔，该设置庞大，产品中含有微量的重金属，必须采用新的生产工艺	方案总投资 55 万元，采用盐酸"三合一炉"简化了生产流程，减少了 30 个设备和管道的漏点，消除了产品中的重金属，水流泵用水采用循环方式，减少废水及尾气的排放
3	二级泵房请对水泵供水技改	公司清水泵电机功率过大，与实际供水要求不匹配，存在"大马拉小车"现象，能耗大。通过变频技改，实现恒压供水，节约用电	方案总投资 18 万元，年节约用电 23.19×10⁴kW·h，节约电费 12.29 万元

序号	方案名称	方案简述	环境与经济效益
4	隔膜电解槽石棉废水治理	原石棉废水治理设施比较简单，出水不能稳定达标。且废水含碱量较高，未进行回收。重新上一套治理设施，解决超标问题，1440t/a 含碱废水全部回收送码头盐水工序化盐	方案实现了废水零排放，综合利用，节约用水 1440t/a。项目总投资 18.8 万元。减少排污费 3.5 万元/a
5	金属槽扩张阳极配改性膜电槽技术改造	原电槽阴阳极的极距较大，会造成电解时电槽电压过高，电压效率过低。通过改进扩张阳极电槽技术可减少阴阳极间距，降低槽电压 0.15V 左右，改性隔膜比普通隔膜减薄 220%~25%，能延长隔膜的使用寿命半年以上	方案总投资 110 万元，每年可节电 $157×10^4$kW·h，年利润 68.25 万元
6	氢泵节能技改	使用一台生产能力较大的罗茨鼓风机替代 4 台氢泵，同时加装 ECO/160 变速调频器，采用闭环控制的方法，实现电解氢气槽压自动控制，降低氢气输送的电力消耗和冷却水的用量	方案总投资 61 万元，每年可节电 $170×10^4$kW·h，节水 7.5t/a，年节约电费 85 万元，节约电费 7.65 万元
7	盐酸冷却水回收利用	盐酸生产的冷却水水温高，直接排放，水资源利用率低，为此对系统进行改造，利用智能供水系统实现冷却水回收，达到循环利用，节约资源的目的	方案总投资 83 万元，年节水 $102×10^4$t，节约水费 63.7 万元

（2）清洁生产审核效果

通过实施清洁生产审核，企业能耗大幅降低，实施清洁生产前后的能耗变化见表9-54。

表 9-54　能耗对比情况

项目	时间		对比情况(±%)
	2002 年(1~11 月)	2004 年(1~11 月)	
万元产值综合能耗/(kg 标煤/万元)	5126	4178	-18.5
电/(kW·h/万元)	10276	8356	-18.7
蒸汽/(kg/万元)	7386	6178	-16.4
水/(m³/万元)	38	24	-36.8

通过实施清洁生产审核，企业实现了预期的目标，取得了巨大的环境和经济效益，具体内容见表9-55、表9-56。

表 9-55　清洁生产审核效果

项目	实施前(2002 年)	2004 年目标值	目前情况	方案实施前后比较
COD_{Cr} 排放/(t/a)	268	190	159	-109
盐酸单位耗水量/(t/a)	14.6	8	7.17	-7.43
卤水代替原盐比例/%	10	25	27	17
卤水代替原盐量/t	11010	24000	25758	+14784

表 9-56　清洁生产绩效表

项　目	环　境　效　益	经济效益/（万元/a）
节约电耗	$350 \times 10^4 kW \cdot h/a$	182
节约水耗	$178 \times 10^4 t/a$	138
减少蒸汽消耗	$7082t/a$	83.7
减少原盐消耗	$14748t/a$	301.4
减少盐泥排放	$300t/a$	—
永久消除四氯化碳	对臭氧层的破坏 $200t/a$	
合计	—	705.2

7. 持续清洁生产

清洁生产并非一朝一夕就可以完成，因而应制定持续清洁生产计划，使清洁生产有组织、有计划、有步骤地在企业中进行下去。公司确定了持续清洁生产的下一步计划：

（1）下一轮清洁生产审核工作计划

① 确定新一轮的审核重点，并提出新的清洁生产目标；

② 逐步进行物料、能量、热力平衡测试；

③ 产生方案、分析筛选方案、组织方案的实施；

④ 对方案实施效果进行汇总评估，分析方案对企业的影响。

（2）下一轮清洁生产审核的重点项目

① 继续实施卤水代盐方案，不断持续提高卤水使用比例；

② 实施电解工艺装备节能技术改造；

③ 实施液氯节能技术改造；

④ 制定系统氯气泄漏环保应急预案；

⑤ 制定企业员工的清洁生产培训计划。

复习思考题

1. 企业如何设置清洁生产审核目标？

2. 举例说明物料平衡在企业清洁生产审核中的作用。

3. 结合实例，谈谈如何提出清洁生产方案。

4. 试述如何使企业持续开展清洁生产。作为一名清洁生产审核师，应如何协助企业开展清洁生产审核？

附录

附录一　国际清洁生产宣言

1998 年 9 月 29 日由联合国环境署国际清洁生产高层研讨会在韩国通过，中国国家环境保护总局副局长王心芳代表中国政府于当日签署该宣言。

我们认识到实现可持续发展是一种集体责任，保护全球环境的行动必须包括采用改善的可持续生产与消费实践。

我们相信清洁生产及其他预防性战略，例如生态效率、绿色生产率和污染预防是较好的方案，它们需要适当措施的发展、支持和实施。

我们理解清洁生产是一种适用于工艺、产品和服务的一体化预防性战略的不断运用，以追求经济的、社会的、健康的、安全的和环境的效益。

为此，我们承诺：

领导关系 利用我们的影响

● 通过我们与利害攸关者的关系，鼓励采用可持续生产与消费实践。

意识、教育和培训 能力建设

● 通过在我们组织内部制订和实施意识、教育和培训计划；

● 通过鼓励把这些概念和原则纳入各级教育课程中。

一体化　鼓励　预防性战略　一体化

● 到我们组织的所有层次中；

● 在环境管理体系内；

● 通过利用环境表现评估、环境会计学、环境影响评价、寿命周期评价和清洁生产评价等工具。

研究与开发 创造革新性解决办法

● 通过在我们的研究与开发政策和活动中促进优先级从尾端战略向预防性战略转变；

● 通过支持环境上高效率的和满足消费者需要的产品与服务的开发。

沟通　共享我们的经验

● 通过扶持关于预防性战略实施的对话和让外部利害攸关者了解他们的效益。

实施 采取行动以采用清洁生产

● 通过所建立的管理体系确定挑战性目标并经常报告进展；

● 通过鼓励预防性技术方案上新的和追加的融资与投资，促进各国之间的环境无害技术合作与转让；

● 通过与联合国环境署及其他伙伴和利害攸关者合作，以支持本宣言和评议其实施的成功。

附录二 中华人民共和国清洁生产促进法

（2002 年 6 月 29 日第九届全国人民代表大会常务委员会第二十八次会议通过）

《中华人民共和国清洁生产促进法》已由中华人民共和国第九届全国人民代表大会常务委员会第二十八次会议于 2002 年 6 月 29 日通过，现予公布，自 2003 年 1 月 1 日起施行。

中华人民共和国主席　江泽民

2002 年 6 月 29 日

目　录

第一章　总则

第一条　为了促进清洁生产，提高资源利用效率，减少和避免污染物的产生，保护和改善环境，保障人体健康，促进经济与社会可持续发展，制定本法。

第二条　本法所称清洁生产，是指不断采取改进设计、使用清洁的能源和原料、采用先进的工艺技术与设备、改善管理、综合利用等措施，从源头削减污染，提高资源利用效率，减少或者避免生产、服务和产品使用过程中污染物的产生和排放，以减轻或者消除对人类健康和环境的危害。

第三条　在中华人民共和国领域内，从事生产和服务活动的单位以及从事相关管理活动的部门依照本法规定，组织、实施清洁生产。

第四条　国家鼓励和促进清洁生产。国务院和县级以上地方人民政府，应当将清洁生产纳入国民经济和社会发展计划以及环境保护、资源利用、产业发展、区域开发等规划。

第五条　国务院经济贸易行政主管部门负责组织、协调全国的清洁生产促进工作。国务院环境保护、计划、科学技术、农业、建设、水利和质量技术监督等行政主管部门，按照各自的职责，负责有关的清洁生产促进工作。

县级以上地方人民政府负责领导本行政区域内的清洁生产促进工作。县级以上地方人民政府经济贸易行政主管部门负责组织、协调本行政区域内的清洁生产促进工作。县级以上地方人民政府环境保护、计划、科学技术、农业、建设、水利和质量技术监督等行政主管部门，按照各自的职责，负责有关的清洁生产促进工作。

第六条　国家鼓励开展有关清洁生产的科学研究、技术开发和国际合作，组织宣传、普及清洁生产知识，推广清洁生产技术。

国家鼓励社会团体和公众参与清洁生产的宣传、教育、推广、实施及监督。

第二章 清洁生产的推行

第七条 国务院应当制定有利于实施清洁生产的财政税收政策。

国务院及其有关行政主管部门和省、自治区、直辖市人民政府，应当制定有利于实施清洁生产的产业政策、技术开发和推广政策。

第八条 县级以上人民政府经济贸易行政主管部门，应当会同环境保护、计划、科学技术、农业、建设、水利等有关行政主管部门制定清洁生产的推行规划。

第九条 县级以上地方人民政府应当合理规划本行政区域的经济布局，调整产业结构，发展循环经济，促进企业在资源和废物综合利用等领域进行合作，实现资源的高效利用和循环使用。

第十条 国务院和省、自治区、直辖市人民政府的经济贸易、环境保护、计划、科学技术、农业等有关行政主管部门，应当组织和支持建立清洁生产信息系统和技术咨询服务体系，向社会提供有关清洁生产方法和技术、可再生利用的废物供求以及清洁生产政策等方面的信息和服务。

第十一条 国务院经济贸易行政主管部门会同国务院有关行政主管部门定期发布清洁生产技术、工艺、设备和产品导向目录。

国务院和省、自治区、直辖市人民政府的经济贸易行政主管部门以及环境保护、农业、建设等有关行政主管部门，组织编制有关行业或者地区的清洁生产指南和技术手册，指导实施清洁生产。

第十二条 国家对浪费资源和严重污染环境的落后生产技术、工艺、设备和产品实行限期淘汰制度。国务院经济贸易行政主管部门会同国务院有关行政主管部门制定并发布限期淘汰的生产技术、工艺、设备以及产品的名录。

第十三条 国务院有关行政主管部门可以根据需要批准设立节能、节水、废物再生利用等环境与资源保护方面的产品标志，并按照国家规定制定相应标准。

第十四条 县级以上人民政府科学技术行政主管部门和其他有关行政主管部门，应当指导和支持清洁生产技术和有利于环境与资源保护的产品的研究、开发以及清洁生产技术的示范和推广工作。

第十五条 国务院教育行政主管部门，应当将清洁生产技术和管理课程纳入有关高等教育、职业教育和技术培训体系。

县级以上人民政府有关行政主管部门组织开展清洁生产的宣传和培训，提高国家工作人员、企业经营管理者和公众的清洁生产意识，培养清洁生产管理和技术人员。

新闻出版、广播影视、文化等单位和有关社会团体，应当发挥各自优势做好清洁生产宣传工作。

第十六条 各级人民政府应当优先采购节能、节水、废物再生利用等有利于环境与资源保护的产品。

各级人民政府应当通过宣传、教育等措施，鼓励公众购买和使用节能、节水、废物再生利用等有利于环境与资源保护的产品。

第十七条 省、自治区、直辖市人民政府环境保护行政主管部门，应当加强对清洁生产实施的监督；可以按照促进清洁生产的需要，根据企业污染物的排放情况，在当地主要媒体上定期公布污染物超标排放或者污染物排放总量超过规定限额的污染严重企业的名单，为公众监督企业实施清洁生产提供依据。

第三章　清洁生产的实施

第十八条　新建、改建和扩建项目应当进行环境影响评价，对原料使用、资源消耗、资源综合利用以及污染物产生与处置等进行分析论证，优先采用资源利用率高以及污染物产生量少的清洁生产技术、工艺和设备。

第十九条　企业在进行技术改造过程中，应当采取以下清洁生产措施：

（一）采用无毒、无害或者低毒、低害的原料，替代毒性大、危害严重的原料；

（二）采用资源利用率高、污染物产生量少的工艺和设备，替代资源利用率低、污染物产生量多的工艺和设备；

（三）对生产过程中产生的废物、废水和余热等进行综合利用或者循环使用；

（四）采用能够达到国家或者地方规定的污染物排放标准和污染物排放总量控制指标的污染防治技术。

第二十条　产品和包装物的设计，应当考虑其在生命周期中对人类健康和环境的影响，优先选择无毒、无害、易于降解或者便于回收利用的方案。

企业应当对产品进行合理包装，减少包装材料的过度使用和包装性废物的产生。

第二十一条　生产大型机电设备、机动运输工具以及国务院经济贸易行政主管部门指定的其他产品的企业，应当按照国务院标准化行政主管部门或者其授权机构制定的技术规范，在产品的主体构件上注明材料成分的标准牌号。

第二十二条　农业生产者应当科学地使用化肥、农药、农用薄膜和饲料添加剂，改进种植和养殖技术，实现农产品的优质、无害和农业生产废物的资源化，防止农业环境污染。

禁止将有毒、有害废物用作肥料或者用于造田。

第二十三条　餐饮、娱乐、宾馆等服务性企业，应当采用节能、节水和其他有利于环境保护的技术和设备，减少使用或者不使用浪费资源、污染环境的消费品。

第二十四条　建筑工程应当采用节能、节水等有利于环境与资源保护的建筑设计方案、建筑和装修材料、建筑构配件及设备。

建筑和装修材料必须符合国家标准。禁止生产、销售和使用有毒、有害物质超过国家标准的建筑和装修材料。

第二十五条　矿产资源的勘查、开采，应当采用有利于合理利用资源、保护环境和防止污染的勘查、开采方法和工艺技术，提高资源利用水平。

第二十六条　企业应当在经济技术可行的条件下，对生产和服务过程中产生的废物、余热等自行回收利用，或者转让给有条件的其他企业和个人利用。

第二十七条　生产、销售被列入强制回收目录的产品和包装物的企业，必须在产品报废和包装物使用后对该产品和包装物进行回收。强制回收的产品和包装物的目录和具体回收办法，由国务院经济贸易行政主管部门制定。

国家对列入强制回收目录的产品和包装物，实行有利于回收利用的经济措施；县级以上地方人民政府经济贸易行政主管部门应当定期检查强制回收产品和包装物的实施情况，并及时向社会公布检查结果。具体办法由国务院经济贸易行政主管部门制定。

第二十八条　企业应当对生产和服务过程中的资源消耗以及废物的产生情况进行监测，

并根据需要对生产和服务实施清洁生产审核。

污染物排放超过国家和地方规定的排放标准，或者超过经有关地方人民政府核定的污染物排放总量控制指标的企业，应当实施清洁生产审核。

使用有毒、有害原料进行生产或者在生产中排放有毒、有害物质的企业，应当定期实施清洁生产审核，并将审核结果报告所在地的县级以上地方人民政府环境保护行政主管部门和经济贸易行政主管部门。

清洁生产审核办法，由国务院经济贸易行政主管部门会同国务院环境保护行政主管部门制定。

第二十九条　企业在污染物排放达到国家和地方规定的排放标准的基础上，可以自愿与有管辖权的经济贸易行政主管部门和环境保护行政主管部门签订进一步节约资源、削减污染物排放量的协议。该经济贸易行政主管部门和环境保护行政主管部门，应当在当地主要媒体上公布该企业的名称以及节约资源、防治污染的成果。

第三十条　企业可以根据自愿原则，按照国家有关环境管理体系认证的规定，向国家认证认可监督管理部门授权的认证机构提出认证申请，通过环境管理体系认证，提高清洁生产水平。

第三十一条　根据本法第十七条规定，列入污染严重企业名单的企业，应当按照国务院环境保护行政主管部门的规定，公布主要污染物的排放情况，接受公众监督。

第四章　鼓励措施

第三十二条　国家建立清洁生产表彰奖励制度。对在清洁生产工作中做出显著成绩的单位和个人，由人民政府给予表彰和奖励。

第三十三条　对从事清洁生产研究、示范和培训，实施国家清洁生产重点技术改造项目和本法第二十九条规定的自愿削减污染物排放协议中载明的技术改造项目，列入国务院和县级以上地方人民政府同级财政安排的有关技术进步专项资金的扶持范围。

第三十四条　在依照国家规定设立的中小企业发展基金中，应当根据需要安排适当数额用于支持中小企业实施清洁生产。

第三十五条　对利用废物生产产品的和从废物中回收原料的，税务机关按照国家有关规定，减征或者免征增值税。

第三十六条　企业用于清洁生产审核和培训的费用，可以列入企业经营成本。

第五章　法律责任

第三十七条　违反本法第二十一条规定，未标注产品材料的成分或者不如实标注的，由县级以上地方人民政府质量技术监督行政主管部门责令限期改正；拒不改正的，处以五万元以下的罚款。

第三十八条　违反本法第二十四条第二款规定，生产、销售有毒、有害物质超过国家标准的建筑和装修材料的，依照产品质量法和有关民事、刑事法律的规定，追究行政、民事、刑事法律责任。

第三十九条　违反本法第二十七条第一款规定，不履行产品或者包装物回收义务的，由县级以上地方人民政府经济贸易行政主管部门责令限期改正；拒不改正的，处以十万元以下的罚款。

第四十条　违反本法第二十八条第三款规定，不实施清洁生产审核或者虽经审核但不如实报告审核结果的，由县级以上地方人民政府环境保护行政主管部门责令限期改正；拒不改正的，处以十万元以下的罚款。

第四十一条　违反本法第三十一条规定，不公布或者未按规定要求公布污染物排放情况的，由县级以上地方人民政府环境保护行政主管部门公布，可以并处十万元以下的罚款。

第六章　附则

第四十二条　本法自 2003 年 1 月 1 日起施行。

附录三　中华人民共和国环境保护法

（1989 年 12 月 26 日第七届全国人民代表大会常务委员会第十一次会议通过
1989 年 12 月 26 日中华人民共和国主席令第二十二号公布施行）

目 录

第一章　总　则

第一条　为保护和改善生活环境与生态环境，防治污染和其他公害，保障人体健康，促进社会主义现代化建设的发展，制定本法。

第二条　本法所称环境，是指影响人类生存和发展的各种天然的和经过人工改造的自然因素的总体，包括大气、水、海洋、土地、矿藏、森林、草原、野生生物、自然遗迹、人文遗迹、自然保护区、风景名胜区、城市和乡村等。

第三条　本法适用于中华人民共和国领域和中华人民共和国管辖的其他海域。

第四条　国家制定的环境保护规划必须纳入国民经济和社会发展计划，国家采取有利于环境保护的经济、技术政策和措施，使环境保护工作同经济建设和社会发展相协调。

第五条　国家鼓励环境保护科学教育事业的发展，加强环境保护科学技术的研究和开发，提高环境保护科学技术水平，普及环境保护的科学知识。

第六条　一切单位和个人都有保护环境的义务，并有权对污染和破坏环境的单位和个人进行检举和控告。

第七条　国务院环境保护行政主管部门，对全国环境保护工作实施统一监督管理。

县级以上地方人民政府环境保护行政主管部门，对本辖区的环境保护工作实施统一监督管理。

国家海洋行政主管部门、港务监督、渔政渔港监督、军队环境保护部门和各级公安、交通、铁道、民航管理部门，依照有关法律的规定对环境污染防治实施监督管理。

县级以上人民政府的土地、矿产、林业、农业、水利行政主管部门，依照有关法律的规定对资源的保护实施监督管理。

第八条　对保护和改善环境有显著成绩的单位和个人，由人民政府给予奖励。

第二章　环境监督管理

第九条　国务院环境保护行政主管部门制定国家环境质量标准。

省、自治区、直辖市人民政府对国家环境质量标准中未作规定的项目，可以制定地方环境质量标准，并报国务院环境保护行政主管部门备案。

第十条　国务院环境保护行政主管部门根据国家环境质量标准和国家经济、技术条件，制定国家污染物排放标准。

省、自治区、直辖市人民政府对国家污染物排放标准中未作规定的项目，可以制定地方污染物排放标准；对国家污染物排放标准中已作规定的项目，可以制定严于国家污染物排放标准的地方污染物排放标准。地方污染物排放标准须报国务院环境保护行政主管部门备案。

凡是向已有地方污染物排放标准的区域排放污染物的，应当执行地方污染物排放标准。

第十一条　国务院环境保护行政主管部门建立监测制度，制定监测规范，会同有关部门组织监测网络，加强对环境监测的管理。

国务院和省、自治区、直辖市人民政府的环境保护行政主管部门，应当定期发布环境状况公报。

第十二条　县级以上人民政府环境保护行政主管部门，应当会同有关部门对管辖范围内的环境状况进行调查和评价，拟订环境保护规划，经计划部门综合平衡后，报同级人民政府批准实施。

第十三条　建设污染环境的项目，必须遵守国家有关建设项目环境保护管理的规定。

建设项目的环境影响报告书，必须对建设项目产生的污染和对环境的影响作出评价，规定防治措施，经项目主管部门预审并依照规定的程序报环境保护行政主管部门批准。环境影响报告书经批准后，计划部门方可批准建设项目设计任务书。

第十四条　县级以上人民政府环境保护行政主管部门或者其他依照法律规定行使环境监督管理权的部门，有权对管辖范围内的排污单位进行现场检查。被检查的单位应当如实反映情况，提供必要的资料。检查机关应当为被检查的单位保守技术秘密和业务秘密。

第十五条　跨行政区的环境污染和环境破坏的防治工作，由有关地方人民政府协商解决，或者由上级人民政府协调解决，作出决定。

第三章　保护和改善环境

第十六条　地方各级人民政府，应当对本辖区的环境质量负责，采取措施改善环境质量。

第十七条　各级人民政府对具有代表性的各种类型的自然生态系统区域，珍稀、濒危的野生动植物自然分布区域，重要的水源涵养区域，具有重大科学文化价值的地质构造、著名溶洞和化石分布区、冰川、火山、温泉等自然遗迹，以及人文遗迹、古树名木，应当采取措施加以保护，严禁破坏。

第十八条　在国务院、国务院有关主管部门和省、自治区、直辖市人民政府划定的风景名胜区、自然保护区和其他需要特别保护的区域内，不得建设污染环境的工业生产设施；建设其他设施，其污染物排放不得超过规定的排放标准。已经建成的设施，其污染物排放超过规定的排放标准的，限期治理。

第十九条　开发利用自然资源，必须采取措施保护生态环境。

第二十条　各级人民政府应当加强对农业环境的保护，防治土壤污染、土地沙化、盐渍化、贫瘠化、沼泽化、地面沉降和防治植被破坏、水土流失、水源枯竭、种源灭绝以及其他生态失调现象的发生和发展，推广植物病虫害的综合防治，合理使用化肥、农药及植物生长激素。

第二十一条　国务院和沿海地方各级人民政府应当加强对海洋环境的保护。向海洋排放污染物、倾倒废弃物，进行海岸工程建设和海洋石油勘探开发，必须依照法律的规定，防止对海洋环境的污染损害。

第二十二条　制定城市规划，应当确定保护和改善环境的目标和任务。

第二十三条　城乡建设应当结合当地自然环境的特点，保护植被、水域和自然景观，加强城市园林、绿地和风景名胜区的建设。

第四章　防治环境污染和其他公害

第二十四条　产生环境污染和其他公害的单位，必须把环境保护工作纳入计划，建立环境保护责任制度；采取有效措施，防治在生产建设或者其他活动中产生的废气、废水、废渣、粉尘、恶臭气体、放射性物质以及噪声、振动、电磁波辐射等对环境的污染和危害。

第二十五条　新建工业企业和现有工业企业的技术改造，应当采用资源利用率高、污染物排放量少的设备和工艺，采用经济合理的废弃物综合利用技术和污染物处理技术。

第二十六条　建设项目中防治污染的设施，必须与主体工程同时设计、同时施工、同时投产使用。防治污染的设施必须经原审批环境影响报告书的环境保护行政主管部门验收合格后，该建设项目方可投入生产或者使用。

防治污染的设施不得擅自拆除或者闲置，确有必要拆除或者闲置的，必须征得所在地的环境保护行政主管部门同意。

第二十七条　排放污染物的企业事业单位，必须依照国务院环境保护行政主管部门的规定申报登记。

第二十八条　排放污染物超过国家或者地方规定的污染物排放标准的企业事业单位，依照国家规定缴纳超标准排污费，并负责治理。水污染防治法另有规定的，依照水污染防治法的规定执行。

征收的超标准排污费必须用于污染的防治，不得挪作他用，具体使用办法由国务院规定。

第二十九条　对造成环境严重污染的企业事业单位，限期治理。

中央或者省、自治区、直辖市人民政府直接管辖的企业事业单位的限期治理，由省、自治区、直辖市人民政府决定。市、县或者市、县以下人民政府管辖的企业事业单位的限期治理，由市、县人民政府决定。被限期治理的企业事业单位必须如期完成治理任务。

第三十条　禁止引进不符合我国环境保护规定要求的技术和设备。

第三十一条　因发生事故或者其他突然性事件，造成或者可能造成污染事故的单位，必须立即采取措施处理，及时通报可能受到污染危害的单位和居民，并向当地环境保护行政主管部门和有关部门报告，接受调查处理。

可能发生重大污染事故的企业事业单位，应当采取措施，加强防范。

第三十二条　县级以上地方人民政府环境保护行政主管部门，在环境受到严重污染威胁居民生命财产安全时，必须立即向当地人民政府报告，由人民政府采取有效措施，解除或者减轻危害。

第三十三条　生产、储存、运输、销售、使用有毒化学物品和含有放射性物质的物品，必须遵守国家有关规定，防止污染环境。

第三十四条　任何单位不得将产生严重污染的生产设备转移给没有污染防治能力的单位使用。

第五章　法律责任

第三十五条　违反本法规定，有下列行为之一的，环境保护行政主管部门或者其他依照法律规定行使环境监督管理权的部门，可以根据不同情节给予警告或者处以罚款：

（一）拒绝环境保护行政主管部门或者其他依照法律规定行使环境监督管理权的部门，现场检查或者在被检查时弄虚作假的。

（二）拒报或者谎报国务院环境保护行政主管部门规定的有关污染物排放申报事项的。

（三）不按国家规定缴纳超标准排污费的。

（四）引进不符合我国环境保护规定要求的技术和设备的。

（五）将产生严重污染的生产设备转移给没有污染防治能力的单位使用的。

第三十六条　建设项目的防治污染设施没有建成或者没有达到国家规定的要求，投入生产或者使用的，由批准该建设项目的环境影响报告书的环境保护行政主管部门责令停止生产或者使用，可以并处罚款。

第三十七条　未经环境保护行政主管部门同意，擅自拆除或者闲置防治污染的设施，污染物排放超过规定的排放标准的，由环境保护行政主管部门责令重新安装使用，并处罚款。

第三十八条　对违反本法规定，造成环境污染事故的企业事业单位，由环境保护行政主管部门或者其他依照法律规定行使环境监督管理权的部门，根据所造成的危害后果处以罚款；情节较重的，对有关责任人员由其所在单位或者政府主管机关给予行政处分。

第三十九条　对经限期治理逾期未完成治理任务的企业事业单位，除依照国家规定加收超标准排污费外，可以根据所造成的危害后果处以罚款，或者责令停业、关闭。

前款规定的罚款由环境保护行政主管部门决定。责令停业、关闭，由作出限期治理决定的人民政府决定；责令中央直接管辖的企业事业单位停业、关闭，须报国务院批准。

第四十条　当事人对行政处罚决定不服的，可以在接到处罚通知之日起十五日内，向作出处罚决定的机关的上一级机关申请复议；对复议决定不服的，可以在接到复议决定之日起十五日内，向人民法院起诉。当事人也可以在接到处罚通知之日起十五日内，直接向人民法院起诉。当事人逾期不申请复议、也不向人民法院起诉、又不履行处罚决定的，由作出处罚决定的机关申请人民法院强制执行。

第四十一条　造成环境污染危害的，有责任排除危害，并对直接受到损害的单位或者个人赔偿损失。

赔偿责任和赔偿金额的纠纷，可以根据当事人的请求，由环境保护行政主管部门或者其他依照法律规定行使环境监督管理权的部门处理；当事人对处理决定不服的，可以向人民法院起诉。当事人也可以直接向人民法院起诉。

完全由于不可抗拒的自然灾害，并经及时采取合理措施，仍然不能避免造成环境污染损害的，免予承担责任。

第四十二条　因环境污染损害赔偿提起诉讼的时效期间为三年，从当事人知道或者应当知道受到污染损害时起计算。

第四十三条　违反本法规定，造成重大环境污染事故，导致公私财产重大损失或者人身伤亡的严重后果的，对直接责任人员依法追究刑事责任。

第四十四条　违反本法规定，造成土地、森林、草原、水、矿产、渔业、野生动植物等资源的破坏的，依照有关法律的规定承担法律责任。

第四十五条　环境保护监督管理人员滥用职权、玩忽职守、徇私舞弊的，由其所在单位或者上级主管机关给予行政处分；构成犯罪的，依法追究刑事责任。

第六章　附　则

第四十六条　中华人民共和国缔结或者参加的与环境保护有关的国际条约，同中华人民共和国法律有不同规定的，适用国际条约的规定，但中华人民共和国声明保留的条款除外。

第四十七条　本法自公布之日起施行。《中华人民共和国环境保护法(试行)》同时废止。

参 考 文 献

1 世界环境与发展委员会. 我们的共同未来. 北京：世界知识出版社，1989.

2 刘峥. 中国人口问题研究. 北京：中国人民大学出版社，1990.

3 周光复等. 中国人口国情. 北京：中国人口出版社，1990.

4 王新岭. 生态、人口、环境. 北京：人民出版社，1990.

5 中国自然保护纲要编写委员会. 中国自然保护文集. 北京：中国环境科学出版社，1990.

6 世界资源研究所等. 世界资源报告(1988~1989). 北京：北京大学出版社，1990.

7 世界资源研究所等. 世界资源报告(1990~1991). 北京：中国环境科学出版社，1991.

8 林培等. 土地资源学. 北京：北京农业大学出版社，1991.

9 周纪伦，郑师章，杨持. 植物种群生态学. 北京：高等教育出版社，1992.

10 中国环境报社编译. 迈向21世纪——联合国环境与发展大会文献汇编. 北京：中国环境科学出版社，1992.

11 曲格平等. 中国人口与环境. 北京：中国环境科学出版社，1992.

12 国家计划委员会国土规划和地区经济司等. 中国环境与发展. 北京：科学出版社，1992.

13 中国科学院生物多样性委员会. 生物多样性研究系列专著1——生物多样性研究的原理与方法. 北京：中国科学技术出版社，1994.

14 叶文虎，栾胜基. 环境质量评价学. 北京：高等教育出版社，1994.

15 杨贤智，杨海真. 环境评价. 北京：中国环境科学出版社，1995.

16 薛纪渝，王华东. 环境学概论. 北京：高等教育出版社，1995.

17 张坤民. 可持续发展论. 北京：中国环境科学出版社，1997.

18 臧立. 绿色浪潮. 广州：广东人民出版社，1998.

19 Anastas P T, Warner T C. Green chemistry：：theory and practice, London：Oxford Science Publications，1998.

20 Komiya Ketal. In green chemistry：theory and practice, London：Oxford Science Publications，1998.

21 汪应洛，刘旭. 清洁生产. 北京：机械工业出版社，1998.

22 钱易，唐孝炎. 环境保护与可持续发展. 北京：高等教育出版社，2000.

23 刘天齐. 环境保护. 北京：化学工业出版社，2000.

24 国家环境保护总局. 中国环境影响评价. 北京：化学工业出版社，2000.

25 中国科学院可持续发展战略研究组. 中华人民共和国可持续发展国家报告. 北京：中国环境科学出版社，2002.

26 Manuel C, Molles Jr. Ecology：Concepts and Applications. 北京：科学出版社，2000.

27 蔡晓明. 生态系统生态学. 北京：科学出版社，2000.

28 刘云国，李小明. 环境生态学导论. 长沙：湖南大学出版社，2000.

29 杨国清. 固体废物处理工程. 北京：科学出版社，2000.

30 杨永杰. 化工环境保护概论. 北京：化学工业出版社，2001.

31 国家环境保护总局. 环境保护. 北京：化学工业出版社，2001.

32 朱慎林，赵毅红等. 清洁生产导论. 北京：化学工业出版社，2001.

33 杨振强. 环境意识教育. 北京：科学出版社，2001.

34 叶文虎. 可持续发展引论，北京：高等教育出版社，2001.

35 陆书玉. 环境影响评价(面向21世纪课程教材). 北京：高等教育出版社，2001.

36 丁桑岚. 环境评价概论. 北京：化学工业出版社，2001.

37 刘静玲. 绿色生产与未来(环境教育丛书). 北京：化学工业出版社，2001.

38 闵恩泽等. 绿色化学技术. 南昌：江西科学技术出版社，2001.

39 钱汉卿．化工清洁生产及其技术实例．化学工业出版社，2002.

40 杨建新，徐成，王如松．产品生命周期评价方法及应用．北京：气象出版社，2002.

41 周中平，赵毅红，朱慎林．清洁生产工艺及应用实例．北京：北京：化学工业出版社，2002.

42 尚玉昌．普通生态学．北京：清华大学出版社，2002.

43 秦大河，张坤民，牛文元．中国人口资源环境与可持续发展，北京：新华出版社，2002.

44 国家环境保护总局．2001中国环境状况公报．中国环境报，2002-06-22.

45 杨永杰．环境保护与清洁生产．北京：化学工业出版社，2002.

46 邓南圣，王小斌．生命周期评价．北京：化学工业出版社，2003.

47 魏振枢，杨永杰．环境保护概论．北京：化学工业出版社，2003.

48 孙儒泳，李庆芬，牛翠娟，娄安如．基础生态学．北京：高等教育出版社，2002.

49 田京城，缪娟．环境保护与可持续发展．北京：化学工业出版社，2005.

50 赵玉明．清洁生产．北京：中国环境科学出版社，2005.

51 魏立安．清洁生产审核与评价．北京：中国环境科学出版社，2005.

52 张凯，崔兆杰．清洁生产理论与方法．北京：科学出版社，2005.

53 郭斌，刘恩志．清洁生产概论．北京：化学工业出版社，2005.

54 臧树良，关伟，李川等．清洁生产、绿色化学原理与实践．化学工业出版社，2006.

55 李训贵．环境与可持续发展．北京：高等教育出版社，2005.

56 国家环境保护总局．2005中国环境状况公报．中国环境报，2006-06-15.

57 尹奇德．环境与生态概论．北京：化学工业出版社，2007.

58 雷兆武，申左元．清洁生产及应用．北京：化学工业出版社，2007.

59 郭显锋 张新力 方平．清洁生产审核指南．北京：中国环境科学，2007.

60 孙伟民．化工清洁生产技术概论．北京：高等教育出版社，2007.

61 周凤霞，杨冰然，杨保华．生态学．北京：化学工业出版社，2005.

62 王曦．环境法教程．北京：法律出版社，2002：303.

63 李文斌．试论环境影响评价对实施清洁生产的作用．山西科技，2001(3)：26～27.

64 张文学，杨立刚．资源与环境的可持续发展观．前沿论坛，2002(10)：47～51.

65 何德文，柴立元．清洁生产思维下的环境影响评价程序．工业安全与环保，2002，28(11)：34～36.

66 郭永龙，武 强，王焰新．论建设项目的全过程环境影响评价．环境保护，2002，(11)：39～41.

67 解振华．中国环境保护战略与对策．中国环境管理，2001(1)：4～7.